Uitgeverij PensareDiverso
Reeks “Il Campo di Coscienza”.

AF720342

Bruno Del Medico.

De biologie van velden

Kwantumverstrengeling en het bewustzijnsveld in de nieuwe biologie van het leven. De implicaties voor gezondheid en ziekte

Copyright 2026
Bruno Del Medico Uitgeverij.
Uitgeverij PensareDiverso
edizioni@delmedico.it
www.giardinoquantico.it

Inhoudsopgave .

Inleiding .

Wat is een levend organisme eigenlijk? Een uiterst complexe biochemische machine, zoals de biologie van de twintigste eeuw ons heeft geleerd, of iets meer: een betekenisstructuur, een informatiesysteem dat in staat is om vorm, identiteit en doel in de tijd te behouden? De biologie van de velden komt voort uit deze radicale vraag en neemt de lezer mee op een reis door de wetenschap, de filosofie en de nieuwe grenzen van het biologisch denken.

In de afgelopen decennia hebben de successen van de moleculaire genetica en de biochemie buitengewone resultaten opgeleverd, maar ze hebben ook de beperkingen van een puur reductionistisch paradigma aan het licht gebracht. Het leven verklaren als de som van chemische reacties of als de eenvoudige uitvoering van een genetische code volstaat niet langer om fundamentele verschijnselen te verklaren: de vorm, de samenhang van het organisme, de zelforganisatie, het vermogen tot creatieve aanpassing en, uiteindelijk, de biologische betekenis.

Dit boek stelt een verandering van perspectief voor: organismen beschouwen als gestabiliseerde informatieve structuren, ondersteund door coherentievelden die voorafgaan aan en de afzonderlijke materiële delen ordenen. Het gaat hier niet om een vlucht in het vage of het symbolische, maar om een rigoureuze poging om bijdragen uit de fysica van complexe systemen, de theoretische biologie, de neurowetenschappen en een kritische herlezing van de vitalistische tradities in het licht van de hedendaagse kennis te integreren.

Van de crisis van het klassieke biochemische paradigma tot het onopgeloste probleem van de vorm in de evolutionaire biologie: de tekst laat zien hoe het leven effectiever kan worden begrepen als het wordt beschouwd als e f een fenomeen van niet-lokale coherentie, waarin het geheel niet het resultaat is van de delen, maar de voorwaarde voor hun bestaan. Vanuit dit perspectief zijn biologische velden geen suggestieve metaforen, maar conceptuele instrumenten om te beschrijven hoe informatie gestalte krijgt, hoe energie organisatie wordt en hoe het organisme zijn dynamische identiteit behoudt.

Deze visie heeft ook diepgaande implicaties voor de manier waarop we gezondheid en ziekte opvatten. Gezondheid komt naar voren als een toestand van globale coherentie, terwijl pathologie verschijnt als een fragmentatie van het veld, een verlies van informatieve harmonie nog voordat er sprake is van een mechanische storing. Tegelijkertijd wordt het leven geherinterpreteerd als een wijdverspreid cognitief proces: elk organisme, in zijn eigen bestaan, kent, beoordeelt en reageert op de wereld.

De veldbiologie opent een ruimte voor verantwoord nadenken, waarin wetenschap en metafysica weer met elkaar in dialoog treden zonder in elkaar over te vloeien. Een uitnodiging om het leven niet alleen als een natuurlijk feit te heroverwegen, maar als een betekenisvolle gebeurtenis in het universum, en biologische kennis als een kennis die onvermijdelijk ook een culturele en ethische keuze impliceert.

Inleiding. Een nieuwe conceptuele grammatica.

Omdat het leven niet langer kan worden opgevat als materie in beweging.

Al meer dan een eeuw spreekt de biologie de taal van de klassieke natuurkunde: materie, botsingen, reacties, causale ketens. Een krachtige taal, die buitengewone resultaten heeft opgeleverd, maar die vandaag de dag steeds duidelijker scheuren vertoont. Niet omdat er een gebrek aan gegevens is – integendeel – maar omdat die gegevens meer lijken te zeggen dan de traditionele categorieën kunnen bevatten. Deze inleiding komt voort uit dit besef: uit het steeds minder verborgen gevoel dat het leven niet langer kan worden opgevat als louter materie in beweging, als een som van chemische reacties die door het toeval worden georkestreerd en door de noodzaak worden gefilterd.

Het doel van deze inleiding is niet om een nieuwe biologische theorie aan te tonen, noch om alternatieve experimenten voor te stellen. Haar taak is radicaler en tegelijkertijd soberder: de conceptuele basis van het boek leggen, verduidelijken waarom het noodzakelijk is om de grammatica te veranderen nog voordat we het model veranderen. De volgende pagina's nodigen de lezer uit om even afstand te nemen van de automatische neiging waarmee we het levende met het mechanische identificeren, om het idee te verkennen dat het leven in de eerste plaats een fenomeen is van samenhang, van veld, van informatie die gestalte krijgt.

In de afgelopen decennia hebben de moleculaire biologie, de theorie van complexe systemen, de epigenetica en enkele raakvlakken met de hedendaagse natuurkunde een stille paradox voortgebracht: we weten steeds meer over de elementaire bouwstenen van het levende, maar we hebben moeite om uit te leggen waarom het organisme als geheel zich gedraagt als een eenheid die stabiliteit, plasticiteit en zingeving bezit. Het probleem, zoals Ludwig von Bertalanffy, de grond e van de systeemtheorie, al opmerkte, ligt niet in de feiten maar in de kijk erop: „*Levende systemen zijn geen verzamelingen van delen, maar georganiseerde totaliteiten.*" Een uitspraak die vandaag de dag minder filosofisch en meer praktisch klinkt dan halverwege de twintigste eeuw het geval was.

Hier komt wat we de stille crisis van de moderne biologie zouden kunnen noemen naar voren. Stil omdat deze zich niet manifesteert als een experimenteel falen, maar als een interpretatief ongemak. Verschijnselen zoals morfogenese, de globale regulering van het organisme en de verrassende robuustheid van levende systemen tegenover verstoringen, gaan verder dan lineaire causaliteit zonder daarbij enige natuurwet te schenden. Zoals de bioloog en Nobelprijswinnaar Albert Szent-Györgyi schreef: „*Het leven is een eigenschap van de organisatie, niet van de moleculen.*" Een eenvoudige, bijna voor de hand liggende constatering, en toch diep ontwrichtend voor een biologie die gewend is de uiteindelijke oorzaken te zoeken in de elementaire bouwstenen.

Wanneer de gegevens de theorieën overstijgen, is het niet ongebruikelijk dat de wetenschap reageert door haar blik te vernauwen, de instrumenten te verfijnen en meer details te verzamelen. Dit boek kiest een andere weg: het vraagt of het conceptuele kader niet juist moet worden verbreed. Het idee van het biologische veld, dat in de volgende delen zal worden uitgewerkt, is niet ontstaan als een suggestieve metafoor, maar als een poging om het organisme te beschouwen als een gestabiliseerde informatieve structuur, waarin het geheel voorafgaat aan en richting geeft aan de delen. In die zin moet de verwijzing naar informatie niet in abstracte of digitale zin worden opgevat, maar als een belichaamd principe, dat in staat is om vorm, functie en continuïteit in de tijd te genereren.

Een soortgelijke gedachtegang was, in een andere context, al door de natuurkundige David Bohm intuïtief ingezien toen hij schreef dat *„in een impliciete orde het geheel in elk deel aanwezig is*". Toegepast op het biologische domein suggereert deze intuïtie dat het levende niet simpelweg van onderaf wordt opgebouwd, maar van bovenaf in stand wordt gehouden, door een orde van samenhang die niet samenvalt met enig afzonderlijk materieel onderdeel. Het gaat er niet om de biochemie los te laten, maar om de beperkingen ervan te erkennen wanneer deze als totale ontologie wordt gebruikt.

Van mechanisme naar betekenis: dat is de beweging die deze inleiding op gang wil brengen. Spreken over betekenis in de biologie komt niet neer op het introduceren van naïeve finalismen, maar op het erkennen dat elk organisme voortdurend onderscheidingen maakt, relaties onderhoudt en een vorm behoudt. In die zin klinkt de uitspraak van Francisco Varela nog steeds actueel: *'Leven is een proces van kennis'*. Een zin die ruimte biedt aan een biologie die niet alleen met de natuurkunde, maar ook met de epistemologie en de natuurfilosofie in dialoog kan treden, zonder aan nauwkeurigheid in te boeten.

Deze inleiding vormt dus een opstapje. Ze biedt geen oplossingen, maar wel richtlijnen. Ze geeft geen antwoord op alle vragen, maar maakt duidelijk waarom die vragen zelf anders moeten worden geformuleerd. In de volgende hoofdstukken zullen de crisis van het klassieke paradigma, het begrip coherentie, het idee van het veld en de implicaties voor gezondheid en ziekte dieper worden onderzocht. Hier wordt de lezer eenvoudigweg uitgenodigd om een mogelijkheid in overweging te nemen: dat het leven niet alleen is wat er in de materie gebeurt, maar de manier waarop de materie voortdurend vorm krijgt, bijeen wordt gehouden en betekenis krijgt.

De woorden waarmee we over het leven nadenken.

Elke wetenschap wordt tweemaal geboren: eenmaal in de laboratoria en eenmaal in de taal waarmee ze zichzelf probeert te beschrijven. De biologie vormt hierop geen uitzondering. Vanaf haar moderne oorsprong heeft ze woorden, beelden en metaforen ontleend aan de natuurkunde en de techniek, en daarin een buitengewone verklarende kracht gevonden. Door te spreken over 'mechanismen', 'moleculaire tandwielen' en 'genetische programma's' is het mogelijk geworden het levende begrijpelijk te maken, het te ontleden, te analyseren en te manipuleren. Maar vandaag de dag, juist nu de biologie over een ongekende hoeveelheid gegevens beschikt, beginnen diezelfde metaforen hun onduidelijke kant te tonen: in plaats van duidelijkheid te verschaffen, lijken ze soms juist iets te verbergen.

We moeten de aandacht vestigen op een punt dat vaak over het hoofd wordt gezien: het probleem is niet alleen wat we over het leven weten, maar ook hoe we erover spreken. De wetenschappelijke taal is geen louter neutraal informatiemedium; ze stuurt de blik, suggereert causale verbanden, bepaalt wat aannemelijk lijkt en wat bij voorbaat wordt uitgesloten. Zoals de wetenschapsfilosoof Mary Hesse opmerkte: *„Metaforen zijn geen versieringen van het wetenschappelijk denken, maar cognitieve instrumenten.*" Instrumenten die, juist omdat ze zo krachtig zijn, onzichtbare beperkingen kunnen worden.

De mechanistische metafoor heeft de biologie met een bijna perfecte consistentie begeleid. Vanaf de zeventiende eeuw werd het organisme beschouwd als een verfijnde machine, het lichaam als een apparaat, de cel als een chemische fabriek. In de twintigste eeuw, met de opkomst van de moleculaire genetica, werd het vocabulaire bijgewerkt zonder dat de toon echt veranderde: het DNA werd een „code", de genen „instructies", het organisme de uitvoering van een „programma". Toen François Jacob in 1961 sprak over *het 'programme* génétique', leek die uitdrukking verhelderend; vandaag, decennia later, erkennen veel biologen dat die metafoor het risico met zich meebrengt een lineair determinisme te suggereren dat door de feitelijke gegevens niet wordt bevestigd.

Het kritieke punt komt naar voren wanneer de taal de waarneming gaat voorafgaan, in plaats van deze te volgen. Verschijnselen als fenotypische plasticiteit, epigenetische regulatie of de zelforganisatie van levende systemen vinden maar moeilijk een plaats in een vocabulaire dat is bedacht om commandostructuren en instructieve sequenties te beschrijven. De Engelse bioloog Denis Noble merkte, niet zonder enige ironie, op dat *„genen geen commando's zijn, maar hulpbronnen*“. Het veranderen van één woord betekent in dit geval het beeld van het organisme zelf veranderen: niet langer een passieve uitvoerder, maar een dynamisch systeem dat signalen, contexten en globale beperkingen integreert.

Het is in deze kloof tussen taal en verschijnselen dat het voorstel van dit boek zich nestelt. Spreken over veld, samenhang en belichaamde informatie komt niet neer op het introduceren van vage of suggestieve termen, maar op een poging tot herijking van het wetenschappel e discours. De geschiedenis van de wetenschap laat immers zien dat keerpunten vaak samenvallen met een ingrijpende lexicale verandering. Toen Michael Faraday het concept van het veld in de natuurkunde introduceerde, voegde hij geen mysterieuze entiteit toe, maar bood hij een nieuwe manier om uit te drukken wat de vergelijkingen al lieten doorschemeren. Op dezelfde manier is het gebruik van een minder mechanistische taal in de biologie bedoeld om uit te drukken wat de gegevens laten zien, maar wat de oude metaforen niet langer kunnen bevatten.

Deze overweging impliceert geen afwijzing van wetenschappelijke precisie, noch een vlucht naar poëtische of symbolische taal. Integendeel, zoals Niels Bohr benadrukte: *'we zijn verweven met* taal', en juist daarom moeten we die met nauwkeurigheid en bewustzijn gebruiken. Het probleem is niet het gebruik van metaforen, maar het vergeten dat het metaforen zijn. Wanneer het organisme uitsluitend als een machine wordt beschreven, wordt het moeilijk om het te beschouwen als een eenheid met een geschiedenis, een geheugen en dynamische stabiliteit. Wanneer het leven wordt gereduceerd tot bewegende materie, gaat niet het detail verloren, maar de algehele betekenis.

Deze paragraaf wil de lezer dan ook een interpretatiesleutel bieden: alvorens ons te verdiepen in de thema's van de crisis van het klassieke paradigma, de biologische coherentie en de levensvelden, is het noodzakelijk om het vocabulaire waarmee deze thema's worden benaderd, ter discussie te stellen. Want, zoals de taalkundige Benjamin Lee Whorf schreef: *„wij analyseren de natuur volgens de lijnen die door onze taal worden getrokken*". De biologie heroverwegen betekent onvermijdelijk ook de woorden heroverwegen waarmee we erover vertellen.

Van fysische velden naar levensvelden.

Er is een subtiel, maar steeds duidelijker herkenbaar signaal dat door veel hedendaagse wetenschappelijke disciplines loopt: het gevoel dat de meest interessante verschijnselen zich niet langer l n beschrijven als eenvoudige ketens van lokale oorzaken en gevolgen. In de natuurkunde, de neurowetenschappen, de ecologie en zelfs in sommige takken van de theoretische economie zijn woorden als veld, coherentie, emergentie en globale organisatie niet uit mode, maar uit noodzaak in het vocabulaire opgenomen. De biologie is in die zin geen op zichzelf staande uitzondering, maar de laatste schakel in een bredere transformatie van de manier waarop we over de natuur denken.

Het bekendste voorbeeld is dat van de natuurkunde van de twintigste eeuw. Toen tussen de jaren twintig en dertig de kwantummechanica en de veldelektrodynamica voet aan de grond kregen, werd duidelijk dat bepaalde eigenschappen niet aan afzonderlijke objecten toebehoren, maar aan het systeem als geheel. In Göttingen en Kopenhagen, plaatsen die vandaag de dag bijna mythisch lijken in de geschiedenis van de wetenschap, werd gediscussieerd over het feit dat een deeltje niet langer kon worden gezien als een geïsoleerd punt, maar als een knooppunt in een netwerk van relaties. Zonder in technische details te treden, is het belangrijkste de verandering van perspectief: de werkelijkheid is geen som van onderdelen, maar een samenhangende configuratie.

Iets soortgelijks gebeurt vandaag de dag in de neurowetenschappen. Vanaf de jaren negentig, met de ontwikkeling van *neuroimagingtechnieken*, begon men te observeren dat functies zoals waarneming of bewustzijn niet overeenkomen met één enkel 'centrum' in de hersenen, maar met dynamische patronen van synchronisatie tussen ver van elkaar gelegen gebieden. De neurowetenschapper Francisco Varela sprak van neurale coherentie om deze tijdelijke maar zeer georganiseerde toestanden te beschrijven. Geen centrale leiding, maar een tijdelijke afstemming, vergelijkbaar (zoals hij in 1998 tijdens een lezing in Parijs zei) met een *jazzensemble* in plaats van een klassiek orkest.

Ook de ecologie biedt verhelderende voorbeelden. Ecosystemen worden tegenwoordig bestudeerd als velden van niet lineaire interacties, waar stabiliteit niet afhangt van onveranderlijkheid, maar van het vermogen om verstoringen op te vangen met behoud van een algehele structuur. Het werk van C.S. Holling over ecologische veerkracht, dat in de jaren zeventig in Canada en Scandinavië werd ontwikkeld, heeft aangetoond dat een levend systeem voortdurend kan veranderen zonder zijn identiteit te verliezen. Een idee dat diep resoneert met het biologische begrip van het organisme als een gestabiliseerde informatieve structuur.

Deze korte vergelijkende blik dient niet om modellen van de ene wetenschap naar de andere over te brengen, noch om analogieën te forceren. Het dient veeleer om de veldbiologie in een bredere culturele en wetenschappelijke context te plaatsen, waarin begrippen als coherentie en veld spontaan naar voren komen telkens wanneer men te maken krijgt met complexe en levende systemen. Het gevoel, dat door veel onderzoekers in verschillende vakgebieden wordt gedeeld, is dat de reductionistische taal goed werkt voor de afzonderlijke componenten, maar aan kracht verliest wanneer het gaat om het begrijpen van het gedrag van het geheel. De biologie lijkt zich vandaag de dag precies op deze drempel te bevinden.

De biologie die functioneert, maar niet begrijpt.

Als men de hedendaagse biologie van buitenaf bekijkt, kan het idee van een 'crisis' bijna paradoxaal lijken. Nooit eerder beschikten we over zulke geavanceerde instrumenten, eindeloze databases en technologieën die in staat zijn om levensprocessen te lezen, te herschrijven en te visualiseren met een precisie die enkele decennia geleden nog ondenkbaar was. Toch heerst er juist binnen de wetenschappelijke gemeenschap een minder triomfalistisch gevoel: dat van een discipline die snel vooruitgaat, maar zonder precies te weten naar welk idee van het leven ze op weg is.

Het is een stille crisis omdat ze geen spectaculaire breuken teweegbrengt, noch openlijke conflicten tussen verschillende stromingen. Er is geen experiment dat 'niet werkt', noch een opzienbarende afwijking die dwingt om de handboeken van de ene op de andere dag te herschrijven. Het onbehagen komt elders naar voren: in de manier waarop de resultaten worden geïnterpreteerd, in hokjes gestopt en verteld. Zoals wetenschapshistorica Evelyn Fox Keller al in de jaren negentig opmerkte, is het probleem niet het gebrek aan verklaringen, maar de overdaad aan gedeeltelijke verklaringen die zich niet tot een totaalbeeld samenvoegen.

Een anekdote die al lange tijd de ronde doet in de gangen van *het „Laboratory of Molecular* Biology" in Cambridge, vertelt dat Sydney Brenner, een van de grondleggers van de moleculaire biologie, graag met een vleugje provocatie herhaalde: *„We weten alles over genen, maar we weten nog steeds niet wat een organisme is.*" Deze uitspraak, die wordt toegeschreven aan een informeel gesprek uit de vroege jaren 2000, was geen bekentenis van onwetendheid, maar een heldere diagnose. De biologie blinkt uit in de analyse van componenten, maar heeft moeite om uit te leggen hoe deze componenten een stabiele, levende e vorm worden, die in staat is zichzelf in stand te houden, zich aan te passen en zichzelf als eenheid te herkennen.

Het interpretatieprobleem doet zich telkens voor wanneer men probeert verschillende beschrijvingsniveaus met elkaar te verbinden. Genomische kaarten, regulatienetwerken en metabolische stromen leveren uiterst gedetailleerde informatie, maar de overgang van 'hoe een onderdeel functioneert' naar 'waarom het organisme zo is en niet anders' blijft problematisch. Niet omdat er een gebrek aan gegevens is, maar omdat het dominante conceptuele kader de neiging heeft het organisme te behandelen als het emergente resultaat van lokale processen, zonder zich af te vragen naar de globale stabiliteit van de vorm.

Deze kloof is ook duidelijk zichtbaar in het wetenschappelijk onderwijs. Aan veel Europese en Noord-Amerikaanse universiteiten, waaronder Heidelberg en Stanford, wordt al jaren gediscussieerd over de moeilijkheid die studenten ondervinden bij het verbinden van moleculaire biologie, fysiologie en morfologie. De disciplines bestaan naast elkaar, maar spreken enigszins verschillende talen. Het resultaat is een gefragmenteerde kennis, die technisch gezien zeer competent is, maar aarzelend wanneer het erom gaat een samenhangend begrip van het leven te formuleren.

De crisis betreft dus niet de geldigheid van de experimenten, maar wel het interpretatieve kader waarbinnen ze worden geplaatst. Door gegevens te blijven verzamelen zonder de conceptuele categorieën te herzien, dreigt er iets te ontstaan wat de wetenschapsfilosoof Thomas Kuhn een '*normal* science' zou hebben genoemd: een steeds efficiëntere en steeds minder kritische wetenschap. In die zin lijkt de moderne biologie op een eindeloze bibliotheek waarin het aantal boeken toeneemt, maar de conceptuele catalogus stil blijft staan.

Spreken van een interpretatieve crisis betekent niet dat er een verandering van methode of een opstand tegen de experimentele nauwkeurigheid wordt bepleit. Het betekent erkennen dat de vraag 'wat is een organisme?' niet alleen kan worden beantwoord door de resolutie van de instrumenten te verbeteren. Het vereist een heroverweging van de theoretische kaders, meer aandacht voor de principes van organisatie, continuïteit en informatieve stabiliteit die het levende samenhouden. Op deze discrete maar beslissende drempel bevindt zich het voorstel voor een biologie van de velden.

Kijken is nooit neutraal: de beelden bepalen wat leven is.

Elk wetenschappelijk tijdperk bekijkt het leven door de beelden die het kan voortbrengen. Dit is geen esthetisch detail, maar een diepgaande epistemologische keuze. Toen Rudolf Virchow in de tweede helft van de negentiende eeuw in Berlijn verklaarde dat „*omnis cellula e* cellula" (*elke cel ontstaat uit een andere cel*), formuleerde hij niet alleen een biologisch principe: hij bekrachtigde een visie op het levende die gevormd was door het beeld onder de optische microscoop, door de cel als een afzonderlijke, afgebakende, zelfvoorzienende eenheid.

Sindsdien heeft de biologie haar visuele instrumenten – elektronenmicroscopie, fluorescentie, moleculaire beeldvorming – steeds verder verfijnd, zonder zich echter voldoende af te vragen wat deze beelden impliciet suggereren. Metabolische kaarten, genetische sequenties weergegeven als lineaire codes, en cascade-diagrammen van cellulaire signaalwegen vertellen een duidelijk verhaal: dat van een leven dat kan worden opgesplitst, gelokaliseerd en wordt beheerst door specifieke oorzaken. Toch merkte de Engelse biofysicus Brian Goodwin al in de jaren zeventig op, toen hij de processen van embryonale morfogenese observeerde, dat *„de beelden minder verklaren dan ze beloven*". Ze laten ons zien waar, zelden hoe en bijna nooit waarom.

Een symbolisch voorbeeld is de beroemde „dubbele helix" van het DNA, die in 1953 in Cambridge iconisch werd gemaakt door het model van Watson en Crick. Een uiterst krachtig beeld, dat decennia van onderzoek heeft gestuurd, maar ook het idee heeft versterkt dat biologische informatie zich bevindt in een statische structuur, leesbaar als een tekst. Daarentegen is er veel minder visuele aandacht besteed aan fenomenen van epigenetische regulatie, aan de cellulaire elektrische velden die door Lionel Jaffe in Berkeley werden bestudeerd, of aan de dynamische patroon n die in de jaren negentig werden waargenomen in de laboratoria voor embryonale ontwikkeling in Kyoto en Tübingen. Niet omdat ze minder echt waren, maar omdat ze moeilijker te 'fotograferen' waren. Zoals de wetenschapsfilosoof Ian Hacking opmerkte, beperken wetenschappelijke beelden zich niet tot het weergeven van de wereld: ze dragen bij aan het vaststellen van wat als werkelijk geldt. In de biologie heeft dit ertoe geleid dat de voorkeur werd gegeven aan wat isoleerbaar en kleurbaar is, ten koste van wat relationeel, diffuus en coherent is. Juist vanuit deze blinde vlek – stil maar doorslaggevend – opent zich het perspectief van de biologische velden: niet tegen de beelden in, maar voorbij hun vereenvoudigende kracht.

Laboratoria zonder horizon: de fragmentatie van de biologische kennis.

Er is een aspect van de crisis in de hedendaagse biologie waarover weinig wordt gesproken, misschien omdat het gevoelige snaren raakt die verder reiken dan het laboratorium: de sociale en institutionele dimensie ervan. De hedendaagse biologie lijdt niet onder een gebrek aan gegevens, noch onder een tekort aan technologieën. Integendeel, ze produceert informatie in duizelingwekkende hoeveelheden. Toch, zoals de wetenschapssocioloog Bruno Latour al in de jaren negentig opmerkte tijdens zijn onderzoek naar het dagelijkse werk in laboratoria, ontstaat kennis nooit in het abstracte: ze is altijd ingebed in netwerken van financiering, carrières, tijdschriften, aanbestedingen en productiviteitsindicatoren. In deze context is hyperspecialisatie niet alleen een epistemische keuze, maar een overlevingsstrategie. Het bestuderen van één enkel eiwit, een afgebakende stofwisselingsroute of een geïsoleerde receptor is vaak beter 'financierbaar' dan het onderzoeken van de algehele werking van een organisme.

Een moleculair bioloog die ik jaren geleden in een Europees onderzoekscentrum ontmoette – we noemen hem M. – vertelde met een vleugje ironie dat op zijn afdeling *'iedereen alles weet over bijna niets'*. Die opmerking raakt een essentieel punt: de opdeling van het wetenschappelijk , aangedreven door kwantitatieve beoordelingssystemen, heeft de neiging het levende wezen op te splitsen in steeds kleinere problemen, die perfect analyseerbaar zijn, maar steeds minder terug te voeren zijn op een samenhangend geheel. Het is geen toeval dat begrippen als 'veld', 'coherentie' of 'globale organisatie' vaak als vaag of verdacht worden ervaren: niet omdat ze ongegrond zijn, maar omdat ze niet gemakkelijk een plaats vinden in de formulieren voor een *subsidieaanvraag* of in de criteria van een tijdschrift met *een* hoge *impactfactor*.

Al in 1962 merkte Thomas Kuhn in zijn werk „*De structuur van wetenschappelijke* revoluties" op dat paradigma's niet alleen veranderen door een opeenstapeling van afwijkingen, maar wanneer het mogelijk wordt zich een andere manier van wetenschap bedrijven voor te stellen. Tegenwoordig zijn er in de biologie veel afwijkingen die voor iedereen zichtbaar zijn: niet-lokale reguleringen, synchronisaties op afstand, systemische veerkracht die moeilijk in puur biochemische termen te verklaren is. Wat ontbreekt, zijn niet de waarnemingen, maar de institutionele en culturele ruimtes om ze te integreren. Daarnaast is er een paradoxaal effect: hoe krachtiger een discipline op technisch vlak wordt, hoe meer ze geneigd is haar eigen interpretatieve categorieën te verdedigen, omdat daarvan fondsen, reputaties en hele onderzoeksstromingen afhangen. Zoals Nobelprijswinnaar Peter Medawar in 1974 tijdens een lezing in Londen opmerkte: „*De wetenschap kan juist conservatief worden wanneer ze het meest geavanceerd lijkt.*"

In dit scenario betekent het spreken over organismen als gestabiliseerde informatiestructuren geen ketterij, maar een poging tot herordening. Het gaat er niet om de waarde van moleculaire analyses te ontkennen, maar om te erkennen dat ze fragmenten beschrijven van een breder proces, dat een taal vereist die verschillende niveaus kan overschrijden. De veldbiologie ontstaat ook als antwoord op een impliciet sociologische vraag: hoe kunnen we weer zingeving geven aan een wetenschap die, door de manier waarop ze is georganiseerd, het risico loopt het overzicht te verliezen, juist terwijl ze ongekende hoeveelheden details verzamelt.

Voorspellen is niet hetzelfde als begrijpen: de paradox van de hedendaagse biologie.

Een van de meest verrassende – en minst besproken – kenmerken van de hedendaagse biologie is de groeiende kloof tussen wat we kunnen doen en wat we kunnen begrijpen. We zijn buitengewoon bedreven geworden in het voorspellen en manipuleren van biologische processen: we anticiperen op de expressie van een gen, wijzigen een eiwit, blokkeren een ontstekingscascade, sturen een stamcel naar het ene lot in plaats van het andere. Toch blijft, als we even stilstaan, de eenvoudigste vraag vaak onbeantwoord: wat is, in zijn geheel, het organisme dat we beheersen? Deze spanning is niet nieuw. Al in 1917 noteerde Ludwig von Bertalanffy in Wenen in zijn notitieboeken dat *„het vermogen tot voorspellen niet samenvalt met het begrip van de organisatie*". Een eeuw later lijkt de kloof tussen beide te zijn vergroot.

Een sprekend voorbeeld komt uit de recente geschiedenis van de farmacologie. In de jaren 2000 werd in verschillende onderzoekscentra tussen Boston en Bazel de techniek geperfectioneerd om zeer selectieve geneesmiddelen te ontwikkelen, die in staat zijn om één enkel moleculair doelwit met bijna chirurgische precisie aan te pakken. De experimentele voorspellingen klopten: de receptor werd geremd, het signaal geblokkeerd. En toch deden zich in klinische studies steeds meer onverwachte systemische effecten voor. Zoals een onderzoeker die bij een van deze programma's betrokken was, vertelde: *„Alles was onder controle, behalve het organisme.*" De lokale voorspelling vertaalde zich niet in een alomvattend begrip. Het probleem was niet technisch, maar conceptueel: het organisme reageerde als een samenhangend geheel, niet als een som van onafhankelijke delen.

Deze discrepantie doet denken aan een klassiek onderscheid, dat in de Duitse filosofische traditie een belangrijke plaats inneemt, tussen Erklären en Verstehen: het uitleggen van een mechanisme staat niet gelijk aan het begrijpen van een betekenis. In de biologie heeft de causale verklaring buitengewone resultaten opgeleverd, maar ze heeft de neiging de organisatorische dimensie v e uit het oog te verliezen, die juist betekenis geeft aan de lokale interacties. Norbert Wiener, de grondlegger van de cybernetica, merkte in 1950 op dat *„een systeem voorspelbaar en toch onbegrijpelijk kan zijn, als we het principe negeren dat het organiseert*". Juist hier introduceert het perspectief van de biologische velden een breuk: het ontkent voorspelling niet, maar relativeert deze door deze in te bedden in een kader waarin het gedrag van de delen pas betekenis krijgt in relatie tot een geïnformeerd geheel.

De veldbiologie suggereert dat het begrijpen van een organisme niet alleen betekent dat we de reacties ervan kunnen voorspellen, maar ook dat we de interne stabilisatielogica ervan moeten doorgronden, de impliciete regels die de vorm, de functie en de identiteit in de loop van de tijd in stand houden. Zoals de neurofysioloog Kurt Goldstein opmerkte toen hij in de jaren dertig in Frankfurt met patiënten met hersenletsel werkte, 'reageert' het organisme niet simpelweg op prikkels: het reorganiseert zichzelf. Het voorspellen van een enkele experimentele uitkomst kan nuttig zijn; het begrijpen van de organisatie die die uitkomst mogelijk maakt, is een andere onderneming, langzamer en minder direct bruikbaar, maar doorslaggevend als men werkelijk wil spreken over het leven als een fenomeen met betekenis.

Opeensluipende gegevens: wat organismen doen en wat theorieën niet verklaren.

Er is een moment in de geschiedenis van elke wetenschap waarop de gegevens zich ongehoorzaam beginnen te gedragen. Niet omdat ze onjuist zijn, maar omdat ze niet meer op hun plaats vallen. Ze blijven zich opstapelen, zijn reproduceerbaar, solide, vaak zelfs spectaculair, en toch passen ze niet in de beschikbare theoretische kaders. In de biologie is dit moment noch plotseling, noch expliciet: het is stil, geleidelijk, bijna gênant. De waargenomen verschijnselen kloppen, maar 'komen niet uit'. Het is alsof je een concert bijwoont waarin elke muzikant correct speelt, maar de algehele harmonie aan elke bekende partituur ontsnapt.

Een klassiek voorbeeld komt uit de morfogenese, de studie van hoe een organisme vorm krijgt. In 1952 publiceerde Alan Turing – dezelfde wiskundige die had bijgedragen aan het ontcijferen van Enigma – in een kantoor van de Universiteit van Manchester een verrassend artikel in *'Philosophical Transactions of the Royal Society'*. Hij toonde aan dat eenvoudige chemische reacties, in combinatie met diffusieprocessen, complexe patronen konden genereren: strepen, vlekken, symmetrieën. Het model werkte, en wordt nog steeds gebruikt. Maar toen al was het duidelijk dat uitleggen hoe een vorm ontstaat, niet hetzelfde was als uitleggen waarom die vorm stabiel en herkenbaar blijft en zich kan regenereren als ze beschadigd is. De gegevens toonden een regelmaat die verder ging dan de lokale oorzaak-gevolgketen.

Nog ontwapenender is het geval van de regeneratie. Iedereen die wel eens een platworm – een klein, plat -achtig diertje dat al sinds de negentiende eeuw wordt bestudeerd – heeft geobserveerd, weet dat deze uit een minuscuul fragment een volledig organisme kan reconstrueren. Wanneer hij in meerdere delen wordt gesneden, produceert hij geen willekeurige opeenstapeling van cellen, maar nieuwe, complete individuen, met kop en staart op de juiste plaats. Tijdens experimenten die tussen de jaren twintig en dertig door Thomas Hunt Morgan in Woods Hole, Massachusetts, werden uitgevoerd, was het fenomeen al goed gedocumenteerd. Het probleem was niet empirisch: het was theoretisch. Geen enkele lineaire reeks lokale instructies leek voldoende om te verklaren hoe de cellen 'wisten' waar ze zich moesten plaatsen. De gegevens wezen op een globale regie, maar de beschikbare terminologie sprak alleen over punctuele reacties.

Soortgelijke verschijnselen komen naar voren in de hedendaagse celbiologie. Het zogenaamde '*quorum* sensing', voor het eerst waargenomen in de jaren zeventig bij in Honolulu bestudeerde zeebacteriën, laat zien hoe eencellige populaties hun collectieve gedrag aanpassen op basis van de dichtheid, waarbij genen pas worden geactiveerd wanneer een kritische drempel wordt bereikt. Geen enkele cel bevat op zichzelf de oorzaak van de verandering. Het is het systeem als geheel dat een nieuwe toestand teweegbrengt. De causaliteit is niet langer lineair, maar verspreid: niet 'A veroorzaakt B', maar 'een configuratie maakt een gebeurtenis mogelijk'.

Ook de genetica, die lange tijd werd beschouwd als het bolwerk van de deterministische verklaring, werd geconfronteerd met een overvloed aan gegevens. Barbara McClintock, die in de jaren veertig en vijftig in Cold Spring Harbor onderzoek deed naar maïs, merkte op dat het genoom geen statische tekst is, maar een dynamisch systeem dat zich kan reorganiseren als reactie op stress en context. Ze sprak van een 'gevoelig genoom', een uitdrukking die haar decennia van onbegrip opleverde voordat ze in 1983 de Nobelprijs ontving.

De gegevens waren er, maar de theorieën waren er nog niet klaar voor om ze te verwerken.

Deze voorbeelden, die qua schaal en context verschillen, komen op één cruciaal punt samen: het levende wezen vertoont emergente eigenschappen die niet kunnen worden herleid tot lineaire aaneenschakelingen van oorzaken. De veldbiologie ontstaat juist in deze ruimte van overschot, waar de feiten om een andere grammatica vragen. Niet om de nauwkeurigheid los te laten, maar om te erkennen dat het organisme functioneert als een gestabiliseerde informatiestructuur, die in staat is om samenhang te behouden te midden van stromen, verstoringen en veranderingen. De gegevens verraden de wetenschap uiteindelijk niet: ze geven aan dat het tijd is om haar taal uit te breiden.

Emergentie zonder mysterie.

Voor veel biologen was het uitspreken van het woord ‘emergentie’ lange tijd een dubbelzinnige geste, bijna een elegante capitulatie. Alsof zeggen dat een eigenschap ‘opduikt’ zou betekenen dat we moeten toegeven dat we niet echt kunnen uitleggen hoe en waarom het gebeurt. Maar als we de recente geschiedenis van de levenswetenschappen aandachtig bekijken, wordt het steeds duidelijker dat emergentie geen zwart gat in onze kennis is, maar juist een van de meest verfijnde instrumenten ervan. Het wist de verklaring niet uit: het verplaatst deze naar een ander niveau.

Een anekdote die vaak wordt verteld in de gangen van het Santa Fe Institute in New Mexico, helpt dit punt te verduidelijken. Begin jaren negentig liet een jonge onderzoeker tijdens een informeel seminar zien hoe zeer eenvoudige computermodellen onvoorspelbaar collectief gedrag konden genereren. Aan het einde van de presentatie merkte een oudere natuurkundige op: „*We zijn de causaliteit niet kwijtgeraakt, we hebben haar verdeeld.*" In die zin lag de kern van emergentie al besloten: niet de afwezigheid van oorzaken, maar hun organisatie in patronen die iets nieuws voortbrengen.

In de biologie wordt emergentie noodzakelijk wanneer de waargenomen eigenschappen niet behoren tot de afzonderlijke onderdelen. Het bewustzijn van een organisme, zijn vermogen om zich creatief aan te passen, de stabiliteit van een vorm in de tijd zijn niet te herleiden tot een molecuul, een gen of een cel. Het zijn eigenschappen van het systeem als geheel. Ludwig von Bertalanffy, grondlegger van de systeemtheorie, schreef dit al in 1968 in zijn „*General System Theory*": „*Het geheel is meer dan de som der delen, niet door magie, maar door organisatie.*" Een zin die, decennia later, minder filosofisch en meer praktisch klinkt.

Een bijzonder leerzaam voorbeeld komt uit de ontwikkelingsbiologie. In de jaren tachtig constateerden enkele onderzoekers in de laboratoria van het EMBL in Heidelberg dat embryo's die aan aanzienlijke verstoringen werden blootgesteld, toch een correcte uiteindelijke structuur wisten te bereiken. Niet omdat elke fout lokaal werd gecorrigeerd, maar omdat het organisme leek te 'streven' naar een globale vorm. Spreken over emergentie betekende in dit geval niet dat er een verborgen principe werd geïntroduceerd, maar dat werd erkend dat de verklaring lag in de collectieve dynamiek, niet in de afzonderlijke stappen.

Het misverstand komt vaak voort uit een impliciete vergelijking met het klassieke mechanistische ideaal, waarin uitleggen gelijkstaat aan ontleden. Maar de hedendaagse wetenschap, van de thermodynamica van systemen ver van het evenwicht tot de netwerktheorie, heeft aangetoond dat begrijpen ook kan betekenen dat men het ontstaan volgt van patronen, beperkingen en regelmatigheden die nergens afzonderlijk waren vastgelegd. De wervelingen die Ilya Prigogine in de jaren zeventig bestudeerde, of de dissipatieve structuren die in echte chemische systemen werden waargenomen, waren niet 'mysterieus': ze waren emergent, en juist daarom op een nieuw niveau begrijpelijk.

Vanuit dit perspectief wordt emergentie een fundamentele sleutel om het organisme te beschouwen als een gestabiliseerde informatieve structuur. Geen ingewikkelde machine, maar een proces dat biologische betekenis genereert en in stand houdt. Emergentie betekent geenszins een stap terug ten opzichte van de verklaring, maar juist een vooruitgang: het accepteert dat het leven niet kan worden uitputtend beschreven op slechts één beschrijvingsniveau en dat echt begrip ontstaat in de overgang tussen de niveaus. Het mysterie is, als er al een is, niet dat orde ontstaat, maar dat we zo lang hebben gedacht dat we die konden verklaren zonder daar rekening mee te houden.

Tussen verwachtingen en drempels: de biologie en de tijd die niet rechtlijnig verloopt.

Er is een stilzwijgende aanname die een groot deel van de moderne biologie kenmerkt: het idee dat de tijd gelijkmatig, omkeerbaar en neutraal verstrijkt. Een laboratoriumtijd, gemarkeerd door stopwatchen en cartesiaanse grafieken, waarin een oorzaak met bijna spoorwegachtige regelmaat aan een gevolg voorafgaat. Toch weet iedereen die ooit echt een levend organisme heeft geobserveerd – een plant die 'besluit' wanneer ze gaat bloeien, een immuunsysteem dat te laat of te vroeg reageert, een litteken dat als spoor achterblijft – dat biologische tijd iets heel anders is. Ze is onregelmatig, gelaagd, vaak asymmetrisch. Kortom: niet-lineair.

In de jaren vijftig introduceerde de Britse bioloog Conrad Hal Waddington, die in Edinburgh werkte, het beeld van het epigenetische landschap: een balletje dat rolt over een oppervlak van dalen en bergkammen, waarbij het traject niet alleen afhangt van de aanvankelijke stuwkracht, maar ook van de reeds afgelegde weg. Het was niet alleen een elegante metafoor: het was een manier om te zeggen dat in de biologie het verleden van invloed blijft. Cellen 'herinneren' zich wat er is gebeurd, en dit geheugen beïnvloedt wat er nog kan gebeuren. Tijd is hier geen externe variabele: ze is verweven met de vorm.

Een minder theoretisch voorbeeld komt uit de klinische observatie. In de jaren negentig merkte men op sommige Europese oncologieafdelingen op dat ogenschijnlijk vergelijkbare tumoren, die met identieke protocollen werden behandeld, radicaal verschillende reacties vertoonden. Het was niet alleen een genetische kwestie. Na verloop van tijd bleek dat vertragingen, overschreden of gemiste drempels en de tijdsvolgorde van de behandelingen van belang waren. Een medicijn dat 'te vroeg' werd toegediend, kon ondoeltreffend zijn, een medicijn dat 'te laat' werd toegediend, verwoestend. Het biologische systeem reageerde niet proportioneel, maar in sprongen, met discontinuïteiten en punten van geen terugkeer.

Dit introduceert een ander doorslaggevend kenmerk van de levende tijd: de onomkeerbaarheid. Een organisme keert nooit precies terug naar de vorige toestand. Zelfs wanneer het geneest, blijft anders. Zoals de Franse fysioloog Henri Atlan eind jaren zeventig schreef: *'De biologische orde wordt opgebouwd door mogelijkheden te verbruiken*'. Elke temporele keuze opent bepaalde wegen en sluit andere af. Het leven is geen band die je kunt terugspoelen, maar een verhaal dat wordt geschreven terwijl het zich voltrekt.

Het is dan ook niet verwonderlijk dat veel lineaire modellen moeite hebben om verschijnselen als latentie, langzame aanpassing of vertraagde reacties te beschrijven. Denk bijvoorbeeld aan het endocriene systeem: een signaal kan nu worden afgegeven en pas dagen of maanden later significante effecten teweegbrengen. Of aan de darmmicrobiota, die sinds 2010 intensief wordt bestudeerd, waar minimale en aanvankelijk onzichtbare veranderingen na verloop van tijd hele fysiologische evenwichten kunnen herschikken. Hier fungeert de tijd als een stille versterker, niet als een simpele coördinaat.

Deze complexe tijdsdimensie dwingt ons om het organisme te heroverwegen als een in de tijd gestabiliseerde informatiestructuur. Gestabiliseerd, maar niet vaststaand. Biologische informatie is geen onmiddellijke boodschap: het is een proces dat zich afzet, transformeert en soms opnieuw wordt geactiveerd. Net zoals in bepaalde historische wijken van steden als Lissabon of Napels, waar lagen uit verschillende tijdperken naast elkaar bestaan in dezelfde ruimte, zo bestaan er ook in organismen verschillende tijdsdimensies naast elkaar: evolutionaire, ontogenetische en fysiologische. Het leven begrijpen betekent leren deze samen te interpreteren, zonder ze te herleiden tot één enkele tijdlijn.

Wanneer het experiment slaagt, maar de theorie zwijgt.

In laboratoria over de hele wereld doet zich steeds vaker een merkwaardige, bijna gênante situatie voor. Het experiment is geslaagd, de gegevens zijn zuiver, reproduceerbaar en geschikt voor publicatie in toonaangevende tijdschriften. Toch worden de woorden voorzichtig wanneer het erop aankomt uit te leggen waarom dat fenomeen zich voordoet, lopen de interpretaties uiteen en blijven de conclusies in het ongewisse. Het is alsof de hedendaagse biologie buitengewoon bedreven is geworden in het geven van juiste antwoorden op verkeerd gestelde vragen.

Een sprekend voorbeeld komt van *de Tufts University*, uit het laboratorium van Michael Levin, waar al meer dan een decennium onderzoek wordt gedaan naar bio-elektrische patronen in de ontwikkeling van organismen. Door uiterst zwakke elektrische gradiënten in de cellen van kikkerembryo's (*Xenopus laevis*) te wijzigen, heeft de groep resultaten behaald die rechtstreeks uit een sciencefictionverhaal lijken te komen: ogen die zich op afwijkende plaatsen vormen, ledematen die zich regenereren waar ze dat niet zouden moeten doen, weefsels die 'weten' wat ze moeten worden, zelfs wanneer de genetische context is verstoord. De experimenten zijn degelijk, herhaald en op video vastgelegd. Maar wat bepaalt de vorm nu eigenlijk? Een gen? Een lokaal signaal? Of iets dat meer lijkt op een gedistribueerd informatieveld, dat in staat is om alles te coördineren?

Een ander voorbeeld, minder bekend bij het grote publiek maar veelbesproken onder vakmensen, betreft de zogenaamde 'biologische robuustheid'. In talrijke experimenten op het gebied van de ontwikkelingsbiologie, uitgevoerd in Duitsland en Japan in de vroege jaren 2000, is waargenomen dat embryo's die aan aanzienlijke verstoringen werden blootgesteld — temperatuurschommelingen, verwijdering van cellen, chemische veranderingen — er toch in slagen verrassend normale vormen te ontwikkelen. De klassieke modellen spreken van lokale moleculaire compensaties. Maar wanneer er te veel compensaties zijn, die te gecoördineerd en te betrouwbaar zijn, begint het idee van een simpele som van aanpassingen te wankelen.

Dan is er nog het inmiddels beroemde geval van de fotosynthese. In 2007 publiceerde een groep onder leiding van Graham Fleming in Nature experimentele gegevens die tekenen van kwantumcoherentie aantoonden in de fotosynthetische complexen van algen en bacteriën. De resultaten waren duidelijk: de energie 'sprong' niet willekeurig van het ene molecuul naar het andere, maar leek tegelijkertijd meerdere paden te verkennen, alsof het systeem van tevoren wist welk pad het meest efficiënt was. De wetenschappelijke gemeenschap reageerde met belangstelling, maar ook met onbehagen. Het fenomeen was reëel; de interpretatie veel minder. Was het een artefact? Een uitzonderlijk geval? Of een aanwijzing dat levende systemen gebruikmaken van organisatorische principes die de klassieke biologie nooit echt heeft geïntegreerd?

Ook in de geneeskunde herhaalt het scenario zich. Bij fecale microbiota-transplantaties, die met toenemend succes worden toegepast bij bepaalde darmziekten, kunnen de klinische resultaten uitstekend zijn. Toch kunnen twee patiënten die met vrijwel identieke protocollen worden behandeld, radicaal verschillende uitkomsten vertonen. De overgebrachte bacteriën zijn dezelfde, de omstandigheden gecontroleerd, de gegevens nauwkeurig. Wat ontbreekt, is een theorie die kan verklaren hoe een complex levend ecosysteem zich als geheel reorganiseert, en waarom deze reorganisatie trajecten volgt die niet te voorspellen zijn op basis van de afzonderlijke componenten.

In al deze gevallen is het probleem niet de onbetrouwbaarheid van het experiment. Integendeel: het is juist het buitensporige succes ervan. De gegevens overstijgen de beschikbare conceptuele categorieën. Zoals de natuurkundige en wetenschapsfilosoof Peter Medawar al in 1968 opmerkte: *„Feiten spreken niet voor zich, tenzij er een geschikte taal is om ernaar te luisteren*". De veldbiologie ontstaat juist in deze tussenruimte: daar waar het organisme niet langer als een ingewikkelde machine verschijnt, maar als een gestabiliseerde informatiestructuur, die in staat is vorm, functie en betekenis te behouden, zelfs wanneer de afzonderlijke delen worden gewijzigd.

Wanneer we het resultaat beheersen, maar de betekenis uit het oog verliezen.

Een van de meest geprezen triomfen van de hedendaagse biologie is haar vermogen om effecten teweeg te brengen. We schakelen een gen uit en een eiwit verdwijnt. We activeren een receptor en een cel verandert van gedrag. We voegen een sequentie in en verkrijgen een meetbaar resultaat, dat vaak met indrukwekkende precisie reproduceerbaar is. Maar tussen het verkregen effect en de begrepen vorm ontstaat een kloof die de retoriek van de wetenschappelijke vooruitgang geneigd is te bagatelliseren.

Een sprekend voorbeeld komt uit de wereld van de organoïden, die minuscule driedimensionale structuren die in het laboratorium worden gekweekt uit stamcellen. In 2009 slaagde de groep onder leiding van Hans Clevers er in de laboratoria van *het „Hubrecht* Instituut“ in Utrecht in om kleine, functionele „darmpjes“ in vitro te kweken. Het resultaat was buitengewoon: geïsoleerde cellen die zich, zonder expliciet patroon, spontaan organiseerden tot een structuur met crypten, villi en functionele differentiatie. De experimentele voorspelling klopte. Maar op de cruciale vraag – waar komt de vorm vandaan? – bleven de antwoorden vaag. Er was geen architectgen, noch een lineaire reeks instructies. Er was veeleer sprake van een collectieve dynamiek die de afzonderlijke moleculaire gebeurtenissen leek te voorafgaan en te sturen.

Iets soortgelijks gebeurt bij technieken voor genetische bewerking. CRISPR-Cas9, dat vanaf 2012 is ontwikkeld dankzij het werk van Jennifer Doudna en Emmanuelle Charpentier, maakt ingrepen met chirurgische precisie mogelijk. We kunnen het effect van een mutatie met een zeer hoge waarschijnlijkheid voorspellen. Toch reageert het organisme in veel gevallen op onverwachte manieren: alternatieve circuits worden geactiveerd, functies ontstaan elders, de algehele vorm herschikt zich. Zoals de Engelse bioloog Brian Goodwin al in de jaren zeventig opmerkte, is ingrijpen in één element niet hetzelfde als het begrijpen van de logica die het geheel bijeenhoudt. Het is het verschil tussen weten hoe je een resultaat bereikt en weten waarom dat resultaat mogelijk is.

De geschiedenis van de ontwikkelingsbiologie staat bol van dit soort interpretatieve kortsluitingen. In de jaren vijftig introduceerde Conrad Waddington in Woods Hole het concept van het ‘epigenetisch landschap’ om uit te leggen waarom genetisch identieke cellen verschillende lotgevallen konden volgen. Het was een krachtige metafoor, maar ook een impliciete bekentenis: de bekende mechanismen volstonden niet. Vandaag de dag beschikken we over oneindig veel geavanceerdere instrumenten, maar de vraag blijft verrassend hetzelfde. De vorm is niet louter het gevolg van een causale keten; het is een globale eigenschap die voortkomt uit relaties die verspreid zijn in ruimte en tijd.

Dit onderscheid tussen effect en vorm is niet louter theoretisch. In de regeneratieve geneeskunde kan men bijvoorbeeld de celproliferatie of de expressie van groeifactoren stimuleren, wat tijdelijke resultaten oplevert. Maar het reconstrueren van een functionele structuur — een weefsel, een orgaan, een fysiologisch evenwicht — vereist meer: een organiserend principe dat de lokale processen coördineert tot een samenhangend geheel. Hier begint het begrip 'biologisch veld' voet aan de grond te krijgen, niet als een vlucht in het vage, maar als een poging om een naam te geven aan wat het experiment laat zien zonder het te kunnen verklaren.

Zoals de wetenschapsfilosoof Georges Canguilhem schreef, wordt het leven niet bepaald door zijn componenten, maar door de normativiteit die deze organiseert. Een effect voorspellen betekent bewegen binnen een reeds gegeven norm. De vorm begrijpen betekent je afvragen hoe die norm voortdurend wordt gegenereerd, in stand gehouden en, soms, getransformeerd. Het is een subtiel maar doorslaggevend verschil: van biologie als techniek van het resultaat naar biologie als wetenschap van de betekenis.

Onrustige cijfers: wat biologische gegevens op zichzelf niet vertellen.

Er was een tijd dat wetenschappelijke gegevens werden ontvangen als een antwoord. Een vaststaand feit, een bevestiging, soms een overwinning. In de hedendaagse biologie houdt deze houding meer stand als gewoonte dan als daadwerkelijke overtuiging. Gegevens zijn tegenwoordig overvloedig, bijna overbodig, maar sluiten zelden een discussie af. Integendeel, ze openen die juist. En vaak openen ze die in onverwachte richtingen.

Dat is duidelijk merkbaar in de grote onderzoekscentra die wereldwijde biologische atlassen produceren. In 2016, toen het project „*Human Cell* Atlas“ in Londen werd gepresenteerd, was het verklaarde doel „alle cellen van het menselij e lichaam in kaart te brengen“. Een ambitieuze belofte, ondersteund door steeds verfijndere technologieën voor het sequencen van afzonderlijke cellen. Maar al na enkele jaren werden de betrokken onderzoekers – van Cambridge, Stanford en het EMBL in Heidelberg – geconfronteerd met een paradox: hoe meer cellen er werden geclassificeerd, hoe instabieler de categorieën werden. Celtypen die in elkaar overvloeiden, tussenstadia, voortdurende overgangen. De gegevens gaven geen definitief antwoord op de vraag „wat“ een cel is, maar riepen een diepere vraag op: hoe blijft een biologische identiteit behouden te midden van voortdurende verandering?

Deze verschuiving is cruciaal. In de biologie is de data niet de ultieme bouwsteen van kennis, maar een signaal. Het wijst op de aanwezigheid van een orde, zonder deze echter volledig te omschrijven. Zoals het Claude Bernard overkwam in het Parijs van het midden van de negentiende eeuw: bij het bestuderen van het '*milieu* intérieur' realiseerde hij zich dat de stabiliteit van organismen niet voortkwam uit de afwezigheid van variaties, maar uit de voortdurende regulering ervan. Zijn experimenten leverden nauwkeurige metingen op, maar wat echt telde was de vraag die daaruit voortkwam: welk principe houdt deze schijnbare instabiliteit bijeen?

Ook vandaag de dag werken veel biologische gegevens op dezelfde manier. Neem bijvoorbeeld de metabolische schommelingen die bij gisten worden waargenomen en die sinds de jaren negentig in de laboratoria van Göteborg worden bestudeerd. De grafieken tonen regelmatige cycli, gesynchroniseerde schommelingen, collectief gedrag tussen cellen. Het is allemaal meetbaar, herhaalbaar. Maar de betekenis zit niet in de cijfers. De gegevens vragen erom geïnterpreteerd te worden als een spoor van een onzichtbare coördinatie, van een gezamenlijke dynamiek die niet kan worden herleid tot de som van de afzonderlijke processen.

In die zin lijkt de biologische gegevens meer op een filosofische vraag dan op een technisch antwoord. Ze zeggen niet simpelweg „*dit* gebeurt", maar suggereren „*hoe is het mogelijk dat dit gebeurt*?". Een subtiel, maar doorslaggevend verschil. Zoals de natuurkundige en filosoof Erwin Schrödinger in zijn lezingen in Dublin in 1943 opmerkte, zijn de feiten van het leven niet vreemd omdat ze de bekende wetten overtreden, maar omdat ze deze op een ge n georganiseerde manier gebruiken. De gegevens zijn dus niet het einde van het onderzoek: ze vormen het begin van een reflectie over organisatie.

Een andere kijk op de gegevens betekent ook dat men een zekere mate van onvoltooidheid accepteert. In de gangen van *het Max Planck Instituut* in Dresden, waar processen van weefselzelforganisatie worden bestudeerd, hoor je jonge onderzoekers wel eens zeggen: „*De gegevens zijn prachtig, maar we weten nog niet wat ze ons vragen.*" Het is een veelzeggende uitspraak. Ze duidt op een wetenschap die niet langer pretendeert het fenomeen te beheersen, maar ernaar te luisteren.

Vanuit dit perspectief stelt de veldbiologie niet voor om de gegevens los te laten, maar om ze weer diepgang te geven. Ze niet te beschouwen als afsluitende antwoorden, maar als vragen dic richting geven. Elke meting wordt dan een venster op een bredere orde, elke afwijking een aanwijzing, elke regelmaat een verkapte vraag. Misschien is dit wel het punt waarop de biologie ophoudt louter een wetenschap van het leven te zijn en een wetenschap van de zin van het leven begint te worden.

Voorbij het raderwerk: want organismen zijn geen goed geassembleerde machines.

Al meer dan een eeuw spreekt de biologie de taal van het mechanisme. Een krachtige, precieze taal, die in staat is om buitengewone resultaten te produceren: gerichte geneesmiddelen, verfijnde beeldvormingstechnieken, genetische ingrepen die tot enkele decennia geleden ondenkbaar waren. Toch is er onder dit succesvolle oppervlak een stille scheur ontstaan. Organismen worden nog steeds beschreven als apparaten die functioneren, maar steeds zeldzamer als systemen die betekenis dragen.

De overgang van mechanisme naar betekenis vindt niet plaats door een plotselinge theoretische opstand, maar door verzadiging. Wanneer elk levensproces wordt verklaard als een keten van efficiënte oorzaken, blijft een elementaire vraag onbeantwoord: waarom juist deze organisatie en niet een andere? Waarom een stabiele vorm, een gecoördineerde functie, een contextuele reactie die 'logisch' lijkt in verhouding tot de situatie? De mechanische taal vertelt hoe iets gebeurt, maar zwijgt over waarom dat iets samenhang heeft voor het organisme.

Een episode die vaak wordt aangehaald in de laboratoria voor systeembiologie aan het MIT betreft de eerste computersimulaties van genetische netwerken, aan het begin van de jaren 2000. De modellen werkten: ze produceerden oscillaties, stabiele toestanden, overgangen. Maar, zoals Stuart Kauffman tijdens een informeel seminar in 2002 vertelde: *'we konden niet zeggen of het systeem iets deed of dat het gewoon gebeurde*'. Dat was een belangrijke bekentenis: het gedrag klopte, de betekenis niet. Er ontbrak een biologische semantiek.

Hier komt het veldperspectief om de hoek kijken. Over een veld spreken betekent niet dat we vage metaforen oproepen, maar dat we erkennen dat de biologische organisatie voorafgaat aan en richting geeft aan de afzonderlijke gebeurtenissen. Net als in een magnetisch veld, waar ijzervijlsel een onzichtbare structuur zichtbaar maakt, zo 'richten' moleculaire processen zich in levende systemen naar een orde die niet in een enkele geïsoleerde reactie vervat zit. Informatie is in deze context geen boodschap die van het ene punt naar het andere reist, maar een relatie die vorm geeft aan het totale gedrag.

Een verhelderend voorbeeld komt uit de ontwikkelingsbiologie. In 1924 toonde Hans Spemann in Berlijn aan dat door het transplanteren van een klein embryonaal gebied – de beroemde 'organisator' – de vorming van een tweede lichaamsas kon worden opgewekt. Spemann sprak over 'morfogenetische velden', waarbij hij terminologisch zeer voorzichtig te werk ging. Hij wist niet hoe dat effect op moleculair niveau tot stand kwam, maar hij had iets essentieels begrepen: biologische informatie zit niet alleen in de componenten, maar ook in de configuratie die ervoor zorgt dat ze als geheel functioneren.

Dit inzicht keert vandaag de dag, met andere instrumenten, terug in de studie van cellulaire en weefselnetwerken. Wanneer een organisme reageert op een verwonding, op omgevingsstress of op een verandering in de voeding, volgt het geen strak protocol. Het interpreteert een situatie. En interpreteren betekent betekenis toekennen, prioriteiten stellen, reacties afstemmen. Het is een elementaire taal, verstoken van reflectief bewustzijn, maar niet verstoken van betekenis.

Het is geen toeval dat wetenschapsfilosofen zoals Georges Canguilhem al in de jaren vijftig het nadruk legden op het normatieve karakter van het leven. In een lezing aan de Sorbonne in 1952 merkte Canguilhem op dat een organisme zich niet beperkt tot het ondergaan van zijn omgeving: het beoordeelt deze, het onderscheidt wat gunstig en wat ongunstig is. Dit beoordelingsvermogen is geen bijkomstigheid, maar de kern zelf van het levende. Hier laat het mechanisme zijn conceptuele beperking zien.

Het perspectief van het veld en de belichaamde informatie maakt dan ook een verandering van benadering mogelijk. Het leven verschijnt niet langer als een object dat functioneert, maar als een proces dat iets voor zichzelf betekent. Elk organisme wordt een gestabiliseerde informatiestructuur: geen gegevensarchief, maar een systeem dat zijn eigen identiteit behoudt door voortdurend signalen, beperkingen en mogelijkheden te interpreteren. Zoals de Chileense bioloog Francisco Varela in 1987 in zijn onderzoeksnotitieboek schreef, dat nu in Santiago wordt bewaard: *„Leven is betekenis produceren, zelfs als er niemand is om het te observeren*".

In deze overgang van mechanisme naar betekenis verliest de biologie niets aan nauwkeurigheid. De grammatica verandert. En misschien komt ze juist daardoor dichter bij datgene wat ze tracht te begrijpen.

De verborgen taal van organismen.

Er is een stille paradox die de hedendaagse biologie doorkruist. Nooit eerder hadden we toegang tot zo'n onmetelijke hoeveelheid gegevens: gesequenteerde genomen, in kaart gebrachte metabolische netwerken, celbeelden met een zeer hoge resolutie. Toch lijkt het leven, naarmate de details toenemen, steeds meer aan een alomvattend begrip te ontsnappen. Het is alsof je naar een gesprek kijkt terwijl je de chemie van de inkt perfect kent, maar de betekenis van de zinnen niet begrijpt.

In de afgelopen decennia is er een vraag aan de rand van het biologisch onderzoek gaan sluipen: wat als organismen niet alleen biochemische machines zouden zijn, maar systemen die in staat zijn tekens te produceren, te interpreteren en te transformeren? Geen poëtische metaforen, maar tekens in de strikte zin van het woord. Hier komt de biosemiotiek in beeld, een onderzoeksgebied dat tussen het einde van de jaren tachtig en het begin van de jaren negentig is ontstaan, vaak ver buiten de schijnwerpers, maar steeds moeilijker te negeren.

De Deense bioloog Jesper Hoffmeyer vertelde graag dat de eerste fout van de moderne biologie was dat ze de oorzaak met de betekenis verwarde. Een chemische reactie kan verklaren hoe iets gebeurt, maar niet wat die gebeurtenis betekent voor het organisme dat ermee te maken heeft. In de biosemiotiek is het sleutelbegrip het begrip 'teken': iets dat voor iemand iets anders vertegenwoordigt. In een organisme is die 'iemand' geen reflectief bewustzijn, maar het gehele levende systeem.

Laten we eens kijken naar een bacterie die haar beweging aanpast als reactie op een chemische verandering in de omgeving. Vanuit klassiek perspectief is het een cascade van moleculaire reacties. Vanuit semiotisch perspectief fungeert dat externe molecuul als een signaal dat 'voedsel' of 'gevaar' betekent. Niet het molecuul op zich stuurt het gedrag, maar de betekenis die het krijgt binnen de geschiedenis en de organisatie van het levende wezen.

In 2001, tijdens een conferentie in Tartu – een Estse stad die onlosmakelijk verbonden is met de semiotische traditie van Juri Lotman – vertelde een jonge onderzoeker hoe dezelfde chemische stof tegengestelde reacties kon opwekken bij organismen die genetisch vergelijkbaar waren, maar in verschillende omgevingen waren opgegroeid. *'Ze reageren* niet', zei hij, *'ze interpreteren'*. Er viel een paar seconden stilte in de zaal: het was geen provocatie, maar een empirische constatering die om nieuwe conceptuele categorieën vroeg.

De biosemiotiek ontkent de biochemie niet, net zoals de taalkunde de fysica van geluidsgolven niet ontkent. Ze overstijgt deze door integratie. Elk organisme, van het eenvoudigste tot het meest complexe, leeft ondergedompeld in een netwerk van tekens waaraan het zelf bijdraagt. Hormonen, elektrische gradiënten, ruimtelijke configuraties van weefsels: dit alles is niet alleen 'materie in beweging', maar informatie die voor het systeem betekenis heeft.

Een fascinerend voorbeeld komt uit de plantkunde. In de jaren 2000 constateerde een team in een experimentele kas in de buurt van Florence dat sommige planten hun wortelontwikkeling niet aanpasten op basis van de fysieke aanwezigheid van andere wortels, maar als reactie op specifieke moleculen die in de bodem werden afgegeven. Die moleculen waren geen voedingsstoffen of toxines: het waren signalen. De plant 'las' de omgeving en nam morfologische beslissingen die in overeenstemming waren met die interpretatie.

Hier is het teken geen willekeurig symbool, maar een stabiele relatie tussen vorm, functie en context. Dit maakt het mogelijk om te spreken over organismen als gestabiliseerde informatieve structuren: entiteiten die hun identiteit niet alleen behouden dankzij energie en materie, maar dankzij de continuïteit van de biologische betekenissen die ze kunnen herkennen.

In tegenstelling tot menselijke talen is de taal van het leven niet vastgelegd in woordenboeken, noch gereguleerd door expliciete syntaxis. Het is een immanente grammatica, die voortkomt uit de evolutionaire geschiedenis en de interne organisatie van organismen. De bioloog en filosoof Jakob von Uexküll sprak al in de eerste decennia van de twintigste eeuw over *de 'Umwelt'*: de betekenisvolle wereld die eigen is aan elke soort. Geen objectieve omgeving, maar een universum van relevante tekens.

Als we Uexküll vandaag de dag herlezen, blijkt hij verrassend actueel te zijn. Zijn werk suggereert dat de biologische werkelijkheid geen neutraal toneel is, maar een weefsel van geïnterpreteerde relaties. Elk organisme leeft in een wereld die voor hem betekenis heeft, en dit vermogen tot betekenis is wat we leven noemen.

Dit perspectief aanvaarden betekent onze blik verleggen: ons niet alleen afvragen uit welke componenten een organisme bestaat, maar ook welke tekens het kan herkennen, welke informatie het kan belichamen, welke samenhangen het in de loop van de tijd weet te behouden. Het is een verandering van taal, nog voordat het een verandering van theorie is.

Spreken over tekens in de biologie is geen terugkeer naar het vitalisme, noch een toegeven aan mystiek. Het is de rigoureuze en noodzakelijke poging om een conceptuele leemte op te vullen. Zoals de wetenschapsfilosofe Evelyn Fox Keller tijdens een lezing in Berlijn in 2012 opmerkte: *„We hebben geleerd de componenten van het leven te beschrijven, maar nog niet zijn discours.*"

Deze inleiding pretendeert geen definitieve antwoorden te geven. Ze wil veeleer een opening creëren: suggereren dat het leven, voordat het wordt verklaard, moet worden begrepen als een fenomeen van betekenisgeving. Een gebeurtenis waarin materie in staat wordt om iets tegen zichzelf te zeggen.

Informatie zonder afzender

We zijn gewend om informatie te zien als iets dat iemand naar iemand anders verstuurt. Een afzender, een boodschap, een ontvanger. Het is het communicatiemodel dat we hebben geërfd van de technologie, van de negentiende-eeuwse telegraaf tot de digitale algoritmen. Maar wat gebeurt er als we dit schema op het leven proberen toe te passen? Wie 'stuurt' de informatie naar een cel die zich differentieert, naar een embryo dat vorm krijgt, naar een organisme dat zich aanpast aan een voortdurend veranderende omgeving?

De hedendaagse biologie wordt steeds vaker geconfronteerd met informatieverschijnselen zonder herkenbare afzender. Er is geen commandocentrum, er is geen verborgen dirigent. Toch is er informatie: ze circuleert, stabiliseert zich, brengt vorm en gedrag voort. Het is informatie die niet wordt verzonden, maar naar voren komt.

In de jaren vijftig ontwikkelde de wiskundige Claude Shannon een uiterst krachtige informatietheorie, die echter bewust zwijgt over de betekenis. Deze theorie werkte uitstekend voor telefoonkabels, maar veel minder goed voor levende systemen. In een organisme is informatie geen abstracte grootheid die van A naar B reist, maar een gebeurtenis die plaatsvindt 'wanneer een verschil het verschil maakt', om een uitdrukking te gebruiken die beroemd is geworden door de antropoloog Gregory Bateson.

Bateson, die graag vertelde dat hij meer had geleerd door naar dolfijnen te kijken dan door handboeken te lezen, benadrukte een cruciaal punt: in levende systemen ontstaat informatie uit de relatie. Ze zit niet vervat in een geïsoleerd signaal, maar in de manier waarop een systeem is gestructureerd om op bepaalde variaties te reageren en op andere niet. Er is geen intentie nodig, een interne samenhang die die verandering relevant maakt, volstaat.

Een fascinerend voorbeeld komt uit het onderzoek naar *Physarum polycephalum*, een slijmzwam die sinds de jaren zeventig in Japanse en Amerikaanse laboratoria wordt bestudeerd. Dit organisme, dat geen zenuwstelsel heeft, is in staat om do e doolhoven te 'lopen' en routes naar voedsel te optimaliseren. Geen enkel neuron geeft instructies, geen enkel centrum neemt beslissingen. De informatie komt voort uit de dynamiek van het lichaam zelf, uit de voortdurende dialoog tussen vorm, beweging en omgeving.

Spreken over informatie zonder afzender betekent de aandacht verleggen van het signaal naar de interface. De informatie bevindt zich noch volledig binnen het organisme, noch volledig daarbuiten: ze ontstaat in de contactruimte. De psycholoog James J. Gibson introduceerde in de jaren zestig het concept van 'affordance' om de handelingsmogelijkheden te beschrijven die de omgeving aan een organisme biedt. Een oppervlak 'zegt' alleen tegen degene met een bepaald lichaam, een bepaalde schaal en een bepaalde evolutionaire geschiedenis dat erop gelopen kan worden.

In die zin zendt de omgeving geen boodschappen uit: ze stelt configuraties voor. Het is het organisme, met zijn gestabiliseerde informatiestructuur, dat die configuraties betekenis geeft. Informatie gaat niet vooraf aan de relatie, maar begeleidt deze. Het is een noodzakelijk bijproduct van het-in-relatie-zijn.

Een onderzoeker vertelde dat hij zich hiervan bewust was geworden door bacteriekolonies te observeren onder thermische stress. Er was geen nieuw chemisch signaal, geen identificeerbaar moleculair ‘alarm’. Toch veranderde het collectieve gedrag op gecoördineerde wijze. De informatie zat niet in een specifiek molecuul, maar in de globale verandering van de fysieke context en in het vermogen van het systeem om deze als zodanig te interpreteren.

Vanuit dit perspectief is informatie geen overgedragen inhoud, maar een effectieve configuratie. Levende systemen ontvangen geen instructies: ze organiseren zich zodanig dat bepaalde gebeurtenissen informatief worden. Het is een subtiel, maar doorslaggevend verschil. Zoals de theoretisch bioloog Francisco Varela in 1996 tijdens een lezing in Parijs opmerkte: „*Cognitie is niet de weergave van een gegeven wereld, maar het ontstaan van een werkbare wereld.*”

Hier komt het idee van het biologische veld om de hoek kijken. Het veld geeft geen boodschappen door, maar stabiliseert relaties. Het is wat het mogelijk maakt dat informatie naar voren komt zonder te worden verzonden, dat een vorm standhoudt zonder een extern ontwerp. In deze zin zijn organismen informatieve structuren, niet omdat ze gegevens bevatten, maar omdat ze de wereld informeerbaar maken.

Het idee van informatie zonder afzender accepteren betekent ook afstand doen van een bepaald geruststellend beeld van het leven als een systeem dat elk moment van bovenaf wordt gecontroleerd. Levensprocessen voeren geen bevelen uit: ze reageren op beperkingen, kansen en resonanties. De bioloog en chemicus Ilya Prigogine, Nobelprijswinnaar in 1977, sprak van 'orde door fluctuatie': structuren die niet ondanks de wanorde ontstaan, maar dankzij die wanorde.

In dit licht lijkt het leven minder op een machine en meer op een wijdverspreid interpretatief proces, zonder centrale interpretator. Een proces waarin informatie geen auteur heeft, maar wel betekenis. En misschien is het juist dit dat het levende zo moeilijk maakt om te herleiden tot bewegende materie.

Technologie en misvattingen over het levende.

Elk tijdperk begrijpt de natuur met de conceptuele instrumenten die het tot zijn beschikking heeft. In de zeventiende eeuw was het universum een groot uurwerk; in de negentiende eeuw een stoommachine; vandaag de dag, onvermijdelijk, een computer. De biologie vormde hierop geen uitzondering. Sterker nog, het is misschien wel de discipline die de technologische metaforen van haar tijd het diepst heeft overgenomen. Praten over „genetische code", „ontwikkelingsprogramma's" en „transcriptiefouten" had een enorme verklarende kracht. Maar, zoals vaak gebeurt met geslaagde metaforen, heeft het succes uiteindelijk de beperkingen ervan verborgen.

Het idee dat het leven functioneert als software die op moleculaire hardware draait, is ontstaan in een specifieke historische context. We bevinden ons in de jaren veertig en vijftig van de twintigste eeuw, in Princeton, Cambridge en Los Alamos. Het is het tijdperk van de cybernetica, van de eerste elektronische computers, van de Macy-conferenties. Het is dan ook niet verwonderlijk dat Francis Crick enkele jaren later over DNA kon spreken als een 'code' en dat Jacques Monod het organisme beschreef als een chemische machine die door instructies wordt bestuurd. De informatica-metafoor leek eindelijk een nauwkeurige taal te bieden voor wat tot dan toe mysterieus leek.

Toch voelde iemand toen al een zekere onbehagen. In 1967 merkte de bioloog Conrad Hal Waddington – dezelfde die het beeld van het 'epigenetische landschap' had geïntroduceerd – in Santa Fe ironisch op dat geen enkel embryo ooit zijn eigen genoom had gelezen. Een grapje, zeker, maar veelzeggend: het probleem is niet het DNA, maar het idee dat biologische informatie functioneert als een handleiding.

De informatica-metaforen werkten omdat ze het mogelijk maakten om operationele wetenschap te bedrijven. Sequenteren, vergelijken, wijzigen. In de jaren negentig, tijdens het *Menselijk Genoomproject*, spraken de laboratoria in Bethesda en Cambridge openlijk over genetisch 'debugging'. Het beeld was dat van de techniek: als er een fout zit, corrigeer je die. Maar terwijl software identiek blijft aan zichzelf, ongeacht de computer waarop het draait, verliest een gen buiten zijn biologische context een groot deel van zijn betekenis.

Een anekdote van een Franse genetica is verhelderend. Begin jaren 2000, tijdens een experiment met genoverdracht op modelplanten, had het 'juiste' gen radicaal verschillende effecten, afhankelijk van het weefsel, de ontwikkelingsfase en zelfs de lichtomstandigheden in de kas. „*Het was dezelfde* code", vertelde ze, „*maar het leek alsof hij verschillende talen sprak*". Het probleem lag niet in de sequentie, maar in het idee dat de sequentie de boodschap was.

Hier komt het centrale misverstand naar voren: het verwarren van biologische informatie met technische informatie. In technologische systemen ligt de betekenis buiten het systeem: wij bepalen zelf wat een bit vertegenwoordigt. In levende systemen daarentegen ligt de betekenis in het proces zelf. Ze wordt niet toegewezen, maar belichaamd.

Het beeld van het programma suggereert een lineaire reeks, een begin en een einde, een controle van bovenaf. Maar het leven „ " of „voert" niets uit. Het organiseert zich, reorganiseert zich, wijkt af, verkent. In 1981 vertelde de evolutionair bioloog Stephen Jay Gould hoe de evolutie meer lijkt op een jazzimprovisatie dan op een klassieke partituur. Een muzikale, geen informatica-metafoor, die de temporele, gesitueerde en relationele dimensie van het levende beter weergeeft.

Als we het organisme als een computer beschouwen, gaan we op zoek naar het 'commandocentrum', het hoofdbestand, de oorspronkelijke instructie. Maar echte organismen functioneren op basis van distributie, redundantie en plasticiteit. Paradoxaal genoeg heeft de digitale technologie ons pas geholpen het leven te begrijpen toen ze er steeds minder op begon te lijken: met neurale netwerken, adaptieve systemen en onbegeleid leren. Een teken dat het probleem niet het gebruik van metaforen is, maar het letterlijk nemen ervan.

Het gaat er niet om de taal van de informatie los te laten, maar om deze te bevrijden van de machinale beeldtaal. In de biologie is informatie geen tekst die ontcijferd moet worden, maar een dynamiek waarin men zich moet bewegen. Het reduceren ervan tot code betekent uit het oog verliezen wat informatie effectief maakt: de context, de geschiedenis, de globale vorm van het organisme.

In 2005 vroeg een jonge onderzoeker tijdens een seminar in Heidelberg provocerend of een organisme meer op een computer of op een stad leek. Het antwoord was niet unaniem, maar velen waren het over één punt eens: een stad functioneert niet omdat iemand de volledige kaart ervan bezit, maar omdat miljoenen lokale interacties een herkenbare orde voortbrengen. Het leven is misschien wel meer stedelijk dan informatica.

In die zin wijst het perspectief van de biologische wetenschappen technologie niet af, maar relativeert het deze. Het herinnert ons eraan dat elk conceptueel instrument iets belicht en iets anders verduistert. En dat het levende, wanneer het alleen wordt begrepen via de metaforen van de machines die we bouwen, onvermijdelijk verkeerd wordt begrepen.

Van berekening naar betekenis: de nieuwe onrust in de exacte wetenschappen.

Gedurende een groot deel van de twintigste eeuw werd het spreken over 'betekenis' in de exacte wetenschappen in het beste geval beschouwd als een filosofische gril; in het slechtste geval als een weinig respectabele afwijking. Vergelijkingen werkten zonder betekenis, modellen voorspelden zonder te begrijpen, en dat leek te volstaan. Toch begon er juist daar, waar de formalisering het strengst was, iets te barsten. Niet door een gebrek aan gegevens of rekenkracht, maar door een subtieler onbehagen: de groeiende indruk dat beschrijven niet hetzelfde is als begrijpen.

In de natuurkunde kwam het signaal al van ver. Al in de jaren tachtig begonnen enkele theoretici – waaronder Carlo Rovelli, destijds een jonge onderzoeker – in de gangen van het CERN in Genève zich af te vragen of de fundamentele wetten geen 'dingen' beschreven, maar relaties. De kwantumzwaartekracht met lussen, die in die jaren in Europa en de Verenigde Staten werd ontwikkeld, spreekt niet langer over de ruimte als een neutrale container, maar als een netwerk van betekenisvolle relaties. Het is geen toeval dat Rovelli vele jaren later schreef dat de natuurkunde ons niet vertelt *'hoe de wereld* is', maar *'hoe de wereld met zichzelf in wisselwerking staat*'. Een uitspraak waar een klassieke positivist zijn neus voor zou hebben opgehaald.

Het punt is niet dat de natuurkunde plotseling humanistisch is geworden. Er is iets interessants gebeurd: de meest geavanceerde modellen begonnen pas te werken toen ze begrippen bevatten die verrassend veel lijken op wat men vroeger 'zin' noemde. In de kwantuminformatietheorie is informatie bijvoorbeeld niet langer een louter abstracte grootheid, maar hangt ze af van de context, de waarnemer en de relatie. In Wenen, in 2015, merkte een experimenteel natuurkundige tijdens een conferentie over de grondslagen van de kwantummechanica ironisch op dat *„informatie niet op zichzelf bestaat: ze bestaat altijd voor iemand*". Een banale uitspraak voor een filosoof, bijna schandalig voor een natuurkundige van de oude stempel.

Een soortgelijke verschuiving heeft zich voorgedaan in de neurowetenschappen. Decennialang werd het brein beschreven als een signaalverwerker: input, verwerking, output. Maar vanaf de jaren 2000, vooral in de laboratoria van Freiburg en San Diego, heeft een ander idee voet aan de grond gekregen: dat het brein niet simpelweg informatie verwerkt, maar betekenis produceert. De neurowetenschapper Francisco Varela – die in 2001 overleed, maar vandaag de dag vaker dan ooit wordt geciteerd – sprak over 'sense-making', het creëren van betekenis, als primaire functie van levende systemen. Geen poëtische metafoor, maar een rigoureuze poging om uit te leggen waarom een organisme niet alleen reageert, maar ook interpreteert.

Een anekdote die door een Italiaanse onderzoekster werd verteld, illustreert deze verandering van perspectief heel goed. Tijdens een onderzoek naar patiënten met corticale letsels merkte ze op dat twee proefpersonen met vrijwel identieke schade radicaal verschillend gedrag vertoonden. Niet de neurale kaart maakte het verschil, maar de persoonlijke geschiedenis, de manier waarop het lichaam had geleerd in de wereld te leven. Ze concludeerde: *"Het brein geeft de wereld niet weer: het betekent de* wereld." Een conclusie die moeilijk te formaliseren is, maar onmogelijk te negeren.

Het is in dit culturele klimaat dat de veldbiologie haar natuurlijke plek vindt. Niet als een invasie van vage begrippen in de exacte wetenschappen, maar als de erkenning dat het levende niet begrepen kan worden zonder betekenis erbij te betrekken. Organismen zijn niet louter complexe systemen; het zijn structuren die in de loop van de tijd een betekenisvolle samenhang behouden. Hun informatie dient niet om ze van buitenaf te beschrijven, maar om hen in staat te stellen te bestaan als eenheden met een richting.

Vreemd genoeg ontstaat deze terugkeer naar de betekenis niet aan de rand, maar in het hart van de meest geformaliseerde disciplines. Het is alsof de exacte wetenschappen, nadat ze de wiskundige taal tot het uiterste hadden gedreven, op een vraag zijn gestuit die vergelijkingen alleen niet langer kunnen omzeilen: wat telt er werkelijk in een levend systeem? Niet hoe groot het is, noch ho f hoe snel het is, maar wat het heeft betekend voor zijn voortbestaan, zijn vorm, zijn geschiedenis.

In 2022 sloot een theoretisch bioloog tijdens een interdisciplinair congres in Zürich zijn toespraak af met een zin die bij velen is blijven hangen: „*We hebben geleerd alles te berekenen, behalve datgene wat zin heeft.*" Het was geen capitulatie, maar een oproep. Een oproep om te erkennen dat betekenis geen achteraf toegevoegde component aan de wetenschap is, maar een dimensie die telkens weer naar voren komt wanneer men het leven serieus benadert.

DEEL EEN. De blinde vlek van de moderne biologie.

Uit het gedachtegoed van Ludwig von Bertalanffy

Een organisme is niet te verklaren aan de hand van zijn onderdelen, want het is de organisatie die betekenis geeft aan de onderdelen, niet andersom.

Uit het denken van Denis Noble:

Genen zijn essentieel, maar ze zijn niet de bevelhebbers: het leven functioneert als een samenwerkend systeem, niet als een commandostructuur.

Uit de gedachtegang van Stuart Kauffman:

De levende vorm ligt niet volledig vast in het verleden: ze ontstaat, stabiliseert zich en opent mogelijkheden die voorheen niet bestonden.

Uit de gedachten van Henri Bergson:

Het leven volgt niet simpelweg reeds bestaande wetten, maar buigt ze, gebruikt ze en overstijgt ze in zijn eigen creatieve elan.

Het eerste deel van dit boek opent een kritische drempel. Niet om af te breken wat de biologie in de loop van meer dan een eeuw heeft opgebouwd, maar om de grondslagen ervan ter discussie te stellen daar waar ze tekenen van spanning beginnen te vertonen. De crisis van het klassieke biologische paradigma komt niet voort uit een mislukking, maar uit een succes: de buitengewone doeltreffendheid van biochemische en genetische verklaringen bij het beschrijven van de lokale mechanismen van het leven. Juist deze doeltreffendheid maakt echter des te duidelijker wat buiten het beeld blijft.

De twee hoofdstukken waaruit dit deel bestaat, gaan in op een vraag die slechts schijnbaar eenvoudig is: wat is een levend organisme eigenlijk?

In het eerste hoofdstuk komt de beperking van de biochemische verklaring naar voren wanneer men probeert over te stappen van de beschrijving van reacties naar het begrip van de eenheid van het organisme. De moleculen functioneren, de processen zijn duidelijk, maar het levende verschijnt als iets meer dan een som: een stabiel, doelgericht geheel, dat in staat is zichzelf in stand te houden en te transformeren zonder een extern ontwerp dat het leidt. De kwestie van het doel – zonder een beroep te doen op een ontwerper – blijft een onopgelost knelpunt voor de klassieke causaliteit.

Het tweede hoofdstuk richt de aandacht op het darwinisme en de natuurlijke selectie. Hier betreft de crisis niet de aanpassing, die de theorie op zeer elegante wijze verklaart, maar de vorm. Het ontstaan, het voortbestaan en de samenhang van biologische structuren lijken te gehoorzamen aan een organiserend principe dat zich noch tot toevallige variatie, noch tot het gen alleen laat herleiden. De vorm lijkt geen secundair effect van de functie te zijn, maar een stille prioriteit die elke functie mogelijk maakt.

In het totale verloop van het boek vervult dit eerste deel een beslissende functie: het creëert de conceptuele ruimte die nodig is voor wat volgt. Door aan te tonen waar het klassieke paradigma tekortschiet, bereidt het de weg voor een andere opvatting van het leven, die in de volgende delen zal worden verkend aan de hand van de begrippen samenhang, veld, informatie en dynamisch evenwicht. Zonder deze aanvankelijke crisis zouden de daaropvolgende voorstellen willekeurig lijken; hierdoor worden ‘ ’ een mogelijk antwoord op vragen die al te lang onbeantwoord zijn gebleven.

Dit is dus geen deel ‘tegen’ de traditionele biologie, maar een deel dat verder reikt dan de huidige grenzen ervan. Het is het moment waarop de lezer wordt uitgenodigd om de gebruikelijke verklaringen even terzijde te schuiven, niet om ze te verlaten, maar om ze vanuit een kritische afstand te bekijken. Hier begint het boek echt een andere invalshoek te aannemen.

Kortom, dit eerste deel nodigt de lezer uit te erkennen dat de crisis geen zwakte van de wetenschap is, maar het teken dat een conceptuele transformatie noodzakelijk is. Het is het punt waarop de vraag naar het leven weer radicaal wordt.

I. De grenzen van de biochemische verklaring.

Dit hoofdstuk gaat uit van een even eenvoudige als ontwrichtende constatering: de biochemie functioneert uitstekend, en juist daarom laat ze vandaag de dag haar grenzen zien. Niemand trekt de beschrijvende kracht in twijfel waarmee de moleculaire biologie de intieme mechanismen van het leven heeft opgehelderd — de metabolische routes, de enzymatische regulatie, de genexpressie. En toch, wanneer men probeert over te stappen van het 'hoe' naar het 'wat', van de lokale werking naar de totale realiteit van het organisme, komt er een discrepantie naar voren die niet langer kan worden genegeerd.

Het centrale thema van dit hoofdstuk is geen kritiek op de biochemie, maar op het gebruik ervan als alomvattende verklaring voor het levende. Chemische reacties vinden zeker plaats, maar ze verklaren op zichzelf niet waarom het organisme zich voordoet als een samenhangende eenheid, stabiel in de tijd en functioneel gericht. De cel is geen simpele houder van reacties: het is een systeem dat zichzelf in stand houdt, dat selecteert wat ertoe doet en dat handelt alsof het een doel heeft, zonder dat er een extern plan is dat het stuurt.

Hier begint het klassieke paradigma een conceptuele barst te vertonen. Lineaire causaliteit — de ene reactie die de andere teweegbrengt — is op lokaal niveau uiterst effectief, maar schiet tekort als het gaat om het verklaren van de eenheid van het organisme. Hoe ontstaat het geheel uit de delen? Hoe leiden miljoenen verspreide processen tot gecoördineerd, doelgericht en verrassend robuust gedrag? De biochemie beschrijft de bouwstenen, maar heeft moeite om het gebouw te verklaren.

Nog delicater is de kwestie van het doel. Organismen lijken te handelen 'met het oog op iets': het interne evenwicht handhaven, schade herstellen, zich voortplanten. Toch heeft de moderne biologie elke verwijzing naar intrinsieke doelen verbannen en deze vervangen door de taal van aanpassing en selectie. Het resultaat is een onopgeloste spanning: doelgerichtheid is overal aanwezig in biologische verschijnselen, maar nergens in de theoretische verklaringen. Dit hoofdstuk gaat deze paradox openlijk aan, zonder een beroep te doen op verborgen ontwerpers, maar door te erkennen dat klassieke causaliteit wellicht niet voldoende is.

In de algemene context van het boek vervult hoofdstuk I een essentiële voorbereidende functie. Het dient om de vanzelfsprekendheid van het heersende paradigma op te schorten, door aan te tonen dat wat voor de hand lijkt te liggen — het leven als de som van chemische processen — in werkelijkheid een krachtige maar onvolledige vereenvoudiging is. Pas door deze beperking scherp in beeld te brengen, wordt het in de volgende hoofdstukken mogelijk om de begrippen coherentie, veld en belichaamde informatie te introduceren, niet als willekeurige alternatieven, maar als antwoorden op een reële theoretische leemte.

Dit hoofdstuk vraagt de lezer niet om af te zien van wetenschappelijke verklaringen, maar om te erkennen dat uitleggen hoe iets gebeurt niet altijd hetzelfde is als uitleggen wat het is. Vanuit dit vaak over het hoofd geziene onderscheid begint de hele reis van de veldbiologie.

Circulaire causaliteit in levende systemen: het leven dat zichzelf veroorzaakt.

Als er één punt is waarop de biochemische verklaring haar beperkingen het duidelijkst laat zien, dan is het wel de manier waarop zij causaliteit opvat. De klassieke biochemie redeneert goed langs geordende ketens: een molecuul activeert een enzym, het enzym veroorzaakt een effect, het effect zet een andere reactie in gang. Het is een lineaire, krachtige en elegante logica. Maar wanneer men deze toepast op het organisme als geheel, klopt er iets niet. Het levende wezen verloopt niet als een rij dominostenen: het lijkt eerder op een systeem waarin wat er gebeurt de omstandigheden zelf beïnvloedt waarin het plaatsvindt.

Hier komt het begrip circulaire causaliteit om de hoek kijken, een van de meest delicate en minst begrepen concepten van de hedendaagse biologie. Circulair betekent niet vaag, en al helemaal niet mystiek. Het betekent dat in levende systemen de oorzaken niet in één richting verlopen: het globale niveau van het organisme beïnvloedt de lokale processen net zozeer als de lokale processen bijdragen aan het vormen van het globale geheel. Het organisme is niet het eindresultaat van zijn reacties: het is de actieve toestand die deze reacties mogelijk maakt, selecteert en stabiliseert.

Dit punt was al volkomen duidelijk voor Immanuel Kant toen hij aan het einde van de achttiende eeuw sprak over organismen als wezens waarin *'de delen bestaan voor het geheel en het geheel voor de delen'*. Kant had geen toegang tot de biochemie, maar had een probleem aangevoeld dat vandaag de dag met kracht terugkeert: in het levende verloopt de causaliteit nooit alleen van onder naar boven. Elke cel handelt in een context die zij niet zelf heeft gecreëerd, maar die zij voortdurend helpt in stand te houden.

Vaak wordt circulaire causaliteit verward met eenvoudige feedback, een concept dat is ontleend aan de techniek en de cybernetica. De thermostaat die de temperatuur van een kamer regelt, is een klassiek voorbeeld: hij detecteert een afwijking en corrigeert deze. Maar het organisme doet iets radicalers. Het beperkt zich niet tot het corrigeren van een afwijking ten opzichte van een vooraf vastgestelde waarde; het herdefinieert voortdurend wat als evenwicht geldt. Het setpoint ligt niet voor eens en altijd vast: het komt voort uit de geschiedenis van het systeem zelf.

In de jaren zeventig introduceerden Humberto Maturana en Francisco Varela het concept van *autopoiesis* juist om deze dynamiek te beschrijven. Een levend systeem — zo schreven zij — is een netwerk van processen dat de componenten produceert die op hun beurt het netwerk in stand houden. Er is geen bevoorrecht begin van de causale keten, omdat de keten een circuit is. Het is een idee dat zelfs vandaag de dag nog elke puur lineaire verklaring in de weg staat: wie veroorzaakt wat, als alles aan alles bijdraagt?

Een bioloog die een celkweek observeert, weet heel goed dat het gedrag van de afzonderlijke cellen verandert afhankelijk van de algehele toestand van het weefsel. Een arts die de ontwikkeling van een chronische ziekte volgt, ziet vaak hoe het organisme zijn reactie in de loop van de tijd aanpast, niet alleen door op een oorzaak te reageren, maar ook door zijn manier van functioneren te reorganiseren. In beide gevallen is causaliteit geen pijl, maar een dynamisch, historisch en contextgevoelig circuit.

Dit idee vindt ook buiten de biologie diepe weerklank. De filosoof Maurice Merleau-Ponty sprak, in zijn beschouwingen over het levende lichaam, van een 'logica van wederzijdse implicatie', waarin waarneming, handeling en lichaamsstructuur elkaar wederzijds bepalen. Het is geen toeval dat juist de fenomenologie en de theoretische biologie elkaar in de twintigste eeuw op dit punt hebben gevonden: het leven ontglipt elke verklaring die oorzaak en gevolg strikt van elkaar scheidt.

In het kader van Hoofdstuk I is circulaire causaliteit nog niet de oplossing, maar wel al een beslissende scheur in het klassieke paradigma. Het laat zien waarom het leven niet kan worden opgevat als een som van onafhankelijke reacties: omdat elke reactie plaatsvindt binnen een organisatie die zij zelf helpt in stand te houden. De biochemie beschrijft de stappen; circulaire causaliteit nodigt uit om naar de totale dans te kijken.

Woorden die meer zeggen dan ze laten doorschemeren.

Elke wetenschap is ook een oefening in taal. We beschrijven de natuur nooit op een neutrale manier: we vertellen erover via woorden die, net als lenzen, bepaalde aspecten scherpstellen en andere vervagen. De biochemie heeft, waarschijnlijk meer dan welke andere biologische discipline ook, een nauwkeurig, operationeel en schijnbaar eenduidig vocabulaire opgebouwd. Maar als we even stilstaan om echt naar deze taal te luisteren, komt er een merkwaardige spanning naar voren: de woorden die worden gebruikt om moleculaire reacties te beschrijven, lijken te verwijzen naar iets dat verder gaat dan de reacties zelf.

Laten we eens kijken naar gangbare termen als regulering, controle en signaal. Geen enkele serieuze biochemicus gebruikt deze termen in metaforische of bewuste zin. Toch dragen deze woorden een semantische lading met zich mee die niet louter chemisch is. Spreken over regulering roept het idee op van een orde die in stand wordt gehouden; spreken over controle suggereert een richting, een prioriteit; spreken over een signaal impliceert iemand – of iets – dat ontvangt, interpreteert en reageert. Met andere woorden: de taal van de biochemie introduceert impliciet de eenheid van het organisme, zelfs wanneer het theoretische paradigma het zou willen beperken tot louter de som van lokale processen.

Claude Bernard, in het Parijs van het midden van de negentiende eeuw, was zich hier volkomen van bewust. Toen hij het concept van *het 'milieu* intérieur' introduceerde, voegde hij niet simpelweg een technische term toe: hij erkende dat het levende organisme actief interne omstandigheden in stand houdt die verenigbaar zijn met het leven. Geen automatisch gevolg van chemische reacties, maar een handhaving. Walter Cannon noemde dit proces enkele decennia later *homeostase*, een woord dat letterlijk 'gelijk blijven' betekent, maar dat in werkelijkheid een dynamische, voortdurend opnieuw onderhandelde stabiliteit beschrijft. Het valt moeilijk te ontkennen hoezeer dit idee al doordrongen is van een unitaire visie op het levende.

Hetzelfde geldt wanneer we het over signalen hebben. Een signaalmolecuul is niet simpelweg aanwezig of afwezig, zoals een druppel reagens in een reageerbuis. Het is alleen effectief als het als relevant wordt herkend. In 1956 toonde de bioloog George Palade aan het Rockefeller Institute in New York aan dat cellen geen chaotische verzamelingen van moleculen waren, maar hooggeorganiseerde systemen, in staat tot intern transport en selectieve communicatie. Vanaf dat moment werd de term 'cellulaire signalering' een vast onderdeel van het biologische vocabulaire. Maar 'signaleren' betekent, ook in het dagelijks taalgebruik, iets aan iemand aangeven. De biochemie kan de receptoren en de intracellulaire cascades beschrijven, maar het feit zelf dat een molecuul als signaal geldt, hangt af van de algehele toestand van het organisme.

De misschien wel meest veelzeggende term is 'regeling'. Men spreekt van enzymatische regeling, genregeling, metabolische regeling. Niemand stelt zich een 'orkestdirigent' voor die verborgen zit in de cel, en toch blijft het beeld verrassend treffend. Zoals de evolutionair bioloog Conrad Waddington tijdens een lezing in Edinburgh in 1968 opmerkte: *'We beschrijven moleculaire processen alsof het organisme weet waar het heen moet, zelfs wanneer we ontkennen dat het iets weet.*' Regeling werkt in de biologie niet als een mechanische hefboom: ze is verspreid, contextgebonden en afhankelijk van de geschiedenis van het systeem. En toch blijft het woord bestaan, omdat geen enkel ander woord recht doet aan die functionele samenhang die de verschillende niveaus van de levende organisatie doorkruist.

Deze taalkundige spanning is geen tekortkoming: het is een symptoom. Het geeft aan dat de biochemie, ondanks haar lokale successen, voortdurend op de grens balanceert van wat ze met puur mechanistische categorieën kan verklaren. De taal verraadt wat het theoretische model moeilijk kan integreren: het organisme als een doelgerichte eenheid, die in staat is zichzelf in stand te houden, te reageren en zich op een zinvolle manier aan de omstandigheden aan te passen.

De wetenschapsfilosofe Evelyn Fox Keller merkte, toen ze nadacht over de taal van de levenswetenschappen, op dat bepaalde termen fungeren als 'conceptuele bruggen': ze maken het mogelijk om effectief te werken binnen e , terwijl ze tegelijk verwijzen naar een breder begrip dat nog moet worden verduidelijkt. Het is alsof de biochemie, bij het beschrijven van de afzonderlijke noten, gedwongen is woorden te gebruiken die het bestaan van de melodie laten doorschemeren.

In die zin is de biochemische taal niet alleen een beschrijvend instrument, maar ook een drempel. Ze laat zien dat het leven niet simpelweg is wat er gebeurt wanneer bepaalde moleculen reageren, maar wat die reacties bij elkaar houdt in een stabiele, herkenbare, gerichte vorm. De woorden weten het, ook al doet de theorie alsof dat niet zo is.

Identiteit in stukken: waarom het leven zich niet laat demonteren.

Er is een eenvoudige, bijna banale handeling die een diepgaand verschil tussen machines en organismen belicht: het demonteren. We kunnen een fiets in de garage thuis uit elkaar halen, de onderdelen op de vloer leggen en zelfs dan twijfelt niemand eraan dat het nog steeds dezelfde fiets is. Hij is tijdelijk onbruikbaar, zeker, maar zijn identiteit staat niet ter discussie. Als we daarentegen een organisme uit elkaar halen – al is het maar door vitale delen ervan te scheiden – is wat overblijft niet langer dat organisme. Het is geen 'onvolledige' versie: het is iets anders.

Dit verschil is noch metaforisch, noch sentimenteel. Het is ontologisch. Het betreft de manier van zijn van een machine in vergelijking met die van een levend wezen.

Een machine wordt bepaald door de functionele opstelling van haar onderdelen. Haar identiteitsprincipe is extern: het ligt in het ontwerp, in de tekening, in het schema dat voorafgaat aan en voortleeft na het concrete object. Een dieselmotor die in 1984 in Turijn werd gebouwd, is ontologisch identiek aan een motor die vandaag in Pune wordt geassembleerd, mits deze aan dezelfde specificaties voldoet. Het demonteren ervan doet geen afbreuk aan de essentie ervan: de machine is, uiteindelijk, een mogelijkheid die altijd opnieuw kan worden opgebouwd.

Een organisme daarentegen heeft geen extern ontwerp dat het definieert, noch een schema dat losstaat van zijn concrete bestaan. Zijn identiteit valt samen met zijn eigen levensproces. Zoals Aristoteles al opmerkte in *de „De* Anima", is het levende wezen geen lichaam dat een vorm heeft, maar een lichaam dat zijn vorm in werking is. Het verwijderen van de delen betekent dat proces onderbreken, niet opschorten.

Immanuel Kant vatte dit punt in *de „Kritik der* Urteilskraft" (1790) met een nog steeds verrassende helderheid samen: een organisme is een wezen waarin „de delen onderling oorzaak en gevolg zijn van hun vorm". In een machine werken de onderdelen samen omdat iemand ze zo heeft gerangschikt. In een organisme bestaan de delen omdat het geheel al in werking is. Het is een subtiel, maar doorslaggevend verschil.

Een anekdote die vaak wordt verteld op afdelingen voor ontwikkelingsbiologie dateert uit de jaren dertig, in het laboratorium van Hans Spemann in Freiburg. Toen zijn studenten zeer vroege embryonale cellen van een salamander van elkaar scheidden, ontdekten ze dat elke cel zich opnieuw kon organiseren en een compleet organisme kon vormen. Maar zodra de ontwikkeling vorderde, verdween die mogelijkheid: de scheiding leverde niet langer twee organismen op, maar twee fragmenten die gedoemd waren te vergaan. Het waren geen 'stukjes' van een reeds bestaand geheel, zoals tandwielen op een tafel: het waren momenten van een proces dat alleen bestaat zolang het intact blijft.

De machine verdraagt de onderbreking omdat haar eenheid van buitenaf wordt toegevoegd. Het organisme verdraagt die niet omdat zijn eenheid immanent is. Gilbert Simondon, een Franse filosoof die in biologiehandboeken vaak over het hoofd wordt gezien, legde dit uit in bijna technische bewoordingen: de machine is een technisch individu dat dat ook blijft wanneer het inactief is; het organisme is een individu dat alleen bestaat in zijn functioneren. Het stilleggen ervan betekent het oplossen ervan.

Dit verduidelijkt ook een wijdverbreid misverstand in de technologische metaforen van de hedendaagse biologie. Zeggen dat DNA een 'programma' is of de cel een 'fabriek', kan lokaal nuttig zijn, maar wordt ontologisch gezien misleidend. Een programma kan worden gekopieerd, opgeschort of opnieuw opgestart. Een organisme niet. Niet omdat het kwetsbaarder is, maar omdat het niet los te zien is van zijn eigen tijd. Zijn identiteit is historisch, niet van moment tot moment reproduceerbaar.

Norbert Wiener, de vader van de cybernetica, gaf dit met enige bezorgdheid toe tijdens een lezing aan het MIT in 1951: *„De machine kan worden uitgeschakeld en weer worden ingeschakeld; het organisme niet, want wat wij leven noemen, is juist zijn voortdurende wording.*" Het is een uitspraak die bijna vanzelfsprekend klinkt, maar toch precies het punt aangeeft waarop het mechanistische paradigma zijn tekortkoming laat zien.

Kortom, een machine is iets dat blijft wat het is, ook wanneer het niet functioneert; een organisme is wat het is alleen zolang het functioneert, groeit en zichzelf in stand houdt. Het demonteren van een machine is een omkeerbare handeling. Het demonteren van een organisme is een ontologisch onomkeerbare gebeurtenis. Niet omdat er onderdelen ontbreken, maar omdat datgene wat de onderdelen bij elkaar hield, is weggevallen: de levende eenheid als proces.

En juist deze eenheid — die nergens te lokaliseren is, maar toch reëel is — kan de biochemische verklaring op zichzelf niet vatten.

Het lokale succes van de biochemie.

Als er één discipline is die in de twintigste eeuw de beloften van de moderne wetenschap heeft waargemaakt, dan is het wel de biochemie. Ze heeft verklaard, voorspeld en gemanipuleerd. Ze heeft de geneeskunde, de landbouw en de voedingsindustrie ingrijpend veranderd. Ze heeft namen, formules en processen gegeven aan wat eeuwenlang ondoorzichtig was gebleven. Het zou intellectueel oneerlijk zijn om het succes ervan niet te erkennen. Het probleem is niet wat de biochemie verklaart, maar wat buiten het bereik van haar verklaringen valt.

Toen James Sumner in 1926 urease kristalliseerde en daarmee aantoonde dat een enzym een eiwit is, zette hij een punt achter een discussie die bijna metafysisch leek. Vanaf dat moment leek het leven steeds meer een kwestie van gekatalyseerde reacties, moleculaire affiniteiten en meetbare kinetica. Vanaf dat moment is het verhaal bekend: de ontdekking van de structuur van het DNA in Cambridge in 1953, de genetische code die in de jaren zestig werd ontcijferd, de stofwisselingsroutes die als metrokaarten in universitaire handboeken werden weergegeven.

In die zin werkt de biochemie feilloos. Ze werkt wanneer ze een proces isoleert, het in vitro reproduceert en de voorwaarden meet waaronder het mogelijk is. Het werkt wanneer een geneesmiddel een receptor blokkeert, wanneer een remmer een enzymatische cascade vertraagt, wanneer een mutatie in verband wordt gebracht met een defect eiwit. Het is een buitengewoon effectieve wetenschap op lokaal niveau: de actieve plaats van een enzym, de bindingsplaats van een ligand, de sequentie van een polypeptideketen.

Een onderzoeker van het EMBL in Heidelberg vertelde tijdens een informeel seminar in de vroege jaren 2000 dat „ *t laboratorium klopt alles, totdat je het molecuul weer in de cel terugplaatst*". Het was geen grap ten koste van de biochemie, maar een constatering van de grenzen ervan. In het reageerbuisje is het systeem zuiver, controleerbaar en elegant te herleiden. In een levend organisme is dezelfde reactie ondergedompeld in een context die haar verandert, afleidt en soms zelfs ondermijnt.

Het cruciale punt is dat de biochemie interacties beschrijft, geen organisaties. Ze kan uitleggen hoe het ene molecuul het andere herkent, maar niet waarom die ontmoeting juist daar plaatsvindt, op dat moment, in die volgorde, en zo bijdraagt aan de stabiliteit van het gehele organisme. De som van de juiste reacties garandeert op zichzelf nog niet de aanwezigheid van leven. Zoals François Jacob, Nobelprijswinnaar in 1965, opmerkte: *„De biologie is geen fysica van het levende, maar een verhaal.*" En een verhaal reconstrueer je niet door de letters van het alfabet op te sommen.

Een sprekend voorbeeld komt uit de moleculaire biologie van de vroege jaren zeventig. Aan het Salk Institute in La Jolla slaagden enkele groepen erin om fundamentele processen zoals transcriptie en translatie in vitro te reconstrueren. Alles werkte. Maar wanneer men probeerde die verklarende logica toe te passen op het gehele organisme, kwam er een subtiele maar hardnekkige discrepantie aan het licht: dezelfde moleculen, in hetzelfde aantal, leverden niet hetzelfde resultaat op. Er was iets dat afhing van de globale context, van de dynamische organisatie, van relaties die niet konden worden herleid tot een lineaire causale keten.

De biochemie blinkt uit in het beantwoorden van de vraag „hoe verloopt een reactie?“, maar heeft moeite wanneer de vraag luidt: „waarom is deze reactie relevant voor het leven van het organisme?“. Het is een verschil in schaal en logica, niet in nauwkeurigheid. Het reductionistische paradigma is niet onjuist: het is lokaal waar. Het probleem ontstaat wanneer het succes ervan ten onrechte wordt uitgebreid naar wat niet lokaal is.

In de jaren tachtig merkte de Engelse bioloog Conrad Waddington – een figuur die tegenwoordig minder vaak wordt geciteerd dan hij verdient – op dat de biochemie de 'bouwstenen' van het leven had verklaard, maar niet de 'architectuur'. En hij voegde er, met enige ironie, aan toe dat niemand zou beweren een gotische kathedraal te begrijpen door alleen de chemische samenstelling van de stenen te analyseren. Deze vergelijking doet geen afbreuk aan de chemie van de stenen: ze wijst juist op de beperkingen van die verklaring.

Het succes van de biochemie is dus reëel en meetbaar. Maar het is een succes dat bepaalde aspecten van het levensfenomeen belicht, terwijl andere, doorslaggevende aspecten in de schaduw blijven. Zolang we ons op het niveau van de reacties bevinden, is alles duidelijk. Wanneer we ons afvragen hoe die reacties bij elkaar blijven, zich stabiliseren en in de tijd op elkaar worden afgestemd, valt de biochemische taal plotseling stil. Niet omdat ze onjuist is, maar omdat ze niet is bedacht om dat soort vragen te beantwoorden.

En juist in deze schaduwzone – tussen lokale doeltreffendheid en globale ontoereikendheid – begint de behoefte aan een andere kijk op het leven zich af te tekenen.

Van moleculen naar netwerken: toen het leven van schaal veranderde.

Gedurende een groot deel van de twintigste eeuw vormde de biochemie het kloppende hart van de levenswetenschappen. Niet alleen vanwege de behaalde resultaten, maar ook vanwege het idee van kennis dat zij belichaamde: een organisme begrijpen betekende het ontleden in zijn elementaire bestanddelen, deze één voor één bestuderen en vervolgens –

althans in principe – het geheel weer reconstrueren. Een ambitieus programma, in overeenstemming met de geest van de wetenschappelijke moderniteit, en in veel opzichten buitengewoon productief.

In de laboratoria van Harvard, Cambridge of het Pasteur-instituut in Parijs leek deze benadering tussen de jaren vijftig en zeventig geen gelijke te kennen. Elke nieuwe in kaart gebrachte stofwisselingsroute, elke geïdentificeerde receptor, elk gekarakteriseerd enzym versterkte het idee dat het leven in wezen een kwestie was van goed georganiseerde chemie. Zoals een oude onderzoeker van het Karolinska Institutet ironisch opmerkte: *„Als we het niet begrijpen, is dat alleen maar omdat we het juiste molecuul nog niet hebben gevonden.*"

Toch begonnen juist op het hoogtepunt van het succes de eerste conceptuele barsten te ontstaan. Die kwamen niet voort uit een ideologische opstand, maar uit de dagelijkse praktijk in het laboratorium. Aan het einde van de jaren tachtig, met de opkomst van genomica- en proteomica-technieken, drong het besef door dat kennis van alle componenten niet hetzelfde was als inzicht in het gedrag van het systeem. Genomen werden gesequenced, de lijsten met eiwitten werden steeds langer, maar de kloof tussen inventarisatie en begrip werd niet kleiner.

Een voorval dat vaak — bijna met enige verlegenheid — wordt aangehaald, dateert uit 1995, tijdens een conferentie in Santa Fe, een symbolische plek voor de complexiteitswetenschappen. Geconfronteerd met uiterst elegante wiskundige modellen en een indrukwekkende hoeveelheid moleculaire gegevens, merkte iemand op dat men een cel weliswaar kon beschrijven als een netwerk van duizenden interacties, maar niet op betrouwbare wijze kon voorspellen hoe deze zou reageren op een minimale verstoring. De grap die in de wandelgangen de ronde deed, luidde: *"We weten alles, behalve wat ze doet*".

In deze context krijgt de systeembiologie vorm. Niet als een afwijzing van de biochemie, maar als een kritische uitbreiding ervan. De raakvlakken zijn duidelijk: dezelfde gegevens, dezelfde instrumenten, dezelfde aandacht voor kwantitatieve nauwkeurigheid. Maar de breuk zit hem in het perspectief. Niet langer de afzonderlijke reactie als fundamentele verklarende eenheid, maar het geheel van interacties dat gelijktijdig wordt beschouwd, in tijd en ruimte.

In 2000 sprak Hiroaki Kitano — een sleutelfiguur in deze overgang — in Tokio expliciet over de noodzaak om over te stappen van een „biologie van de delen" naar een „biologie van het emergente gedrag". De term emergentie had niets mystieks: hij duidde eenvoudigweg op waarneembare eigenschappen die niet aan een enkel geïsoleerd onderdeel kunnen worden toegeschreven. Een empirische constatering, nog voordat het een theoretische was.

De systeembiologie is dus voortgekomen uit een ontevredenheid binnen het vorige paradigma. Ze ontkent niet dat chemische reacties reëel, noodzakelijk en fundamenteel zijn. Maar ze laat zien dat hun biologische betekenis verandert naargelang het netwerk waarin ze zijn ingebed. Eenzelfde molecuul kan een signaal, een voedingsstof of een toxine zijn, afhankelijk van de globale toestand van het systeem. Hier begint de lineaire causaliteit, die zo effectief is in de klassieke biochemie, haar grenzen te vertonen.

Het is interessant om op te merken dat deze verschuiving ook een bredere culturele weerslag heeft. In dezelfde jaren waarin de biologie netwerken ontdekt, wordt het internet een dominante metafoor; de economie spreekt over complexe systemen; de ecologie laat simplistische modellen achter zich om dynamische evenwichten te beschrijven. Dat is geen toeval: het is het teken van een verschuiving in de wetenschappelijke gevoeligheid, van een nieuwe aandacht voor relaties in plaats van voor objecten.

En toch blijft de systeembiologie — bewust — binnen de grenzen van de experimentele wetenschap. Ze introduceert geen nieuwe entiteiten, beroept zich niet op externe principes. Ze beperkt zich tot de constatering dat het leven niet verklaarbaar is door alleen het detailniveau te veranderen, maar een verandering van perspectief vereist. Het is een conceptuele drempel, nog geen volledig nieuw paradigma. Maar het is een beslissende drempel.

In die zin vormt de overgang van de klassieke biochemie naar de systeembiologie een moment van onzekerheid: het besef dat de taal van de reacties niet langer volstaat, zonder dat het al duidelijk is welke taal deze zal vervangen. Een vruchtbare, vaak onrustige overgangsfase, waarin de wetenschap begint te beseffen dat het organisme niet louter een verzameling processen is, maar een dynamische eenheid die betekenis geeft aan haar eigen mechanismen.

Het geheel dat zich niet laat ontleden.

Er is een moment in de studie van het leven waarop de meest verfijnde analyse tot stilstand komt bij een schijnbaar naïeve vraag: waar bevindt het organisme zich? Niet in de afzonderlijke moleculen, niet in de geïsoleerde genen, niet in de weefsels die als afzonderlijke compartimenten worden beschouwd. Toch is het organisme er, het dringt zich op, het biedt weerstand, het herkenbaar als een samenhangende eenheid in de tijd. De moderne biologie, die buitengewoon bedreven is in het beschrijven van details, heeft nog steeds moeite om dit 'iets extra's' te verklaren dat van een geheel van onderdelen een levend wezen maakt.

Het probleem is niet nieuw. Al aan het begin van de negentiende eeuw merkte Johann Wolfgang von Goethe, terwijl hij de metamorfoses van de planten in zijn tuin in Weimar gadesloeg, op dat de levende vorm nooit een louter resultaat is, maar een proces dat zich uitdrukt. Hij zocht de 'ware' plant niet in een bevoorrecht orgaan, maar in de beweging die ze allemaal met elkaar verbindt. Een blad is niet alleen maar een blad: het is een tijdelijke variatie op een eenheidsthema. Goethe sprak niet de taal van de biochemie, maar had iets begrepen dat ons vandaag de dag nog steeds bezighoudt.

Het klassieke reductionisme gaat uit van ontleding: het begrijpt een functie door deze te isoleren. Maar de eenheid van het organisme gedraagt zich niet als een functie. Het is een verspreide aanwezigheid, die nooit samenvalt met een specifiek punt. Kurt Goldstein, een Duitse neuroloog die in de jaren dertig gedwongen werd te vluchten naar de Verenigde Staten, begreep dit toen hij werkte met soldaten met hersenletsel uit de Eerste Wereldoorlog. Soortgelijke letsels leidden bij verschillende mensen tot verschillende uitkomsten. Niet het ontbrekende stukje verklaarde het tekort, maar de reorganisatie van het gehele organisme rond dat verlies. Goldstein sprak over het organisme als een totaliteit, een concept dat de officiële neurologie van die tijd als gênant vaag beschouwde.

Toch waren de feiten onweerlegbaar. Een organisme reageert als een geheel, zelfs wanneer het op een bepaald deel wordt geraakt. Het is niet de som van lokale reacties: het herdefinieert zichzelf. Dit is de blinde vlek van de puur biochemische verklaring. De reacties zijn noodzakelijk, maar ze verklaren niet waarom ze op een gecoördineerde, stabiele manier plaatsvinden, gericht op het behoud van de eenheid.

In de jaren vijftig toonde Ilya Prigogine, werkzaam in Brussel en Austin, aan dat sommige fysische systemen die ver van het evenwicht verwijderd zijn, zichzelf kunnen organiseren. Maar wat bij levende wezens opviel, was het voortbestaan van de identiteit: niet alleen de orde, maar een orde die zichzelf herkent en in stand houdt. Een werveling in een vloeistof bestaat zolang bepaalde omstandigheden aanhouden; een organisme daarentegen draagt actief bij aan het creëren van de omstandigheden voor zijn eigen bestaan. Hier komt de natuurkunde dicht bij de grens, maar overschrijdt deze niet volledig.

Een anekdote die in embryologische laboratoria vaak wordt verteld, betreft Hans Driesch, die in 1891 in Napels aan zee-egelei werkte. Hij scheidde de eerste embryonale cellen af in de verwachting onvolledige fragmenten te verkrijgen. In plaats daarvan kreeg hij complete organismen, alleen kleiner. Driesch, aanvankelijk een overtuigd mechanist, moest wel van gedachten veranderen: er was geen 'onderdeel' dat de leiding had, maar een alomvattend organisatievermogen dat zich niet liet lokaliseren. Hij sprak van 'entelechie', een term die tegenwoordig uit de mode is, maar die werd bedacht om een reëel probleem te benoemen.

Het cruciale punt is dat de eenheid van het organisme niet ontstaat na de samenvoeging van de delen, zoals bij een kunstmatig voorwerp. Ze is vanaf het begin aanwezig als een werkend principe, als een context die betekenis geeft aan de delen terwijl deze zich differentiëren. In die zin is het geheel niet het eindresultaat: het is de uitgangssituatie die elke differentiatie mogelijk maakt.

De filosoof Maurice Blondel schreef in 1893 dat *'het leven een handeling is die alleen van binnenuit begrepen kan worden'*. Vandaag zouden we zeggen dat de eenheid van het levende een eenheid van betekenis is, en nie n alleen van structuur. Een lever is niet 'een lever in het algemeen', maar die lever, in dat lichaam, in die biologische geschiedenis. Haal hem daar weg, en er blijft competente maar stomme materie over.

Het probleem van de eenheid van het organisme is dus geen tijdelijk tekortkoming van de biologische theorie, in afwachting van betere gegevens. Het is een conceptuele uitdaging. Het vraagt ons om het levende niet te beschouwen als een strak in elkaar passend mozaïek, maar als een dynamische vorm die verschil en identiteit, transformatie en bestendigheid samenbrengt. Een structuur die nergens specifiek te vinden is, maar zich overal manifesteert.

Het gezicht dat we herkennen zonder te kunnen zeggen waarom.

Er is een alledaagse ervaring die we allemaal kennen en die, als we er aandachtig naar kijken, veel zegt over de aard van het levende organisme. We herkennen een gezicht op afstand, misschien op een wazige foto of na jaren van afwezigheid, zonder precies te kunnen aangeven welke kenmerken het onmiskenbaar maken. Het is niet de neus, het zijn niet de ogen afzonderlijk, noch hun eenvoudige geometrische combinatie. Het is iets dat 'tussen' de delen in zit, of beter gezegd: dat ze allemaal doorkruist. Een waargenomen eenheid, geen gemeten eenheid.

Deze esthetische ervaring – want het gaat hier om esthetiek, in de oorspronkelijke betekenis van 'aisthesis', waarneming – ligt verrassend dicht bij wat er gebeurt wanneer we een levend organisme tegenkomen. Ook hier openbaart het geheel zich vóór de analyse. Geen enkele bioloog die een dier of een plant observeert, hoeft de moleculen ervan op te sommen om de identiteit ervan te herkennen. Het organisme presenteert zich als een eenheid, nog voordat het wordt verklaard.

In 1896 woonde Henri Bergson in Parijs een theatervoorstelling bij en noteerde in zijn notitieboekjes hoe de gebaren van een acteur herkenbaar bleven, zelfs wanneer ze door een ander lichaam werden uitgevoerd. Het was niet de spierbeweging die telde, maar de stijl van de beweging. Bergson zou dit voorbeeld gebruiken om over het leven als elan te spreken, maar de observatie blijft geldig: de stijl gaat vooraf aan de ontleding. Op dezelfde manier heeft een organisme een 'biologische stijl', een alomvattende signatuur die niet samenvalt met enig afzonderlijk element.

Laten we eens aan muziek denken. Een fuga van Bach blijft herkenbaar, ook al wordt deze in een andere toonsoort getransponeerd of met andere instrumenten gespeeld. De afzonderlijke noten tellen natuurlijk mee, maar verklaren niet de eenheid van het werk. De muzikale eenheid is een relationele structuur, een interne samenhang die ondanks de variaties behouden blijft. Op dezelfde manier ondergaat een organisme voortdurende veranderingen – celvernieuwing, fysiologische aanpassingen, cycli – zonder zijn identiteit te verliezen. De delen veranderen, het geheel blijft bestaan.

Een anekdote die in kunsthistorische kringen vaak wordt verteld, gaat over Ernst Gombrich, die in de jaren zestig in Londen zijn studenten opzettelijk onvolmaakte kopieën van beroemde schilderijen liet zien. Velen herkenden de maker zelfs ondanks de duidelijke fouten. „De stijl," zei Gombrich, „is geen detail, maar een geheel dat elk detail door een filter laat gaan".

Deze uitspraak kan zonder moeite worden toegepast op de biologie: het levende wezen filtert en organiseert elk lokaal proces.

De biochemie heeft, net als de strengste formalistische kritiek, de neiging te vragen waaruit iets bestaat. Maar de esthetische eenheid – net als de biologische – beantwoordt een andere vraag: wat zorgt ervoor dat dit is wat het is? Wanneer we bijvoorbeeld naar een schilderij van Morandi kijken, herleiden we dat niet tot de lijst van afgebeelde voorwerpen. Flessen en dozen komen ook elders voor. Wat we herkennen is een compositorische spanning, een stil evenwicht dat zich niet laat vertalen in onafhankelijke parameters.

In de jaren tachtig toonden studies in de Gestaltpsychologie – uitgevoerd in Berlijn en New York – aan dat de waarneming van het menselijk gezicht bestand is tegen fragmentatie: zelfs wanneer bepaalde trekken worden gewijzigd of verborgen, blijft het gezicht herkenbaar zolang de algehele configuratie behouden blijft. Dit is een waardevolle les voor de biologie: eenheid is geen neveneffect van de delen, maar een primaire perceptieve en functionele voorwaarde.

Het organisme is, net als een geslaagd kunstwerk, niet louter complex. Het is coherent. En die coherentie is nooit te lokaliseren. Ze zit niet in een gen, net zomin als ze in een penseelstreek zit. Het is een eigenschap van het relatiesysteem dat het geheel bijeenhoudt. Dit begrijpen betekent erkennen dat het leven niet louter kan worden verklaard aan de hand van de inventaris van zijn componenten, net zoals kunst niet louter kan worden begrepen door de analyse van de materialen.

In die zin delen de biologische en de esthetische eenheid dezelfde diepgaande logica: beide bestaan als herkenbare vormen nog voordat ze beschrijfbaar zijn, als aanwezigheden die voorafgaan aan de meting. Ze ontkennen het belang van de delen niet, maar onderwerpen ze aan een orde die niet voortkomt uit de som, maar deze juist richting geeft.

Wanneer cellen 'weten' wat ze moeten doen: de uitdaging van het doel zonder ontwerper.

Er is een vraag die de biologie al sinds haar moderne oorsprong begeleidt en die, ondanks eeuwen van ontdekkingen, laboratoria en collegezalen blijft bezighouden: waarom lijken organismen 'met het oog op iets' te handelen, terwijl ze door niemand zijn ontworpen? De kern van het probleem ligt niet in hoe de mechanismen van het leven werken – op dat vlak heeft de biochemie wonderen verricht – maar in waarom die mechanismen zo coherent, stabiel en doelgericht samenwerken.

Wanneer we kijken naar een wond die geneest, een embryo dat zich volgens een verrassend betrouwbare volgorde ontwikkelt, of een immuunsysteem dat 'herkent' wat moet worden geëlimineerd, zijn we geneigd om doelgerichte taal te gebruiken: genezen, zich ontwikkelen, zich verdedigen. Toch heeft de wetenschap sinds Darwin er alles aan gedaan om het begrip 'doel' uit haar officiële vocabulaire te bannen. Praten over doelen leek een verkapte terugkeer naar de natuurlijke theologie van William Paley, bekend om zijn voorbeeld van het horloge dat in het grasveld werd gevonden: als er een horloge is, moet er een horlogemaker zijn. Maar de moderne biologie wil geen horlogemakers.

Het resultaat is een spanning die nooit helemaal is opgelost. Enerzijds gedragen organismen zich alsof ze een doel hebben; anderzijds wordt alleen efficiënte causaliteit toegelaten: ketens van lokale, blinde gebeurtenissen, zonder intentie. De taal van de handboeken zoekt dan ook naar compromisoplossingen: „teleonomie", „geselecteerde functie", „genetisch programma" (een metafor n de informatica die Jacques Monod al in de jaren zestig met de nodige voorzichtigheid gebruikte). Maar het ongemak blijft bestaan.

Een anekdote die in de jaren negentig in het embryologielaboratorium van de Universiteit van Cambridge werd verteld, is veelzeggend. Tijdens een informele discussie merkte een jonge onderzoeker, terwijl hij de regeneratie gadesloeg van een salamanderembryo waarvan een deel was verwijderd, plotseling op: *„Het lijkt wel alsof het weet wat er ontbreekt.*" De opmerking werd met ironische glimlachen ontvangen. Toch kon niemand een verklaring geven die niet impliciet terugviel op dat verboden idee: een globale vorm die de lokale processen stuurt.

Klassieke causaliteit werkt uitstekend als het gaat om het verklaren hoe een reactie plaatsvindt of waarom een eiwit zich aan een receptor bindt. Maar wanneer het organisme als geheel het onderwerp is, vertoont de verklaring barsten. Hoe kan een reeks lokale oorzaken gedrag voortbrengen dat gericht is op het behoud van de vorm, de integriteit en de algehele functionaliteit? Zeggen dat het 'slechts' het resultaat is van natuurlijke selectie, verschuift het probleem in de tijd, maar neemt het niet weg. Selectie verklaart waarom bepaalde configuraties blijven bestaan, niet hoe ze hier en nu als doelgerichte eenheden functioneren.

Reeds Immanuel Kant had in de *„Kritiek van het* oordeel" (1790) de kern van de zaak met een helderheid doorzien die vandaag de dag nog steeds verrast. Organismen, zo schreef hij, zijn entiteiten waarin de delen bestaan voor het geheel en het geheel voor de delen. Ze zijn niet als een machine, van buitenaf in elkaar gezet, maar als een werkelijkheid die zichzelf voortbrengt. Kant concludeerde dat finaliteit in de biologie onvermijdelijk is als oordeelsbeginsel, ook al is het niet aantoonbaar als werkelijke oorzaak. Twee eeuwen later is het probleem er nog steeds, alleen gehuld in een meer technische taal.

Tegenwoordig vermijden we woorden als entelechie, maar het fenomeen is niet verdwenen. In de laboratoria voor systeembiologie, zowel in Boston als in Zürich, worden genetische en metabolische netwerken bestudeerd die robuustheid vertonen: het vermogen om een functie te behouden, zelfs wanneer afzonderlijke componenten worden verstoord. Het is een elegante, wiskundige taal , maar onder de oppervlakte duikt dezelfde vraag weer op: robuustheid ten opzichte van wat? Ten opzichte van een vorm, een functie, een verwacht resultaat.

De paradox van doelgerichtheid zonder ontwerper is deze: het leven lijkt gericht zonder opzettelijk te zijn, gestuurd zonder een regisseur. De klassieke, lineaire en lokale causaliteit beschikt niet over de conceptuele instrumenten om deze intrinsieke richting te verklaren. Ze kan het traject beschrijven, maar niet het waarom van het traject. Ze kan de etappes opsommen, maar niet uitleggen waarom het organisme, ondanks de ruis, de fouten en de verstoringen, altijd – zolang het leeft – terugkeert naar een zekere functionele samenhang.

Het is dan ook geen wonder dat zelfs de meest rigoureuze wetenschappers in de dagelijkse praktijk vervallen in een finalistische taal. Er wordt gesproken over een 'te corrigeren fout', over 'passende signalen', over een 'adequate reactie'. Het is zeker een operationele taal, maar ze verraadt iets diepers: de moeilijkheid om over het leven na te denken zonder er, althans impliciet, een innerlijke betekenis aan toe te kennen.

Misschien ligt het raadsel niet in het feit dat de biologie het doel nog niet kan verklaren, maar in de veronderstelling dat elke verklaring moet worden teruggebracht tot blinde en lokale oorzaken. Zoals de wetenschapsfilosoof Francisco Varela in 1996 tijdens een lezing in Parijs opmerkte: 'Het gaat er niet om een ontwerper opnieuw in te voeren, maar om te begrijpen hoe een normativiteit zonder wetgever ontstaat'. Een uitspraak die door velen is genoteerd, maar zelden tot in de kern is doorgrond.

Het doel zonder ontwerper blijft zo een grensgebied: te empirisch voor de traditionele metafysica, te betekenisvol voor een biochemie die is gereduceerd tot een raderwerk. Juist in deze spanning ontstaat de ruimte voor een nieuwe vraag over het leven — niet langer alleen waaruit het bestaat, maar wat voor soort orde het is.

Het doel zonder doel: Aristoteles herlezen in het licht van het hedendaagse leven.

Wanneer de naam Aristoteles wordt genoemd op een afdeling moleculaire biologie, valt er vaak een beleefde stilte, gevolgd door een snelle verandering van onderwerp. Toch draaien veel van de conceptuele moeilijkheden van de hedendaagse biologie, zonder dat we het beseffen, nog steeds om een begrip dat de filosoof uit Stagira centraal had gesteld in zijn reflectie: de eindoorzaak, de *'télos'*.

Aristoteles beschouwde het doel niet als een van buitenaf opgelegd project, noch als de uitvoering van een bewust plan. In *de 'De Partibus* Animalium' benadrukt hij een punt dat vandaag de dag verrassend modern klinkt: in levende organismen bestaan structuren met het oog op een functie, en deze functie is inherent aan het ontwikkelingsproces zelf. Er is geen verborgen architect, maar een intrinsieke oriëntatie van de vorm op haar eigen verwezenlijking.

De moderne biologie heeft op dit idee gereageerd met een langdurige verdringing. Vanaf de zeventiende eeuw, met Descartes en het ontstaan van de mechanistische wetenschap, werd de finale oorzaak geleidelijk uit het wetenschappelijke discours verbannen, beschouwd als een metafysische snelkoppeling. Uitleggen betekent het opsporen van efficiënte oorzaken, aaneenschakelingen van meetbare gebeurtenissen. Al het overige — doelen, doelstellingen, tendensen — wordt afgedaan als poëtische taal of, erger nog, als theologisch residu.

Toch is het probleem dat Aristoteles probeerde aan te pakken, bij nader inzien nooit verdwenen. Hoe valt te verklaren dat een zoogdierembryo, beginnend met één enkele cel, een reeks streng gereguleerde transformaties doorloopt en – behalve bij incidenten – bijna altijd uitkomt bij een samenhangende functionele vorm? Zeggen dat 'het gebeurt omdat het geselecteerd is' volstaat niet om te verklaren waarom elke stap tijdens de ontwikkeling gericht lijkt te zijn op een toekomstige configuratie die nog niet bestaat.

Een anekdote die door wetenschapshistoricus Pietro Corsi wordt verteld, gaat over een college dat in de jaren zeventig in Parijs werd gegeven door een bekende evolutionair bioloog. Op de vraag van een student hoe men finalistische taal kon vermijden bij het spreken over ontwikkeling, antwoordde de docent met een glimlach: „*We vermijden het in de titels van artikelen, niet in de gangen.*" Een opmerking die de situatie goed weergeeft: het finalisme is officieel verbannen, maar blijft officieus een rol spelen.

Aristoteles vandaag de dag herlezen betekent niet dat we zijn kosmologie of beschrijvende biologie – die al eeuwenlang achterhaald zijn – moeten overnemen, maar dat we de relevantie van zijn centrale intuïtie moeten erkennen: bij levende wezens lijkt het heden georganiseerd te zijn in functie van een toekomstige vorm. De einddoel, in deze zin, is geen mysterieuze kracht, maar een manier om een omgekeerde tijdsvolgorde te beschrijven, waarin de betekenis van een proces niet kan worden herleid tot de som van de tussenstappen.

In de twintigste eeuw hebben sommige denkers geprobeerd de dialoog met Aristoteles te heropenen zonder in naïef vitalisme te vervallen. De Franse filosoof Raymond Ruyer sprak bijvoorbeeld in de jaren vijftig van 'formele activiteit' om die biologische processen te beschrijven die niet louter als lokale mechanische effecten kunnen worden verklaard. Zijn ideeën bleven marginaal, maar liepen vooruit op een onbehagen dat vandaag de dag weer opduikt in discussies over morfogenese en zelforganisatie.

Het cruciale punt is dat de klassieke causaliteit altijd terugkijkt, op zoek gaat naar oorzaken in het onmiddellijke verleden. De aristotelische eindoorzaak kijkt daarentegen vooruit: niet als bewuste voorspelling, maar als aantrekkingskracht naar een stabiele configuratie. In moderne termen zouden we kunnen zeggen dat Aristoteles probeerde te benoemen wat we vandaag, met andere woorden, omschrijven als 'dynamiek naar georganiseerde toestanden'.

Een detail dat vaak over het hoofd wordt gezien, is dat Aristoteles een onvermoeibare waarnemer was. Op het eiland Lesbos, waar hij lange periodes doorbracht met het bestuderen van zeedieren, noteerde hij variaties, afwijkingen en grensgevallen. Hij zocht niet naar abstracte perfectie, maar naar regelmaat binnen de onvolmaaktheid. De finale oorzaak was voor hem ge geen metafysische garantie, maar een interpretatieve hypothese om het totale gedrag van het levende begrijpelijk te maken.

Vanuit dit perspectief bekeken, wordt de afstand tussen Aristoteles en de veldbiologie — die het organisme interpreteert als een gestabiliseerde informatiestructuur — kleiner. In beide gevallen gaat het niet om het afzonderlijke onderdeel, maar om de globale vorm die de processen stuurt. De woorden veranderen, maar het onderliggende probleem blijft hetzelfde. En misschien keert, zoals zo vaak gebeurt in de geschiedenis van de wetenschap, een oud idee terug, niet omdat het in moderne zin 'waar' was, maar omdat het een vraag had geïdentificeerd die we ons nog steeds blijven stellen.

De 'causa finalis', bevrijd van het idee van een externe ontwerper, zou dan niet als ultieme verklaring kunnen worden herlezen, maar als teken van een grens: het punt waarop de puur mechanische beschrijving niet langer toereikend is. Aristoteles beschikte niet over de middelen om verder te gaan. Wij misschien wel. Maar alleen als we bereid zijn te erkennen dat het leven vragen opwerpt die zich niet gemakkelijk laten herleiden tot reacties en causale ketens.

Dagboeken, brieven, stiltes: het doel dat terugkeert in de bekentenissen van wetenschappers.

Er is een moment in de wetenschappelijke praktijk dat zelden voorkomt in *peer-reviewed* artikelen, maar dat met verrassende regelmaat naar voren komt in privébrieven, laboratoriumdagboeken en interviews die aan het einde van hun carrière worden gegeven. Het is het moment van aarzeling. Het moment waarop de onderzoeker aanvoelt dat de puur mechanische verklaring, hoe technisch onberispelijk ook, niet alles kan zeggen wat gezegd moet worden.

François Jacob, Nobelprijswinnaar voor de geneeskunde in 1965, gaf dit met ontwapenende openhartigheid toe in enkele autobiografische pagina's die in 1970 werden gepubliceerd (*La logique du vivant*): „*We gebruiken een taal die doelen en intenties toeschrijft, zelfs wanneer we weten dat we dat niet zouden moeten doen.*" Jacob sloot zich volledig aan bij het moleculaire paradigma, maar erkende niettemin dat termen als 'functie', 'programma' en 'controle' geen onschuldige metaforen waren. Het waren conceptuele steunpilaren, noodzakelijk om de weg te vinden in een gebied waar de lineaire causaliteit duidelijke barsten vertoonde.

Dit ongemak komt niet voort uit metafysische nostalgie, maar uit de concrete ervaring van het wetenschappelijk werk. We vinden het bijvoorbeeld terug in de laboratoriumnotitieboeken van Conrad Hal Waddington, een Britse embryoloog, die in de jaren veertig in de kantlijn van zijn experimenten met *de drosophila* overpeinzingen noteerde die ongebruikelijk waren voor een geneticus: *'De ontwikkeling lijkt te onthouden waar ze heen moet.'* Waddington bedacht de term *'epigenetisch* landschap' juist om finalistische taal te vermijden, maar de metafoor van het 'kanaal' en de 'vallei' verraadde een onopgeloste spanning: hoe kun je over richting spreken zonder over een doel te spreken?

Zelfs in de grote tempels van de experimentele biologie was deze verlegenheid voelbaar. In *het „Cold Spring Harbor* Laboratory“ in de staat New York vertelden enkele jonge onderzoekers in de jaren vijftig — in interviews die decennia later door wetenschapshistorici werden verzameld — dat er tijdens informele avondgesprekken vrijuit werd gesproken over cellulaire „doelstellingen“, om dat vocabulaire vervolgens zorgvuldig uit de manuscripten voor tijdschriften te schrappen. Het was een soort dubbele taal: een praktische, onmisbaar om na te denken; een officiële, noodzakelijk om te publiceren.

De Zwitserse bioloog Adolf Portmann, minder bekend bij het grote publiek maar in de jaren vijftig veel gelezen, ging openlijk in op deze discrepantie. In zijn persoonlijke notitieboekjes, die vandaag de dag in Bazel worden bewaard, schreef hij dat het organisme ‘zichzelf toont’, alsof de vorm niet alleen een functionele, maar ook een expressieve waarde heeft. Hij sprak niet over doelgerichtheid in de klassieke zin, maar gaf toe dat het reduceren van de vorm tot louter een adaptief bijproduct een gevoel van onvolledigheid achterliet. Zijn standpunten leverden hem een zekere academische marginaliteit op, maar ook de aandacht van filosofen en kunsthistorici.

Het interessante punt is dat het onbehagen niet te maken heeft met onwetendheid over de mechanismen, maar met hun ontoereikendheid als verhaal. Wetenschappers weten hoe veel processen verlopen; ze hebben moeite om uit te leggen waarom deze processen zo betrouwbaar samenkomen in stabiele functionele configuraties. In een interview met de BBC in 1996 bekende de ontwikkelingsbiologe Anne McLaren, een centrale figuur in het onderzoek naar zoogdierembryo’s, dat het woord ‘cellulair lot’ haar ‘gevaarlijk maar onvermijdelijk’ leek. Gevaarlijk omdat het teleologie opriep, onvermijdelijk omdat geen enkele andere term even goed werkte.

Dit soort bekentenissen is niet zeldzaam, maar blijft beperkt tot de marge van het publieke debat. Het is alsof de hedendaagse biologie een vorm van epistemologische zelfcensuur hanteert: ze erkent bepaalde problemen, maar vermijdt ze volledig te formuleren uit angst om buiten de grenzen van de 'harde' wetenschap te raken. Toch wijzen juist deze aarzelingen, deze emotionele voetnoten, op het punt van grootste spanning binnen het biochemische paradigma.

In de context van de veldbiologie krijgt dit ongemak een nieuwe betekenis. Als het organisme een gestabiliseerde informatiestructuur is, dan is het terugkeren van een doelgerichte taal geen subjectieve zwakte van de wetenschapper, maar het symptoom van een organisatieniveau dat om andere categorieën vraagt. Brieven, dagboeken en interviews worden zo waardevolle documenten: geen afwijkingen van de methode, maar sporen van een reëel, nog openstaand probleem.

Misschien, zoals de natuurkundige Max Delbrück in 1972 in een privébrief aan een collega in Pasadena schreef: „*We hebben vele veldslagen tegen het mysterie gewonnen, maar niet de oorlog tegen de zin.*" Een zin die we nooit in een handboek zullen aantreffen, maar die veel zegt over wat ons nog ontgaat wanneer we het leven proberen te verklaren zonder, althans impliciet, een of andere vorm van doelgerichtheid in te roepen.

Wanneer systemen meer doen dan we hebben geprogrammeerd.

De afgelopen jaren heeft zich in de onderzoekslaboratoria een merkwaardige ommekeer in het perspectief voltrokken: het is niet langer alleen de biologie die de techniek inspireert, maar de techniek van autonome systemen die de biologie dwingt haar zekerheden te herzien. Met name kunstmatige intelligentie – de echte, bestaande uit codes, robots en simulatieomgevingen – heeft een kwestie weer centraal gesteld die de klassieke biologie had proberen te negeren: het ontstaan van doelgericht gedrag zonder dat het doel expliciet is geprogrammeerd.

Een anekdote die vaak de ronde doet in de gangen van het MIT gaat over een project op het gebied van autonome robotica uit de vroege jaren 2000. Een groep onder leiding van Rodney Brooks, pionier op het gebied van gedragsrobotica, had kleine mobiele robots ontworpen met uiterst eenvoudige regels, zonder interne voorstellingen van de wereld. Tijdens tests in een magazijn in Cambridge (Massachusetts) begonnen sommige van deze robots spontaan bepaalde gebieden met veel energiebronnen te 'verdedigen' en de anderen weg te jagen. Er was geen enkele instructie over verdediging, competitie of territorium. Toch was het gedrag er, stabiel en herhaalbaar.

De ingenieurs noemden dit *'emergent behavior*'. Maar onder de biologen die bij de demonstraties aanwezig waren, deed een nog verontrustender vraag de ronde: is dit niet precies wat we bij levende organismen waarnemen? We verwijzen *hier* naar *'versterkend* leren', een uitdrukking die aan de actor doelen, intenties of doelstellingen toeschrijft, ook al komt het gedrag in werkelijkheid alleen voort uit bijwerkingsregels en beloningssignalen.

Op dit gebied is de kwestie nog duidelijker geworden. Toen AlphaGo in 2016 Lee Sedol in Seoel versloeg, spraken veel commentatoren over de 'creativiteit' van de machine. De programmeurs, die voorzichtiger waren, benadrukten dat het systeem simpelweg een doelstelling maximiseerde. Maar in latere interviews gaf Demis Hassabis toe dat sommige strategieën niet van tevoren waren voorzien of begrepen: ze kwamen voort uit de interactie tussen het algoritme, de omgeving en de geschiedenis van de partijen. Een operationeel doel zonder bewuste voorstelling van het doel.

De parallel met de biologie is moeilijk te negeren. Ook in organismen presenteert het doel zich niet als een ergens opgeschreven plan, maar als een stabiele neiging van het systeem om bepaalde vormen, bepaalde functies en bepaalde relaties in stand te houden. AI laat zien dat het mogelijk is functionele oriëntatie te bereiken zonder een ontwerper in te schakelen die elke stap controleert. Maar het laat ook iets subtielers zien: dat dit doel niet kan worden herleid tot de som van de lokale regels.

Tijdens een lezing in Santa Fe in 2011, in het Santa Fe Institute – een symbolische plek voor de studie van complexe systemen – merkte natuurkundige Chris Langton op dat sommige cellulaire automaten „lijken te weten wat ze moeten vermijden". Het was een grapje, maar niet helemaal. Formele systemen, die door elementaire regels worden beheerst, ontwikkelden dynamieken van behoud en aanpassing die, althans qua structurele analogie, deden denken aan het gedrag van levende systemen.

Hier wordt de link met de veldbiologie bijzonder vruchtbaar. Als in organismen het doel een emergente eigenschap is van het relatiesysteem waaruit ze bestaan, dan biedt AI een conceptueel laboratorium waarin kan worden geobserveerd hoe doelgerichtheid kan voortkomen uit globale configuraties, en niet uit specifieke instructies. De machine 'wil' niets, en toch gedraagt ze zich alsof ze naar iets streeft. Net zoals een cel die een wond geneest of een embryo dat een verstoorde ontwikkeling corrigeert.

Het is geen toeval dat sommige onderzoekers, zoals de Engelse wiskundige Michael Levin – bekend om zijn studies naar morfogenese – conceptuele instrumenten zijn gaan gebruiken die zijn ontleend aan AI om biologische processen te beschrijven, waarbij ze spreken van 'goal-directedness' op verschillende organisatieniveaus. Het gaat er niet om intenties toe te schrijven, maar om een operatione e betekenisstructuur te herkennen, een richting die niet in één enkel molecuul kan worden gelokaliseerd, noch in één enkele regel code.

De paradox is duidelijk: terwijl de klassieke biologie lange tijd de taal van het doel heeft vermeden om 'wetenschappelijk' te blijven, wordt de techniek van autonome systemen vandaag de dag gedwongen om zich te verhouden tot doelgericht gedrag dat niemand expliciet heeft willen inbouwen. Het is alsof twee verschillende wegen samenkomen in hetzelfde blinde punt van het reductionisme.

In die zin biedt kunstmatige intelligentie geen model om na te volgen, maar een spiegel. Het laat zien dat doelgerichtheid zonder opzet kan ontstaan, en dat het niet de bedoeling is om het doel uit het wetenschappelijke discours te schrappen, maar om te begrijpen op welk niveau het thuishoort. Een waardevolle les voor een biologie die organismen niet als ingewikkelde machines wil beschouwen, maar als gestabiliseerde informatiestructuren die in staat zijn om in de loop van de tijd een richting aan te houden.

II. Wanneer de evolutie speelt, maar de partituur niet schrijft.

Er is een beeld dat meer dan vele formules helpt om de kern van dit hoofdstuk te begrijpen: dat van een blinde die naar een orkest luistert. Hij kan herkennen dat de muziek harmonieus is, hij kan zelfs de instrumenten onderscheiden en de balans tussen de partijen waarderen. Maar hij ziet noch de partituur, noch het principe dat de uitvoering samenhoudt. De natuurlijke selectie lijkt, in het klassieke verhaal van het darwinisme, sterk op die blinde man: het verklaart waarom een bepaalde variatie wordt begunstigd, maar niet waarom er een samenhangende vorm bestaat om te selecteren.

Het darwinisme was, en is nog steeds, een van de krachtigste wetenschappelijke theorieën die ooit zijn geformuleerd. Het heeft aangetoond hoe de aanpassing van organismen aan de omgeving kan ontstaan zonder een beroep te doen op vooraf vastgestelde ontwerpen of externe finaliteit. Toch heeft juist het succes ervan uiteindelijk een diepere vraag verhuld: waar komen de biologische vormen vandaan? Niet de afzonderlijke variaties, maar de stabiele architectuur die de variatie zelf mogelijk maakt.

Natuurlijke selectie werkt altijd op iets: op organismen die al zijn voorzien van een structuur, een symmetrie, een robuustheid die verstoringen weerstaat. Een hart kan variëren in afmetingen, een ledemaat in lengte, een snavel in kromming, maar de aanwezigheid van het hart, het ledemaat, de snavel wordt niet verklaard door het selectiemechanisme op zich. Selectie filtert, verfijnt, elimineert. Ze regisseert niet.

Charles Darwin was zich hier volkomen van bewust, ook al wordt dit vaak vergeten. In „*On the Origin of* Species" schrijft hij, met de voor zijn stijl kenmerkende voorzichtigheid: „*We zijn geneigd de wet van de variatie te personifiëren, alsof het een onafhankelijke kracht is; maar we moeten bedenken dat variatie niet de oorzaak is van het ontstaan van nieuwe soorten, maar slechts het ruwe materiaal waarop de selectie inwerkt.*"

Een zin die, als we hem vandaag lezen, bijna klinkt als een erkenning van onvolledigheid: waar komt dat 'ruwe materiaal' vandaan? En vooral: waarom neemt het zulke regelmatige en terugkerende vormen aan?

Dit hoofdstuk speelt zich af hier, in deze conceptuele ruimte die in de schaduw is gebleven. Niet om het darwinisme te ontkennen, maar om de verklarende reikwijdte ervan te relativeren. Selectie verklaart de lokale aanpassing, niet de globale stabiliteit van de vormen. Ze verklaart waarom iets voordelig is, niet waarom het bestaat. Zoals de Engelse bioloog W. H. Thorpe opmerkte, toen hij nadacht over de grenzen van de adaptationalistische benadering: „*Het probleem van de oorsprong van de soorten betreft niet alleen de aanpassing, maar ook de oorsprong van complexe en zeer specifieke structuren die de aanpassing zelf mogelijk maken.*"

Hier komt het probleem van de vorm als autonoom organiserend principe naar voren. Biologische vormen vertonen een verrassend vermogen om zichzelf in stand te houden, te regenereren en te corrigeren. Een verstoord embryo heeft de neiging zijn eigen organisatie ‘terug te vinden’; een gewond organisme probeert een herkenbare configuratie te herstellen. Dit alles gebeurt vóór en buiten de selectieve druk om. De vorm is geen laat resultaat van de evolutie, maar een voorwaarde voor de mogelijkheid ervan.

Henri Bergson had dit aan het begin van de twintigste eeuw met filosofische helderheid ingezien, toen hij in *„L’évolution créatrice*“ schreef: *„Het leven is geen mechanisme, het is een tendens. Een kracht die de weerstand van de materie tracht te overwinnen en, in het hart van de materie zelf, het instrument van haar eigen evolutie tracht te creëren.*“ Afgezien van de metaforische taal is de intuïtie treffend: het leven verloopt niet door een loutere opeenstapeling van selectieve voordelen, maar via formele configuraties die de verandering sturen en kanaliseren.

Het doel van dit hoofdstuk, binnen de algemene context van het boek, is dan ook duidelijk: aantonen dat de crisis van het klassieke biologische paradigma niet alleen de moleculaire mechanismen betreft, maar ook de kern van de evolutietheorie. Zonder een reflectie op de vorm blijft selectie als een orkestdirigent zonder partituur: in staat om het tempo aan te houden, maar niet om de muziek uit te leggen.

Deze stap is cruciaal om de weg vrij te maken voor de volgende delen van het boek. Als de vorm niet herleidbaar is tot genen of selectie, dan moeten we elders zoeken naar het principe dat het levende organiseert: in coherentievelden, in informatieve structuren, in een orde die niet van buitenaf wordt opgelegd, maar naar voren komt als een globale eigenschap van biologische systemen.

De vorm die standhoudt: het mysterie van de biologische robuustheid.

Er is een kenmerk van het leven dat iedereen opvalt die er zonder theoretische vooroordelen naar kijkt: het verrassende vermogen om zichzelf te blijven terwijl alles verandert. Organismen ontwikkelen zich in onvolmaakte omgevingen, krijgen te maken met verstoringen, fouten en moleculaire schommelingen, en toch komen ze bijna altijd tot een herkenbare, stabiele en functionele vorm. Deze eigenschap, die biologen robuustheid noemen, is een van de meest in het oog springende blinde vlekken van het klassieke darwinisme, omdat ze precies tussen twee domeinen in ligt die de evolutietheorie maar moeilijk heeft kunnen integreren: de ontwikkelingsbiologie en de evolutie.

Natuurlijke selectie kan verklaren waarom een robuuste vorm wordt begunstigd: een organisme dat beter ‘standhoudt’, overleeft gemakkelijker. Maar het verklaart niet waarom die robuustheid überhaupt ontstaat, noch hoe een vorm erin slaagt zijn identiteit tijdens de ontwikkeling te behouden, ondanks genetische variaties, biochemische ruis en veranderende omgevingsomstandigheden. Hier stuit de evolutie op een paradox: om te kunnen variëren, moet een vorm eerst stabiel zijn; maar die stabiliteit zelf kan niet het directe resultaat zijn van willekeurige variatie.

In de jaren 2000 definieerde de systeembioloog Hiroaki Kitano, die werkzaam was in Tokio en Europa, robuustheid als een fundamentele eigenschap van levende systemen, die niet kan worden herleid tot afzonderlijke genen of geïsoleerde circuits. In een inmiddels klassiek geworden artikel uit 2004 schreef hij: *„Robuustheid is het vermogen van een systeem om zijn functies te behouden ondanks interne en externe verstoringen.*” Een ogenschijnlijk sobere definitie, die het probleem echter radicaal verplaatst: de vorm is geen passief resultaat, maar een actief in stand gehouden configuratie.

Vanuit het oogpunt van ontwikkeling betekent dit dat het organisme geen eenvoudige reeks instructies volgt, zoals een lineair programma, maar zich richt op een globale configuratie, waarbij afwijkingen worden gecorrigeerd, fouten worden gecompenseerd en wat verstoord is lokaal wordt gereorganiseerd. Vanuit evolutionair oogpunt betekent dit dat selectie niet inwerkt op amorf materiaal, maar op vormen die al beschikken over een intrinsieke veerkracht, die de ruimte voor mogelijke variaties beperkt en de effecten ervan kanaliseert.

Een soortgelijk inzicht was al aanwezig, in pre-moleculaire vorm, in het werk van D'Arcy Wentworth Thompson, die in 1917, in „*On Growth and* Form", opmerkte dat veel biologische structuren meer leken te gehoorzamen aan beperkingen van orde en stabiliteit dan aan een eenvoudige adaptieve logica. Thompson ontkende de evolutie niet, maar suggereerde dat de geometrie en de dynamica van vormen voorafgaan aan de selectie en deze de voedingsbodem bieden waarop zij kan werken.

Robuustheid is in deze zin een brugvormend concept: het verbindt de individuele ontwikkeling met de evolutionaire geschiedenis en laat zien dat het leven geen opeenvolging van tijdelijke oplossingen is, maar een systeem dat in staat is om structurele informatie in de loop van de tijd te bewaren. Biologische vormen zijn geen kwetsbare evenwichten die op instorten staan, maar actieve configuraties die weerstand bieden, zichzelf herstellen en zich opnieuw samenstellen. En juist deze intelligente weerstand tegen wanorde maakt de evolutie zelf mogelijk.

In de context van dit hoofdstuk wordt robuustheid zo een doorslaggevend argument tegen een puur selectieve visie op de vorm. Als vormen niet robuust zouden zijn, zou selectie niets stabiels hebben waarop ze kan inwerken. Het orkest, om terug te komen op de metafoor van dit hoofdstuk, zou niet eens kunnen beginnen te spelen als elk instrument bij de eerste strijkstokbeweging uit elkaar zou vallen.

Wervelingen, sneeuwvlokken en cellen: misleidende overeenkomsten in vorm.

Om te begrijpen wat een vorm biologisch maakt, is het goed om een stap terug te doen en te kijken naar de vormen die de natuur ook zonder leven voortbrengt. Kristallen, wervelingen in vloeistoffen, de zogenaamde dissipatieve structuren die in de twintigste-eeuwse natuurkunde zijn bestudeerd, tonen aan dat orde spontaan uit chaos kan ontstaan, zonder dat daar een extern ontwerp voor nodig is. Het is een ontdekking die generaties wetenschappers heeft gefascineerd en die, op het eerste gezicht, de levenloze wereld dichter bij de levende wereld lijkt te brengen. Maar juist in deze toenadering wordt de afstand duidelijk.

Een sneeuwkristal, bekeken onder de microscoop, lijkt een klein meesterwerk van symmetrie. Wilson Bentley, de fotograaf uit Vermont die aan het begin van de twintigste eeuw zijn leven wijdde aan het vastleggen ervan, zei graag dat *„geen enkele sneeuwvlok hetzelfde is als een andere*“. Toch schuilt er achter die verscheidenheid een ijzeren regel: de vorm van het kristal wordt volledig bepaald door de natuurwetten en door de lokale omstandigheden van temperatuur en vochtigheid. Het kristal ‘verdedigt’ zijn vorm niet, corrigeert deze niet en interpreteert deze niet. Als de omstandigheden veranderen, verandert de vorm of lost het kristal op. De stabiliteit is passief, niet actief.

Een stap dichter bij het leven vinden we in wervelingen: een waterspiraal in een rivier, een rode vlek op Jupiter die al in de zeventiende eeuw door Cassini werd waargenomen, of de convectiecellen die Henri Bénard in 1900 in zijn Parijse experimenten beschreef. Hier is de vorm niet langer statisch: het is een proces dat in de tijd in stand wordt gehouden dankzij een continue energiestroom.

De analogie met organismen is verleidelijk. Ook het leven is een open systeem, ver van het evenwicht, dat in stand blijft dankzij voortdurende uitwisselingen met de omgeving. Maar het cruciale verschil komt naar voren zodra we kijken naar de manier waarop de vorm behouden blijft. Een werveling heeft geen geheugen: als de stroming stopt, verdwijnt de vorm spoorloos. Een organisme daarentegen doorstaat stromingen, verstoringen, zelfs trauma's, en neigt ertoe terug te keren naar een herkenbare configuratie, alsof de vorm is ingeschreven op een dieper niveau dan de loutere beweging van de materie.

Hier komt de grens van de fysische analogie aan het licht. Fysische vormen zijn epifenomenen van de omstandigheden: ze vloeien voort uit de wetten, maar beïnvloeden deze niet. Biologische vormen lijken daarentegen een soort causaliteit van bovenaf uit te oefenen, waarbij ze lokale processen sturen in de richting van een globaal resultaat. Tijdens de embryonale ontwikkeling volgen cellen die qua genetisch erfgoed identiek zijn verschillende wegen, niet omdat de fysieke context dat oplegt, maar omdat het organisme als geheel — in operationele, niet in metaforische zin — 'weet' waar het naartoe moet.

Deze vergelijking verduidelijkt ook een centraal aspect: natuurlijke selectie kan inwerken op reeds bestaande vormen, maar volstaat niet om te verklaren waarom biologische vormen deze actieve, regulerende en persistente eigenschap bezitten. Fysieke structuren tonen aan dat orde mogelijk is zonder selectie; het leven toont aan dat er een soort orde bestaat die standhoudt, zichzelf herstelt en anticipeert. Het is in dit subtiele maar doorslaggevende verschil dat de biologische vorm haar conceptuele autonomie onthult.

Het orkest van het leven bestaat dus niet alleen uit goede natuurwetten die toevallig samenklinken. Er is een impliciete partituur die de processen doorkruist, ze coördineert en ze in de tijd samenhangend maakt. En juist deze partituur — die nog steeds moeilijk te benoemen is zonder de grenzen van het reductionisme te overschrijden — onderscheidt een sneeuwvlok van een cel, een werveling van een organisme.

Wanneer de vorm om een dieper liggend principe vraagt.

Op dit punt voelt de oplettende lezer een spanning die niet onopgelost kan blijven. We hebben gezien dat natuurlijke selectie verklaart hoe de ene vorm beter functioneert dan de andere, maar niet waarom die vorm bestaat, noch waarom ze in de loop van de tijd stabiel blijft, ondanks ontwikkeling, mutaties en omgevingsstress. De metafoor van het orkest, die in de titel van het hoofdstuk wordt opgeroepen, komt dan ook met kracht terug: het volstaat niet om je goed gebouwde instrumenten of op basis van hun vaardigheid geselecteerde musici voor te stellen. Zonder een principe dat hen bij elkaar houdt, dat tempo's, intensiteit en relaties synchroniseert, is wat er ontstaat geen muziek, maar lawaai.

Dit principe is geen nieuwe substantie, noch een mysterieuze entiteit die aan de inventaris van de biologie moet worden toegevoegd. Het is veeleer een globale eigenschap van de levende organisatie, iets dat betrekking heeft op de manier waarop processen in tijd en ruimte op elkaar zijn afgestemd. Al in de jaren veertig, toen hij werkzaam was in Princeton en Wenen, vroeg Erwin Schrödinger zich af hoe het mogelijk was dat het organisme niet in wanorde uiteenviel, waarbij hij sprak van een 'orde die zich voedt met orde'. Vandaag de dag kunnen we zeggen dat die intuïtie wees in de richting van een preciezer concept: het leven is niet alleen orde, maar samenhangende orde, die in staat is zichzelf in stand te houden, met zichzelf te resoneren en dynamische stabiliteit te produceren.

Het is geen toeval dat wetenschappers en filosofen in verschillende contexten soortgelijke beelden hebben gebruikt. De neuroloog Karl Lashley, die in de jaren vijftig de verdeling van functies in de hersenen bestudeerde, sprak van 'veldactie', die niet op één enkel punt kon worden gelokaliseerd. Op een ander gebied stelde dirigent Wilhelm Furtwängler dat muziek niet voortkomt uit de som van de noten, maar uit de spanning die erdoorheen loopt en ze met elkaar verbindt. Op dezelfde manier ontstaat de biologische vorm niet uit de opeenstapeling van delen, maar uit een samenhangende relatie tussen processen, waardoor het geheel voorrang krijgt boven de afzonderlijke onderdelen.

Deze paragraaf eindigt dus op een drempel. Als de vorm niet kan worden herleid tot het gen of tot de functie, als selectie niet volstaat om het ontstaan en de stabiliteit ervan te verklaren, dan moeten we ons standpunt bijstellen. We moeten ophouden ons alleen af te vragen wat er wordt geselecteerd, en ons gaan afvragen hoe een organisme erin slaagt om in de loop van de tijd een betekenisvolle eenheid te vormen. Het antwoord dat zich aftekent is geen nieuw mechanisme, maar een nieuw sleutelwoord: samenhang. Vanaf hier begint het volgende deel, waarin het leven niet wordt beschouwd als een reeks gelukkige reacties, maar als een fysisch en biologisch fenomeen dat in staat is om betekenis, vorm en identiteit te behouden in de voortdurende stroom van verandering.

De mythe van het soevereine gen: wanneer informatie niet volstaat om de vorm te verklaren.

Al minstens een halve eeuw beschrijft de biologie het leven als een verhaal dat in het DNA is geschreven. Een krachtig, elegant, zelfs verleidelijk verhaal: vier letters, oneindige combinaties, een moleculair boek dat de vorm van een blad, de rangschikking van neuronen en de complexiteit van een menselijk organisme kan verklaren. Het is geen toeval dat, toen Watson, Crick en Wilkins in 1962 de Nobelprijs ontvingen, het enthousiasme de grenzen van de wetenschappelijke gemeenschap overschreed. In Cambridge sprak men over het 'geheim van het leven' als iets dat eindelijk was onthuld.

Toch bleek die belofte in de loop der jaren slechts gedeeltelijk waar te zijn. Niet onwaar – DNA is onmisbaar – maar onvolledig. Het gen-centrisme, dat wil zeggen het idee dat het gen de fundamentele eenheid is die op zichzelf volstaat om de vorm en het gedrag van organismen te verklaren, begon juist daar barsten te vertonen waar het beweerde het meest solide te zijn: in de ontwikkeling, in de stabiliteit van de vormen, in de verrassende robuustheid van het levende wezen.

Eén gegeven, van de vele, maakte begin jaren 2000 grote indruk op het grote publiek: het 'Menselijk Genoomproject', dat in 2003 officieel werd voltooid, onthulde dat de mens iets meer dan 20.000 genen bezit, niet veel meer dan een worm als *Caenorhabditis elegans*. De vraag, die in haar eenvoud gênant was, begon ook buiten de laboratoria de ronde te doen: waar zit dan de complexiteit? Als de vorm werkelijk volledig in de genen zou zijn vastgelegd, zou men een veel groter verschil hebben verwacht.

Het probleem is dat DNA niet functioneert als een gedetailleerd architectonisch ontwerp. Het geeft niet aan waar elke cel naartoe gaat, noch hoe miljarden interacties in de loop van de tijd zullen worden gecoördineerd. Het levert componenten, mogelijkheden en chemische beperkingen. Maar de biologische vorm ontstaat altijd in een context, via dynamische relaties die niet in één enkele genetische sequentie te lokaliseren zijn.

Een Italiaanse embryoloog hield er tijdens een congres in Pavia in de vroege jaren negentig van om het publiek te provoceren met een uitspraak die onder studenten in omloop is gebleven: „*DNA kan eiwitten maken, geen organismen.*" Het was natuurlijk een grapje, maar het raakte de kern van de zaak. De vorm van een hart, de symmetrie van een bloem, de rangschikking van de vingers vloeien niet voort uit een gen 'voor het hart' of 'voor de hand', maar uit collectieve, regulerende processen die het afzonderlijke moleculaire element overstijgen.

Hier toont het gen-centrisme zijn diepste conceptuele beperking: het verwarren van informatie met instructies. Het DNA bevat informatie, maar geen volledige operationele instructies. Het is als de tekst van een toneelstuk zonder regieaanwijzingen, zonder timing, zonder intonatie. Wie twee verschillende ensceneringen van hetzelfde stuk van Shakespeare heeft bijgewoond – bijvoorbeeld een klassieke uitvoering in het Globe Theatre in Londen en een experimentele in een Berlijns theater – weet hoezeer de uiteindelijke vorm afhangt van iets dat niet woord voor woord in het script staat.

Ook in de biologie kan hetzelfde genoom tot verschillende uitkomsten leiden, afhankelijk van de cellulaire context, de mechanische interacties, de bio-elektrische signalen en de chemische omgeving. De studies van Conrad Waddington over epigenetica, al in de jaren veertig in Edinburgh, hadden het beeld van het 'epigenetische landschap' geïntroduceerd: een krachtige metafoor om aan te geven dat de ontwikkeling voorkeurstrajecten volgt, maar niet rigide vooraf bepaald is door het gen.

Het gaat er dus niet om de rol van het DNA te relativeren, maar om deze in een nieuw perspectief te plaatsen. Het gen is niet de heerser die van bovenaf regeert, maar een instrument binnen een bredere organisatie. Blijven denken dat de vorm 'vervat' zit in het genoom komt neer op het zoeken naar de melodie in de afzonderlijke noten. Het leven lijkt daarentegen voort te komen uit een hoger integratieniveau, waar informatie pas effectief wordt wanneer ze in verband wordt gebracht, gesynchroniseerd en coherent gemaakt.

Deze overgang is cruciaal voor de opbouw van dit hoofdstuk. Het laat zien waarom natuurlijke selectie, die inwerkt op genetische variaties, op zichzelf het ontstaan van stabiele en herkenbare vormen niet kan verklaren. En het bereidt de weg voor een radicalere vraag: als DNA niet volstaat, wat houdt het organisme dan bijeen als een eenheid van betekenis en vorm? Het antwoord zal niet worden gezocht in een extra molecuul, maar in een organiserend principe dat in staat is het veelvoudige te coördineren. Hier wordt de eerder ontwikkelde discussie over samenhang niet alleen aannemelijk, maar noodzakelijk.

Het gen en de machine.

Elk groot wetenschappelijk tijdperk brengt niet alleen nieuwe gegevens met zich mee, maar ook nieuwe dominante metaforen. En metaforen zijn geen versieringen van het discours: ze sturen de blik, bepalen wat vanzelfsprekend lijkt en wat ondenkbaar wordt. Het gen-centrisme, dat decennialang de biologie heeft geleid, ontstaat niet in een vacuüm. Het is het kind van een tijdperk dat van technologie zijn betekenishorizon had gemaakt, en van technisch determinisme een soort impliciete filosofie.

Het is geen toeval dat DNA vanaf de jaren vijftig wordt beschreven als code, programma of instructie. Het zijn dezelfde jaren waarin, tussen Princeton en Los Alamos, de moderne informatica ontstaat en Alan Turing een bijna mythologische figuur wordt. De biologie, gefascineerd door de verklarende kracht van de nieuwe rekenmachines, begint hun taal te spreken. Als een computer werkt omdat hij precieze instructies volgt, waarom zou een organisme dan niet op dezelfde manier werken?

Deze analogie had een buitengewone kracht. In de jaren zeventig, toen Silicon Valley zijn eerste stappen zette en de microprocessor zijn intrede deed in het collectieve bewustzijn, leek het idee dat het gen de 'software van het leven' was niet alleen aannemelijk, maar onvermijdelijk. Tijdens een beroemde conferentie in Santa Fe vertelde een moleculair bioloog dat hij zijn werk had begrepen „door de cel te beschouwen als een chemische computer". Het was een treffende metafoor, maar ook een conceptuele kooi.

Het technologisch determinisme, volgens welke technologieën de evolutie van de samenleving bijna automatisch sturen, heeft een nauwe verwant in het biologisch gen-centrisme. In beide gevallen wordt één element – de machine of het gen – tot primaire oorzaak verheven, terwijl de context, de relaties en de opkomende dynamieken naar de achtergrond verdwijnen. Alsof een samenleving alleen verklaarbaar is door haar instrumenten, of een organisme alleen door zijn sequenties.

Al in de jaren zestig waarschuwde de filosoof Lewis Mumford voor deze reductie, waarbij hij opmerkte dat technologie nooit neutraal of zelfvoorzienend was, maar altijd verweven met waarden, keuzes en levenswijzen. Hetzelfde zou gezegd kunnen worden van het gen: het handelt niet in een vacuüm, het 'beslist' niets op zichzelf. Toch had die tijd behoefte aan een eenvoudig, lokaliseerbaar en controleerbaar principe. Het gen voldeed perfect aan deze symbolische behoefte.

Er is een weinig bekende anekdote, verteld door een Franse wetenschapssocioloog tijdens een seminar in Parijs in 1984. Tijdens een bezoek aan een laboratorium voor moleculaire biologie merkte hij op dat de borden vol stonden met pijlen, lineaire diagrammen en eenrichtingsstromen. „Het leek wel", zei hij, „de controlekamer van een energiecentrale". Het was niet alleen een manier van tekenen: het was een manier van denken. De vorm van de uitleg weerspiegelde de vorm van de heersende technologieën.

Nu we het hebben over netwerken, gedistribueerde systemen en collectieve intelligentie, begint ook de biologische taal langzaam te veranderen. Het gen verdwijnt niet, maar verliest zijn status als absolute heerser. En dit stelt ons in staat om het ge e gen-centrisme te herlezen voor wat het ook cultureel gezien is geweest: een krachtige, historisch gesitueerde metafoor, geen definitieve waarheid over het leven.

Dit begrijpen betekent niet dat we de wetenschap relativeren, maar dat we haar meer zelfbewust maken. Metaforen sturen het onderzoek net zozeer als gegevens. Erkennen dat DNA werd gezien als een machine in een tijdperk dat door machines werd gedomineerd, is een noodzakelijke stap om de blik te openen voor andere beelden: niet langer het gen als microchip, maar het organisme als gecoördineerd proces, als informatiestructuur die zich via relaties stabiliseert. Vanuit dit besef wordt het mogelijk om – zonder ideologische dwang – een biologie voor te stellen die verder gaat dan determinisme, of dat nu genetisch of technologisch is.

Het gen op de voorpagina: wanneer de media biologie tot lot verheffen.

Er is een precies moment waarop het gen ophoudt een technisch begrip te zijn, dat onder specialisten wordt besproken, en een publieke figuur wordt. Dit gebeurt in de tweede helft van de twintigste eeuw, wanneer de wetenschap een vaste plaats krijgt in de kranten, in geïllustreerde tijdschriften en vervolgens op televisie. Daar wordt het gen niet langer beschreven als een onderdeel van het organisme, maar als de verborgen regisseur ervan, de bewaarder van een lot dat voor eens en voor altijd is vastgelegd.

Een symbolisch keerpunt kan worden gesitueerd in 1962, het jaar waarin James Watson, Francis Crick en Maurice Wilkins de Nobelprijs ontvingen voor de ontdekking van de structuur van het DNA. In de krantenberichten uit die tijd — van de New York Times tot Le Monde — wordt de dubbele helix vaak voorgesteld als de „sleutel tot het leven". Een treffende formulering, zeker, maar nu al beladen met dubbelzinnigheid: een sleutel opent een slot, verschaft toegang. Het idee dat het leven eindelijk was 'ontcijferd' was te krachtig om niet uitvergroot te worden.

In de jaren zeventig en tachtig, met de explosieve groei van de populaire wetenschapsjournalistiek, werd het verhaal nog duidelijker. Koppen als 'Het intelligentiegen ontdekt', 'Het agressiegen', 'Het geheim van obesitas zit in het DNA' werden vertrouwd. Het deed er niet toe dat in de volgende alinea's van diezelfde artikelen voorzichtigheid, waarschijnlijkheden en omgevingsfactoren werden genoemd. Het beeld dat blijft hangen is dat van het gen als ultieme oorzaak, eenvoudig en geruststellend in zijn lineariteit.

Een bekende Italiaanse wetenschapsjournalist vertelde in een interview uit 1998 dat hij lang had gediscussieerd met een hoofdredacteur die erop stond een artikel over het menselijk genoom de kop „Het boek van het lot eindelijk geopend" te geven. „Ik weet dat het niet klopt", zei hij tegen hem, „maar het is wat de mensen begrijpen." In die zin zit de hele spanning tussen wetenschappelijke nauwkeurigheid en media-logica: de behoefte aan een duidelijk verhaal, met een sterke hoofdpersoon en een begrijpelijke ontknoping.

Het Menselijk Genoomproject, dat in 1990 officieel werd aangekondigd en in 2000 in het Witte Huis door Bill Clinton en Tony Blair werd gevierd, vormt misschien wel het hoogtepunt van dit verhaal. De televisiebeelden spraken van een „volledige kaart van de mens“, van een „gebruiksaanwijzing voor het leven“. Weinigen herinneren zich nog dat Clinton in dezelfde toespraak benadrukte dat het genoom het individuele lot niet bepaalt. Maar dat detail was in de mediastroom ondergeschikt aan de symbolische kracht van de kaart en de handleiding.

Deze manier om over genetica te vertellen komt niet voort uit kwade trouw. Het is het resultaat van een structurele vereenvoudiging, typisch voor de moderne media, die de voorkeur geven aan afzonderlijke oorzaken, directe verbanden en sterke beelden. Het gen, onzichtbaar maar benoembaar, microscopisch klein maar conceptueel te isoleren, leent zich perfect voor deze rol. Het is veel moeilijker om te vertellen over verspreide processen, dynamische interacties en vormen die in de loop van de tijd ontstaan.

Zo heeft het mediadiscours, bijna zonder dat we het merkten, bijgedragen aan het verankeren van een beeld van het leven als een , vooraf geschreven script, waarin natuurlijke selectie zich beperkt tot het kiezen uit variaties die door het DNA zijn voorbestemd. Een beeld dat diepgaande gevolgen heeft gehad, niet alleen voor de publieke perceptie van de biologie, maar ook voor de manier waarop wetenschappers zelf hun werk hebben gecommuniceerd – en soms ook hebben bedacht.

Nu nieuw onderzoek de plasticiteit van de ontwikkeling, het belang van cellulaire en omgevingscontexten en de rol van de globale organisatie aan het licht brengt, vertoont dat oude verhaal al zijn barsten. Maar de culturele kracht ervan blijft bestaan. Begrijpen hoe de media het gen hebben getransformeerd van mogelijkheid tot lot is geen oefening in externe kritiek: het is een noodzakelijke stap om onze blik te verruimen en ons opnieuw vragen te stellen over de vorm, over het organisme als samenhangende eenheid, over datgene wat in het leven altijd verder reikt dan de afzonderlijke instructie.

'Organisme' zeggen of 'mechanisme' zeggen: de morele gevolgen van een metafoor.

Wetenschappelijke metaforen blijven niet beperkt tot boeken of laboratoria. Ze sluipen stilletjes binnen in protocollen, klinische beslissingen en overheidsbeleid. Zeggen dat het leven een machine of een samenhangend proces is, is geen louter taalkundige keuze: het is een handeling die het onderzoek stuurt en, bovenal, de ethiek die daarmee gepaard gaat.

In de industriële twintigste eeuw leek het vanzelfsprekend om het organisme als een machine te beschouwen. Machines waren het symbool van vooruitgang, efficiëntie en controle. Als het lichaam een apparaat is, dan wordt ziekte een storing, therapie een reparatie en de arts een gespecialiseerde technicus. Deze metafoor heeft onbetwistbare resultaten opgeleverd – van de moderne chirurgie tot de farmacologie – maar heeft ook schaduwzones achtergelaten die moeilijk te negeren zijn.

Een Engelse chirurg, die in de jaren vijftig werkzaam was in het St. Bartholomew's Hospital in Londen, noteerde in zijn dagboek dat *„de patiënt, onder narcose, verschrikkelijk veel lijkt op een opengewerkt uurwerk op de werkbank*". Het was een praktische constatering, geen cynische. Toch komt in die zin het risico tot uiting van een visie waarin het levende wezen verdwijnt en plaats maakt voor een verzameling uitwisselbare onderdelen.

Wanneer het leven als een machine wordt beschouwd, neigt ook de ethiek ertoe technisch te worden: men beoordeelt wat werkt, wat efficiënt is, wat een resultaat optimaliseert. Het is niet verwonderlijk dat juist in dit culturele kader zich tussen de jaren zestig en zeventig verhitte debatten ontwikkelden over dier- en mensproeven, die vaak meer in termen van kosten en baten werden benaderd dan in termen van zingeving en verantwoordelijkheid. De beroemde Asilomar-conferentie van 1975, gewijd aan recombinant-DNA, was een van de eerste pogingen om even stil te staan en ons niet alleen af te vragen „kunnen we dit doen?“, maar ook „wat behandelen we hier eigenlijk als een object?“.

Het leven beschouwen als een samenhangend proces verandert het ethische landschap daarentegen radicaal. Als het organisme geen in elkaar gezette machine is, maar een informatieve structuur die zich in de tijd in stand houdt dankzij relaties, dan wordt elke ingreep een handeling die het geheel betreft. Je kunt een proces niet ‘repareren’ zonder het algehele evenwicht ervan te veranderen. Verantwoordelijkheid is niet langer alleen technisch, maar interpretatief.

In de jaren tachtig benadrukte de bioloog en filosoof Hans Jonas dat het leven een intrinsieke kwetsbaarheid bezit die om bescherming vraagt, niet om overheersing. Jonas was geen veldbioloog, maar zijn ethiek van verantwoordelijkheid vloeide juist voort uit de afwijzing van een puur mechanische visie op het levende. Als het leven een proces is, dan draagt het ook een intrinsieke waarde in zich, die niet kan worden herleid tot zijn nut of prestatie.

Dit verschil komt ook in de medische wereld sterk naar voren. Een Italiaanse oncoloog vertelde tijdens een seminar in Milaan in de vroege jaren 2000 hoe de manier waarop over de ziekte wordt gesproken, de therapeutische keuzes beïnvloedt. „Als ik tegen de patiënt zeg dat we de vijand moeten vernietigen”, legde hij uit, „kom ik terecht in een oorlogslogica van ‘ ’. Als ik spreek over het herstellen van een evenwicht, verandert het soort bondgenootschap dat ontstaat.” Het is niet alleen een psychologische kwestie: het is een andere impliciete ontologie.

In het kader van de veldbiologie krijgt dit onderscheid nog meer gewicht. Ingrijpen in een gestabiliseerde informatiestructuur betekent erkennen dat het organisme reageert, zich aanpast en integreert. Ethiek kan zich niet langer beperken tot externe regels, maar moet zich richten op coherentie. Niet alles wat mogelijk is, is automatisch legitiem, want niet alles wat een deel verandert, respecteert het proces dat het in leven houdt. Uiteindelijk is de metafoor van het orkest meer dan alleen een suggestief beeld. In een orkest stem je een instrument niet af zonder naar het geheel te luisteren. En geen enkele dirigent die die naam waardig is, behandelt de musici als radertjes. Het leven beschouwen als een orkest, en niet als een machine, betekent dat je een ethiek van het luisteren vooropstelt, nog vóór die van het ingrijpen.

Van vorm veranderen of vorm geven?

Een van de hardnekkigste misvattingen in de hedendaagse biologie komt voort uit een conceptuele overlapping die even wijdverbreid als zelden expliciet gemaakt wordt: het idee dat het produceren van variaties vroeg of laat neerkomt op het genereren van organisatie. Eigenlijk is het een begrijpelijke verleiding. Als natuurlijke selectie werkt op basis van toevallige verschillen, en als de tijd lang genoeg is en het aantal pogingen groot genoeg, waarom zou er dan niet ook een vorm naar voren komen?

Toch bestaat er tussen verandering en structuur een kloof die niet door accumulatie kan worden overbrugd. Veranderen betekent een toestand wijzigen; organiseren betekent relaties tot stand brengen die bestand zijn tegen verandering. Het leven, in zijn hardnekkige regelmaat, behoort tot deze tweede categorie.

Een klassiek voorbeeld, dat vaak ter sprake komt in de gangen van afdelingen voor evolutionaire biologie, betreft mutaties. In de jaren zeventig toonde een jonge onderzoeker in het Natural History Museum in Londen aan een groep studenten een reeks vleugels van Drosophila die misvormd waren door in het laboratorium opgewekte mutaties. „Kijk eens naar al die variatie", zei hij. Vervolgens wees hij naar een normale vleugel: „En leg me nu eens uit waarom deze vorm, ondanks de genetische ruis, steeds weer terugkeert, altijd precies hetzelfde, miljoenen keren." De vraag bleef onbeantwoord. De mutaties verklaarden de afwijkingen, niet het voortbestaan van de vorm.

Variatie brengt verschillen teweeg, maar verklaart niet waarom bepaalde configuraties de voorkeur genieten, noch waarom een organisme terugkeert naar een stabiele vorm, zelfs na aanzienlijke verstoringen. Een salamanderembryo, dat in de eerste ontwikkelingsstadia in tweeën wordt gesneden — experimenten die al aan het einde van de negentiende eeuw door Hans Driesch in Napels, in het Zoölogisch Station Anton Dohrn, werden uitgevoerd — levert geen twee gebrekkige halve organismen op, maar twee complete individuen. Hier is de verandering drastisch, maar de structuur herstelt zich. Iets 'weet' hoe het geheel eruit moet zien.

Dit punt is cruciaal: variatie is blind ten opzichte van het geheel, terwijl organisatie een totaalbeeld impliceert. Niet in de zin van een bewust ontwerp, maar van een samenhang die de lokale processen stuurt. De klassieke biologie heeft deze twee vaak door elkaar gehaald, door aan selectie de verdienste toe te schrijven van het creëren van wat zij in werkelijkheid slechts filtert.

Een anekdote die een Zweedse ecoloog vertelde tijdens een congres in Uppsala in de vroege jaren 2000 illustreert dit goed. Bij het bestuderen van korstmospopulaties die aan extreme omgevingsstress werden blootgesteld, constateerde hij een enorme toename van de morfologische variabiliteit. „Ze veranderden enorm", vertelde hij, „maar werden niet complexer, noch beter georganiseerd. Integendeel, vaak verloren ze juist hun structuur." Variatie, die voorbij een bepaalde drempel wordt gedreven, leidt tot wanorde, niet tot een nieuwe vorm.

Het onderscheid tussen verandering en structuur is ook buiten de biologie bekend. Een architect zou zeggen dat het aanpassen van materialen niet voldoende is om een gebouw te creëren. Een muzikant weet dat het variëren van noten zonder harmonische samenhang lawaai oplevert. Het is veelzeggend dat Norbert Wiener — de vader van de cybernetica — in 1948 waarschuwde dat informatie niet hetzelfde is als toeval: „Informatie is informatie, geen materie noch energie, maar ook geen lawaai." Een vaak geciteerde uitspraak, maar zelden serieus genomen in haar biologische implicaties.

In een levend organisme is de structuur geen laat resultaat van selectie, maar juist een voorwaarde die selectie mogelijk maakt. Zonder een relatief stabiele vorm valt er niets te selecteren. Variatie werkt op een structuur in, niet in plaats daarvan. Het door elkaar halen van deze twee niveaus betekent dat men aan tijd en toeval een creatief vermogen toeschrijft dat zij empirisch gezien niet vertonen.

Deze taalkundige en conceptuele verwarring heeft ingrijpende gevolgen gehad. Ze heeft ertoe geleid dat men de oorsprong van de vorm zocht in de mechanismen die de diversiteit verklaren, in plaats van in die welke de samenhang waarborgen. En ze heeft het moeilijk gemaakt om de misschien wel meest ongemakkelijke vraag te stellen: waar komt de neiging van het leven vandaan om zich te organiseren, om eenheid te behouden te midden van verandering?

In de context van de veldbiologie krijgt deze vraag een andere status. De structuur wordt niet gezien als een onwaarschijnlijk resultaat van oneindige variaties, maar als een dynamische attractor, een configuratie die het systeem neigt te realiseren en te behouden. Variatie verdwijnt dan ook niet, maar krijgt een andere rol: ze verkent de randen, ze vormt niet de basis van het centrum.

Misschien is de echte conceptuele stap die we moeten zetten wel het besef dat het leven niet samenvalt met verandering, maar met datgene wat, terwijl het verandert, blijft bestaan. En juist in deze trouw aan een vorm — meer dan in de wildgroei van verschillen — doemt een organiserend principe op dat nog grotendeels moet worden begrepen.

De rol van attractoren in de theoretische biologie.

Voor veel theoretische biologen is het altijd een delicate aangelegenheid geweest om over vorm te spreken zonder daarbij een doel op te roepen. Het risico om af te glijden naar het finalisme — een woord dat ook vandaag de dag nog in veel academische seminars voor ongemak zorgt — heeft er vaak toe geleid dat het probleem werd vermeden in plaats van opgelost. Toch heeft een concept, ontleend aan de wiskunde van dynamische systemen, vanaf de jaren zestig een elegante uitweg geboden: dat van de attractor.

Een attractor is geen doel, noch een verborgen plan. Het is een configuratie waarnaar een systeem onder bepaalde omstandigheden spontaan neigt. De term heeft vooral dankzij wetenschappers als Stuart Kauffman zijn intrede gedaan in de biologie; hij begon in de jaren negentig, tussen Santa Fe en Princeton, te spreken over '*gene regulatory* networks' als systemen met stabiele toestanden. Het maakt niet uit hoeveel lokale verstoringen het systeem ondergaat: binnen bepaalde grenzen keert het altijd weer daarheen terug.

De attractor maakt het mogelijk iets krachtigs te zeggen zonder iets metafysisch te zeggen. Hij verklaart niet waarom die vorm bestaat, maar maakt duidelijk hoe deze in stand blijft. In die zin is het een waardevol conceptueel instrument om variatie en organisatie van elkaar te onderscheiden. Variatie is de beweging binnen de ruimte van mogelijkheden; organisatie is het feit dat die ruimte niet vlak is, maar gestructureerd door stabiliteitsgebieden.

Een ontwikkelingsbioloog vertelde tijdens een zomercursus in Les Houches in de vroege jaren 2000 dat hij dit punt echt had begrepen door een eenvoudig model van celdifferentiatie te observeren. Door parameters en beginvoorwaarden te veranderen, veranderden de trajecten, maar waren er verrassend weinig eindresultaten. „Het maakt niet uit waar je begint", zei hij, „je komt altijd op dezelfde plek terecht". Geen doel, geen ontwerp: alleen een dynamische topologie die het mogelijke kanaliseert.

Dit is het cruciale punt: de attractor stuurt niet, maar beperkt. Hij vertelt het systeem niet wat het moet worden, maar wat het waarschijnlijk niet zal worden. En daarmee geeft hij de vorm weer een actieve rol zonder haar intenties toe te schrijven. De vorm komt naar voren als een globale eigenschap van het systeem, niet als een prijs die door selectie wordt toegekend.

Dit onderscheid wordt bijzonder leerzaam wanneer we kijken naar de computationele biologie. In de afgelopen decennia hebben computermodellen een buitengewoon vermogen getoond om veranderingen te simuleren: mutaties, fluctuaties, populatiedynamiek, snelle aanpassingen. De animaties zijn elegant, de grafieken overtuigend, de trajecten talrijk. Toch ontbreekt er vaak iets wanneer het gaat om het weergeven van de stabiliteit van biologische vormen.

Een onderzoeker van het MIT, die in 2017 tijdens een conferentie in Berlijn informeel werd geïnterviewd, gaf dit met enige ironie toe: „We zijn heel goed in het laten gebeuren van dingen. Veel minder goed in het laten blijven bestaan ervan." Het probleem is niet technisch, maar conceptueel. Veel modellen zijn ontworpen om de variatieruimte te verkennen, niet om rekening te houden met de aanwezigheid van robuuste attractoren.

Bij gebrek aan een expliciet begrip van een attractor behandelt de computer de vorm als een toevallig resultaat, altijd omkeerbaar, altijd heronderhandelbaar. Maar bij echte organismen is dat niet het geval. Een hart 'proeft' geen oneindige configuraties uit voordat het gaat kloppen: het convergeert snel naar een stabiele dynamiek. Een embryo verkent niet alle mogelijke anatomische vormen: het valt, om zo te zeggen, in een heel specifiek dal van het dynamische landschap.

Tegenwoordig is dat landschap berekenbaar geworden, maar het blijft vaak onbewoond: de modellen tekenen het na, zonder echt uit te leggen waarom bepaalde bekkens zo diep zijn en andere bijna onzichtbaar.

Het gevolg is paradoxaal: hoe meer we de rekenkracht vergroten, hoe groter het risico dat we computationele complexiteit verwarren met biologische organisatie. De computer vermenigvuldigt de scenario's, maar het leven realiseert er maar heel weinig. Begrijpen waarom — en hoe —

deze dynamische selectie plaatsvindt, nog vóór de darwinistische selectie, is een van de openstaande uitdagingen van de veldbiologie.

De functie komt pas daarna: omdat organismen geen geslaagde gebruiksvoorwerpen zijn.

Er is een mentale gewoonte, even diepgeworteld als zelden in twijfel getrokken, die de moderne biologie doorkruist: het idee dat functie vóór vorm komt. Het hart dient om bloed rond te pompen, de vleugel dient om te vliegen, het oog dient om te zien. De vorm zou in dit perspectief niet veel meer zijn dan een technisch compromis, het resultaat van een lange reeks aanpassingen die zijn geselecteerd omdat ze nuttig waren. Het is een manier om het leven te beschrijven die goed werkt in handboeken, maar die begint te kraken wanneer men de stabiliteit en de herhaling van biologische vormen serieus probeert te nemen.

De hier voorgestelde conceptuele ommekeer is geen filosofische gril, maar een verklaringsbehoefte: niet de functie genereert de vorm, maar de vorm maakt bepaalde functies mogelijk. Functies veranderen, overlappen elkaar, passen zich aan; vormen daarentegen vertonen een verrassende vasthoudendheid. Ze zijn als partituren die vele uitvoeringen toelaten, maar geen oneindig aantal.

Een anatoom uit het begin van de twintigste eeuw, Adolf Portmann, merkte in Bazel op dat veel dierlijke structuren *„rijker aan vorm* zijn *dan nodig is voor hun functie*“. Hij dacht daarbij aan de kleurenpatroon van diepzeevissen, onzichtbaar in het donker, of aan de ingewikkelde symmetrieën van organismen die geen enkel roofdier ooit zou bewonderen. Het ging hier niet om evolutionaire verspilling, maar om aanwijzingen: de vorm is niet altijd te rechtvaardigen in termen van onmiddellijk nut.

Dit wordt nog duidelijker wanneer we kijken naar de embryonale ontwikkeling. Voordat een orgaan ergens 'voor dient', moet het een samenhangende, herkenbare en stabiele vorm aannemen. Bij veel soorten vervullen morfologisch vergelijkbare structuren verschillende functies; andere, met vergelijkbare functies, vertonen radicaal verschillende architecturen. De functie is, kortom, een latere interpretatie van een reeds bestaande configuratie.

Een anekdote die in de jaren zeventig in het Laboratorium voor Embryologie in Utrecht werd verteld, betreft een reeks experimenten met licht misvormde amfibie-embryo's. De cellen 'wisten', hoewel ze waren verplaatst, waar ze heen moesten. Niet omdat ze het einddoel kenden, maar omdat de algemene vorm van het organisme fungeerde als een kader, als een organisatorisch raamwerk waarbinnen het gedrag van de cellen betekenis kreeg. De functie kwam naar voren als gevolg, niet als leidraad.

Deze omkering brengt een bepaald vereenvoudigd darwinistisch verhaal in moeilijkheden, volgens welke natuurlijke selectie vormen zou vormgeven op basis van voordelige functies. Selectie kan verfijnen, elimineren, stabiliseren; maar werkt op reeds beschikbare vormen, ze vindt ze niet vanuit het niets uit. Zoals de paleontoloog Stephen Jay Gould tijdens een lezing in het Natural History Museum in New York in 1984 opmerkte: *„De evolutie is een grote hergebruiker, geen ontwerper die alles vanaf nul begint.*" Een structuur die in een bepaalde formele context is ontstaan, kan worden ingezet voor geheel nieuwe functies, zonder dat de fundamentele architectuur ervan wordt herzien.

Vorm als prioriteit beschouwen betekent ook dat we het organisme niet langer als een technisch object moeten behandelen. Een mes wordt bepaald door zijn functie; als het niet snijdt, is het een slecht mes. Een organisme niet. Een long is geen apparaat voor gasuitwisseling: het is een levende configuratie die die uitwisseling mogelijk maakt, samen met vele andere neveneffecten, waarvan sommige biologisch irrelevant zijn, andere doorslaggevend.

Deze verandering van perspectief heeft ingrijpende gevolgen. Ze verlegt de aandacht van de vraag 'waar dient het voor?' naar de vraag 'welke vorm is hier mogelijk?'. En ze dwingt de biologie om een ongemakkelijk feit onder ogen te zien: het leven optimaliseert geen functies, maar stabiliseert configuraties. De functie is een verhaal dat we achteraf verzinnen, vaak nuttig, soms verhelderend, maar zelden fundamenteel.

Het is geen toeval dat architecten als Frei Otto, die in de jaren zestig in Stuttgart lichte constructies bestudeerden, zich meer lieten inspireren door biologische vormen dan door hun functies. De netwerken van zeepbellen, de holle botten van vogels, de structuren van bladeren vertoonden een autonome formele logica, die efficiëntie kon genereren zonder voor een specifiek doel te zijn ontworpen. De biologie leert ons hier niet wat we moeten doen, maar hoe vormen ontstaan.

Zeggen dat de vorm voorafgaat aan de functie betekent niet dat aanpassing wordt ontkend, maar dat deze in perspectief wordt geplaatst. Het betekent erkennen dat het leven niet ontstaat om nuttig te zijn, maar om coherent te zijn. De functie is een lokaal gevolg; de vorm, een globale beslissing van het systeem.

Dezelfde architectuur, duizend toepassingen: wanneer de vorm het lot niet bepaalt.

Als vorm voorrang heeft op functie, zoals de conceptuele ommekeer in dit hoofdstuk suggereert, dan moet een op het eerste gezicht paradoxaal feit worden verklaard: buitengewoon stabiele biologische vormen kunnen uiterst variabele functies ondersteunen. Hier houdt de biologie op een handboek voor ingenieurs te lijken en begint ze een subtieler verhaal te vertellen, dat bestaat uit hergebruik, afwijkingen en gecontroleerde improvisaties.

De neurobiologie biedt voorbeelden die moeilijk te negeren zijn. In de jaren zestig constateerde Paul Bach-y-Rita aan het MIT dat blinde patiënten konden 'zien' door middel van tactiele prikkels op de rug of de tong. De visuele cortex, verstoken van visuele input, verloor noch zijn vorm, noch zijn organisatie, maar veranderde z n functie: hij verwerkte informatie afkomstig van andere zintuiglijke kanalen. Het was niet de functie die het hersengebied definieerde, maar de interne architectuur ervan, die in staat was verschillende inhoud te verwerken met behoud van structurele samenhang.

Een soortgelijk fenomeen vinden we terug in de vergelijkende fysiologie. De long van landvertebraten en de zwemblaas van beenvissen vertonen een duidelijke morfologische verwantschap. Toch leent dezelfde basisvorm zich voor radicaal verschillende functies: ademhaling in de lucht, regeling van de hydrostatische balans, het produceren van geluiden. Zoals de Zweedse fysioloog Per Scholander tijdens een poolexpeditie in de jaren vijftig opmerkte, is de vorm geen functioneel lot, maar een open bron van mogelijkheden.

Nog leerzamer is het geval van het hart. In schoolboeken is het een pomp; bij zeezoogdieren, zoals de Weddellzeehonden die sinds de jaren zeventig op Antarctica worden bestudeerd, wordt het ook een verfijnde metabolische modulator, die in staat is de hartslag tijdens diepe duiken drastisch te vertragen zonder zijn fundamentele structuur te veranderen. De vorm van het hart blijft herkenbaar, bijna conservatief; de functie past zich daarentegen aan extreme fysiologische omstandigheden aan.

Deze voorbeelden laten zien dat de stabiliteit van de vorm niet samenvalt met functionele starheid. Integendeel, juist die stabiliteit maakt plasticiteit mogelijk. Een samenhangende vorm fungeert als een veld van mogelijkheden: ze schrijft niet één enkel gebruik voor, maar maakt er vele mogelijk. De Franse bioloog Alain Prochiantz merkte tijdens een conferentie in Parijs in de vroege jaren 2000 op dat de hersenen „niet plastisch zijn omdat ze onbepaald zijn, maar omdat ze diepgaand gestructureerd zijn".

Hier komt natuurlijke selectie in een ander licht te staan. Ze selecteert geen geïsoleerde functies, maar vormen die functionele variaties kunnen verdragen zonder in te storten. Het overleven beloont niet het meest gespecialiseerde orgaan, maar het meest hergebruikbare. Het is een logica die dichter bij taal staat dan bij de machine: een stabiele grammatica maakt steeds nieuwe zinnen mogelijk.

Een anekdote, verteld door een Italiaanse fysioloog, gaat over een laboratorium in Napels in de jaren negentig, waar men de van in grotten levende dieren bestudeerde. Sommige vissen, zonder functionerende ogen, behielden niettemin hun oogkassen. Die dienden niet langer om te zien, maar om alternatieve zintuiglijke circuits te organiseren. De vorm bleef bestaan als herinnering aan mogelijkheden, niet als nutteloos overblijfsel.

De functionele plasticiteit van stabiele vormen suggereert, als het ware in de achtergrond, een krachtig idee: het leven lost problemen niet voor eens en voor altijd op, maar bouwt structuren die open blijven voor interpretatie. De functie is een voorlopig antwoord; de vorm, een blijvende context. En juist deze asymmetrie maakt organismen veerkrachtig, creatief en historisch.

Want de natuur lijkt ons mooi nog voordat ze nuttig is.

Er is een moment, wanneer we voor een levend organisme staan, waarop de geest verstilt en alleen de blik overblijft. Dat gebeurt bij het observeren van de spiraal van een schelp, de verontrustende symmetrie van een kwal, of het scherpe profiel van een ginkgoblad, dat al meer dan tweehonderd miljoen jaar vrijwel onveranderd is gebleven. Op dat moment zijn we niet bezig met interpreteren, noch met het ontcijferen van symbolen:

we herkennen een vorm. En juist deze onmiddellijke herkenning zet het idee dat de vorm slechts een functioneel bijproduct van natuurlijke selectie is, op losse schroeven.

De evolutiebiologie legt goed uit waarom een structuur functioneert, maar zegt minder over waarom een vorm noodzakelijk, vanzelfsprekend, bijna onvermijdelijk lijkt. De Zwitserse natuuronderzoeker Adolf Portmann merkte in de jaren vijftig, na langdurige veldwaarnemingen langs de Adriatische kust, op dat veel dieren zichtbare kenmerken vertonen die niet lijken te herleidbaar te zijn tot overleving of voortplanting. Zijn vraag bleef toen, net als nu, onbeantwoord: aan wie tonen de levensvormen zich?

Deze vraag ligt niet ver af van die welke kunstenaars zich stellen. Paul Cézanne, die tussen 1882 en 1906 obsessief aan de berg Sainte-Victoire werkte, zei dat hij ‘de structuur zichtbaar wilde maken’. Niet de betekenis, niet de emotie, maar de vorm als innerlijke spanning, als orde die zich manifesteert. Cézanne schilderde geen symbolen van de natuur: hij zocht naar haar formele samenhang, iets dat aan elke interpretatie voorafgaat. Het is verrassend hoezeer dit onderzoek aansluit bij het biologische idee van vorm als autonoom organiserend principe.

Ook de filosofie van de vorm vermijdt, wanneer ze het meest sober is, het symbolisme. Maurice Merleau-Ponty benadrukte in zijn colleges aan het Collège de France dat waarneming geen interpretatie van de wereld is, maar een deelname aan haar structuur. We zien vormen omdat we zelf levende vormen zijn. De stabiliteit van een biologische morfologie treft ons niet omdat ze iets ‘betekent’, maar omdat ze resoneert met onze eigen manier van georganiseerd zijn.

De vorm is in die zin geen boodschap die ontcijferd moet worden, maar een waarnemingsgebeurtenis. Ze verwijst niet naar iets anders: ze is er gewoon. En misschien is dat wel de reden waarom biologische vormen architecten, ontwerpers en beeldhouwers altijd al hebben aangetrokken. Toen Frei Otto in de jaren zeventig in Stuttgart lichte constructies bestudeerde, keek hij naar zeepbellen en cellulaire netwerken, niet om ze symbolisch na te bootsen, maar om te begrijpen hoe materie, aan zichzelf overgelaten, stabiele configuraties vindt. De levende vorm wordt zo een les in samenhang, geen repertorium van metaforen.

Vanuit dit perspectief krijgt de voorrang van de vorm boven de functie ook een cognitieve waarde. We herkennen het leven omdat we de vormen ervan herkennen, nog voordat we weten wat ze doen. Een embryo, een cel, een onbekend organisme: we identificeren ze als levend vanwege de manier waarop ze de ruimte innemen, vanwege hun waarneembare interne organisatie. Esthetiek is hier geen culturele luxe, maar een primaire manier om toegang te krijgen tot de werkelijkheid.

De natuurlijke selectie lijkt dan ook inderdaad op 'de blinde en het orkest': ze kan verfijnen, elimineren, aanpassen, maar verklaart niet waarom bepaalde vormen weerklank vinden, blijven bestaan en zich door verschillende tijdperken en culturen heen aan de menselijke blik opdringen. De vorm is geen versiering van het leven; het is de manier waarop het zich aan de wereld openbaart.

Vitrines van de vorm: toen musea de biologie leerden kijken.

Een bezoek aan een grote 19e-eeuwse natuurhistorische collectie was niet alleen een wetenschappelijke ervaring. Het was, nog eerder, een oefening in het kijken. De zalen van *het „Muséum national d'Histoire* naturelle" in Parijs, die na de Revolutie opnieuw waren ingericht, of die van *het „Kaiserlich-Königliches Naturhistorisches* Hofmuseum" in Wenen, dat in 1889 werd geopend, beperkten zich niet tot het bewaren van exemplaren: ze brachten de vorm ten tonele. Rijen skeletten, reeksen schelpen, opgezette vogels in bijna theatrale poses vormden een soort grote visuele partituur. En juist hier begon het darwinisme, hoewel triomfantelijk als aanpassingstheorie, een schaduwzijde te vertonen: de vorm, stabiel, herkenbaar, bijna hardnekkig, leek voorrang te hebben op de functie.

De natuuronderzoekers van die tijd wisten dit maar al te goed, ook al spraken ze er vaak niet openlijk over. Georges Cuvier, die in Parijs een van de meest invloedrijke vergelijkende collecties van Europa opbouwde, was ervan overtuigd dat elk organisme een samenhangend geheel was, geregeld door een ‘correlatie van de delen’. Er is een beroemde anekdote – door meerdere leerlingen overgeleverd – waarin wordt verteld dat Cuvier, bij het bestuderen van één enkel bot, beweerde in staat te zijn het hele dier te reconstrueren. Afgezien van de overdrijving was de kern duidelijk: de vorm was geen neveneffect van aanpassing, maar een organiserend principe. Darwin, die Cuvier overigens bewonderde, slaagde er nooit helemaal in om deze intuïtie te integreren in het mechanisme van de natuurlijke selectie.

De negentiende-eeuwse collecties fungeerden als enorme cognitieve instrumenten. Ordenen, naast elkaar plaatsen en vergelijken betekende het oog trainen om patronen, herhalingen, ‘ ’ en variaties op hetzelfde thema te herkennen. In Wenen, in de zalen gewijd aan de gewervelde dieren, toonden de reeksen schedels een formele continuïteit die verschillende soorten overspande. Voor een oplettende bezoeker was het niet moeilijk om te zien dat variatie niet samenvalt met organisatie. Men kan veel veranderen zonder een vorm te verliezen; en men kan een vorm verliezen zonder veel te veranderen. Het is een subtiel, maar doorslaggevend onderscheid.

Charles Darwin bezocht tijdens zijn reizen door Europa herhaaldelijk musea en collecties, en uit zijn brieven – bijvoorbeeld aan Joseph Dalton Hooker in de jaren zestig van de negentiende eeuw – blijkt een zekere ongemakkelijkheid tegenover de ‘tirannie van de vormen’. Natuurlijke selectie verklaarde waarom een structuur voordelig was, maar niet waarom juist die structuur naar voren kwam en niet een andere. De vitrines, zwijgend maar indringend, leken te suggereren dat het leven diepere partituren volgde, zoals een orkest dat speelt zonder de dirigent te zien.

In die zin waren de collecties niet alleen scholen van de wetenschap, maar ook van de esthetiek. Ernst Haeckel, een Duitse zoöloog en onvermoeibare museumbezoeker, zette die visuele ervaring om in kunst met zijn „*Kunstformen der* Natur" (1899–1904). De platen gewijd aan radiolariën of kwallen waren geen simpele illustraties: het waren filosofische verklaringen. Vorm had voor Haeckel een ontologische waardigheid. Het was geen epifenomeen, maar de zichtbare uitdrukking van een innerlijke orde. Dat Haeckel de gegevens vervolgens vaak verdraaide om ze aan zijn theorieën aan te passen, is een andere kwestie; het blijft een feit dat zijn blik was gevormd in de zalen van de musea.

In Parijs verdedigde Étienne Geoffroy Saint-Hilaire — de historische rivaal van Cuvier — het idee van een 'organisatieplan' dat alle dieren gemeen hebben. In het beroemde debat van 1830 *aan de Académie des Sciences* ging het niet alleen om de evolutie, maar ook om de vorm: bestaat er een structuur die voorafgaat aan de functies? De collecties, met hun geordende reeksen, leken Geoffroy minstens evenveel gelijk te geven als Cuvier. Al wandelend langs de vitrines zag de bezoeker geen geïsoleerde aanpassingen, maar families van vormen, variaties op een morfologisch thema dat de tand des tijds en de omgeving doorstond.

Het is geen toeval dat veel negentiende-eeuwse biologen ook uitstekende tekenaars waren. Vóór de komst van de wetenschappelijke fotografie werkten de hand en het oog samen. In Wenen gaf Carl Gegenbaur les in vergelijkende anatomie door studenten obsessief dezelfde structuren bij verschillende soorten te laten tekenen. De oefening diende niet alleen om uit het hoofd te leren, maar ook om de vorm te 'voelen'. Een van zijn studenten beschrijft in een dagboek, dat nu in het archief wordt bewaard, de aanvankelijke frustratie en vervolgens de verrassing: *'Op een gegeven moment'*, zo schrijft hij, *'zag ik geen botten meer, maar relaties'*.

Deze training van de blik had theoretische gevolgen. Als de vorm voorrang heeft, dan wordt de functie een lokale modulatie, niet het generatieve principe. Natuurlijke selectie werkt weliswaar, maar als een filter, niet als een architect. De negentiende-eeuwse collecties suggereerden dit idee zonder er ruchtbaarheid aan te geven. Ze toonden aan dat het leven niet verloopt via willekeurige toevoegingen, maar via de stabilisatie van configuraties. In hedendaagse termen zouden we kunnen zeggen: informatieve structuren die coherent blijven in de stroom van verandering.

Vandaag de dag, nu we gewend zijn te denken in termen van genen, blijven de negentiende-eeuwse collecties tot ons spreken. Niet als relikwieën van achterhaalde kennis, maar als archieven van een nog steeds open vraag: waar komt de vorm vandaan? Het darwinisme geeft antwoord op het waarom van de aanpassing; de vitrines van de musea herinneren ons er stilzwijgend aan dat de vorm een op zichzelf staand vraagstuk is, een gebeurtenis die in de eerste plaats een kwestie van orde is en pas in de tweede plaats van nut.

De wetenschappelijke fotografie en de herontdekking van de levende vorm.

Er was een moment in de twintigste eeuw waarop de biologie ophield met tekenen en begon te fotograferen. Dit was niet louter een verandering van techniek, maar een ware verschuiving in de manier van kijken. De wetenschappelijke fotografie – van de optische microscopie en de elektronisc t de geavanceerde celbeeldvorming – heeft de manier waarop we de levende vorm waarnemen radicaal veranderd. Zonder gebruik te maken van symbolen, metaforen of van buitenaf opgelegde interpretatieve schema's, begonnen de beelden het leven te tonen terwijl het zich voltrekt, en onthulden ze structuren die zich noch tot de functie, noch tot het gen laten herleiden.

Aan het begin van de eeuw hadden de eerste celmicrofoto's in de laboratoria van Berlijn en Jena een bijna verontrustend effect. De cellen leken geen vormeloze zakken vol chemische reacties, maar georganiseerde ruimtes, doorkruist door spanningen, grenzen en symmetrieën. Walther Flemming, die al aan het einde van de negentiende eeuw de mitose had beschreven, realiseerde zich – bij het bestuderen van steeds scherpere preparaten – dat de celdeling geen willekeurige gebeurtenis was die door afzonderlijke moleculen werd gestuurd, maar een zorgvuldig georkestreerde reeks vormveranderingen. De fotografie maakte duidelijk wat de theorie nog steeds moeilijk onder woorden kon brengen: variatie is geen organisatie.

Met de opkomst van de elektronenmicroscopie in de jaren dertig en veertig, vooral in de laboratoria van Toronto en Cambridge, verloor de cel definitief het uiterlijk van een 'zwarte doos'. De beelden van mitochondriën, endoplasmatisch reticulum en gelaagde membranen toonden aan dat de functie voortkomt uit een precieze en stabiele ruimtelijke ordening. Albert Claude, die in 1974 de Nobelprijs ontving, vertelde in een interview dat hij een soort duizeligheid had gevoeld toen hij voor het eerst het binnenste van een cel onder de elektronenmicroscoop zag: *„Ik was niet op zoek naar* machines", zei hij, *„maar naar architectuur.*" Een eenvoudige, maar veelzeggende zin.

Hier stuit het darwinisme, in strikt adaptieve zin opgevat, op een conceptuele grens. Natuurlijke selectie kan verklaren waarom een structuur behouden blijft, maar de wetenschappelijke opname toont aan hoe coherent die structuur al is vóór elk meetbaar functioneel voordeel. De beelden 'bewijzen' geen theorie, maar scheren de waarneming: de vorm verschijnt als een primair gegeven, niet als een bijproduct. De blinde – om de metafoor uit het hoofdstuk ' ' te hernemen – kan nog steeds over selectie spreken; maar het orkest, dat eindelijk zichtbaar is, onthult een partituur.

In de jaren vijftig en zestig maakte de time-lapsefotografie, geïntroduceerd door Jean Comandon in Frankrijk en vervolgens geperfectioneerd in Amerikaanse laboratoria, het mogelijk om levende cellen in de loop van de tijd te observeren. Niet langer stilstaande momentopnames, maar continue processen: celmigraties, zelforganisatie van weefsels, embryonale ontwikkelingscycli. Bij het bekijken van deze filmpjes realiseerden veel biologen zich dat verandering de vorm niet vernietigt, maar juist in stand houdt door middel van gecontroleerde transformaties. De structuur is niet rigide, maar persistent. Een concept dat moeilijk te vatten is in genetische termen, maar onmiddellijk duidelijk is voor het oog.

In de jaren tachtig en negentig, met *de komst van* fluorescentie en *'confocale* beeldvorming', was de vorm niet langer alleen zichtbaar, maar werd ze leesbaar als ruimtelijke informatie. De gemerkte eiwitten leken niet willekeurig verdeeld, maar volgden terugkerende patronen, concentratievelden en stabiele gradiënten.

Deze beelden hadden ook een bredere culturele impact. Kunstenaars als Hiroshi Sugimoto of, op wetenschappelijk gebied, Lennart Nilsson — bekend om zijn embryofoto's die in 1965 in Life werden gepubliceerd — lieten het grote publiek zien dat het leven geen opeenvolging van losse stukjes is, maar een continuüm van vormen die zich in de loop van de tijd stabiliseren. Nilsson, hoewel hij in een populairwetenschappelijke context werkte, benadrukte dat zijn beelden geen 'interpretaties' waren, maar technische onthullingen. De vorm sprak voor zich.

De wetenschappelijke fotografie van de twintigste eeuw heeft dus niet simpelweg details aan het biologische beeld toegevoegd: ze heeft het gen-centrisme in een crisis gestort door aan te tonen dat DNA, hoewel fundamenteel, niet volstaat om de zichtbare orde van het leven te verklaren. De beelden suggereren dat biologische informatie niet alleen is vastgelegd, maar verspreid is in ruimte en tijd. De vorm, verre van een versiering te zijn, lijkt de ware plek te zijn waar de informatie zich stabiliseert.

In die zin heeft de fotografie de biologie iets teruggegeven dat zij dreigde te verliezen: het directe contact met het f e fenomeen. Zonder symbolen, zonder allegorieën, zonder voorbarige vereenvoudigingen. Alleen licht, materie en organisatie. En misschien is dit juist het uitgangspunt voor een bredere reflectie op het leven als veld: niet als een som van elementen, maar als een samenhangende gebeurtenis die zich laat zien nog voordat ze kan worden verklaard.

De natuurlijke esthetiek als alfabetisering van het leven.

Er is een moment in de studie van het leven waarop de verklaring te vroeg komt. Nog voordat we ons afvragen waar een vorm voor dient, zouden we moeten leren haar te zien. Het is een stap die in de moderne wetenschappelijke opleiding vaak over het hoofd wordt gezien, maar die doorslaggevend is voor het begrijpen van wat natuurlijke selectie op zichzelf niet kan verklaren: het ontstaan, de samenhang en de stabiliteit van biologische vormen. De natuurlijke esthetiek is in die zin geen cultureel versiering, maar een echte vorming van de waarneming.

In zijn „*Reis naar* Italië“ vertelt Goethe hoe de directe studie van mediterrane planten, in Palermo in 1787, hem meer over de levende vorm had geleerd dan hij uit boeken had opgestoken. Hij zocht niet naar functies of adaptieve voordelen, maar naar relaties: variaties in één en dezelfde structuur, herkenbare metamorfosen, een orde die zich manifesteert door middel van verschillen. Zijn ‘Morfologie’ komt juist voort uit deze discipline van de blik, uit een geduldige aandacht voor de vorm als primair fenomeen.

Dit soort visuele vorming is niet vanzelfsprekend. Alexander von Humboldt merkte in zijn Zuid-Amerikaanse aantekeningen tussen 1799 en 1804 op dat de onervaren natuuronderzoeker slechts 'een wirwar van groen' ziet, terwijl degene die zijn oog heeft getraind ritmes, symmetrieën en herhalingen onderscheidt. Het is nog geen experimentele wetenschap, maar het is ook geen subjectieve indruk: het is het leren kennen van de vorm als objectieve, deelbare en herkenbare werkelijkheid.

Hier komt het darwinistische probleem van de vorm om de hoek kijken. Natuurlijke selectie verklaart waarom een structuur behouden blijft of wordt afgestoten, maar leert ons niet hoe we die moeten herkennen. Zonder een geschoolde waarneming van levende configuraties dreigt de biologie te vervallen tot een opsomming van functies en voordelen, waarbij uit het oog wordt verloren wat er precies wordt geselecteerd: een reeds georganiseerde vorm. Het is alsof je het succes van een gebouw wilt verklaren door alleen over de materialen te praten, zonder ooit rekening te houden met de architectuur.

In de negentiende eeuw, voordat de biologie overwegend experimenteel werd, maakte esthetische observatie integraal deel uit van de methode. John Ruskin, die we tegenwoordig vooral kennen als kunstcriticus, gaf in de jaren zeventig van de negentiende eeuw cursussen botanisch tekenen in Oxford. Niet om kunstenaars op te leiden, maar om te leren kijken. Hij stelde dat het tekenen van een blad je dwong om de structuur ervan te begrijpen, niet het nut ervan. Een idee dat in diezelfde jaren werd gedeeld door enkele vergelijkende anatomen, die het tekenen zagen als een middel tot kennis, niet tot verfraaiing.

Deze op de vorm gerichte blik ontbreekt wanneer het leven wordt gereduceerd tot genetische informatie of een adaptieve functie. De vorm is geen bijproduct, maar een organiserend principe dat erkend moet worden voordat het kan worden verklaard. De veldbiologie benadrukt dit punt: het organisme is een gestabiliseerde informatieve structuur, en die stabiliteit manifesteert zich in de eerste plaats als een waarneembare configuratie.

Een anekdote, verteld door een oude hoogleraar zoölogie aan de Universiteit van Padua, illustreert dit goed. Tijdens een tentamen liet hij de studenten een reeks mariene organismen zien zonder naar namen of functies te vragen. De vraag was altijd dezelfde: 'Wat zien jullie dat steeds terugkomt?'. Wie antwoordde met verwijzingen naar symmetrieën, verhoudingen of formele continuïteit, slaagde voor het tentamen. Wie alleen over aanpassingen sprak, niet. „*Eerst de vorm, dan de* uitleg", zei hij.

Vanuit dit perspectief is natuurlijke esthetiek geen humanistische luxe, maar een cognitieve vaardigheid. Het is het vermogen om de orde te zien vóór de betekenis, de structuur vóór de functie. Net zoals bij het leren van een taal: eerst herken je de klanken en het ritme, pas daarna begrijp je de betekenis van de woorden. Het leven, als taal van de natuur, vraagt om dezelfde soort aandacht.

De stabiliteit van het levende: waarom de vorm een diepgaandere theorie vereist.

Er is een punt in de biologische redenering waarop de vorm ophoudt een beschrijvend probleem te zijn en een theoretische vraag wordt. Zolang we ons beperken tot de constatering dat een structuur 'functioneert', blijven we op het geruststellende terrein van de aanpassing. Maar wanneer we ons afvragen waarom die structuur standhoudt, waarom ze in de loop van de tijd blijft bestaan ondanks de voortdurende moleculaire vernieuwing, dan laat het darwinisme zijn subtielste beperking zien. Niet omdat het onjuist is, maar omdat het niet volstaat.

De prioriteit van de vorm, die centraal staat in dit hoofdstuk, baant vanzelf de weg naar de volgende hoofdstukken. Als de vorm niet herleidbaar is tot het gen noch tot de functie, dan moet er een principe bestaan dat haar in stand houdt, herkenbaar maakt en beschermt tegen het oplossen in de stroom van variaties. Dat principe, dat in de volgende hoofdstukken de naam 'coherentie' zal krijgen, verschijnt hier nog als een noodzakelijke intuïtie.

Een klassiek voorbeeld, dat in de embryologiecursussen van het begin van de twintigste eeuw vaak werd aangehaald, is dat van de experimenten van Hans Spemann in Freiburg, die in 1924 culmineerden in de ontdekking van de 'organisator'. Door een klein embryonaal gebied in een ander salamanderembryo te transplanteren, zag Spemann de vorming van een complete lichaamsas. Niet zomaar een verzameling cellen, maar een samenhangend organisme. De vorm kwam naar voren als een geordend geheel, dat in staat was zichzelf te reorganiseren. Natuurlijke selectie kan verklaren waarom een dergelijk georganiseerd organisme succesvol is; het verklaart niet waarom de organisatie ontstaat en zich met zo'n robuustheid handhaaft.

Hier wordt het probleem van de vorm een conceptuele brug. De stabiliteit van biologische structuren is niet statisch, maar dynamisch. Cellen veranderen, moleculen worden vernieuwd, en toch blijft het organisme zichzelf. De vorm is dus geen bevroren ontwerp, maar een configuratie die standhoudt omdat de onderdelen ervan volgens interne regels bij elkaar blijven. Het is dezelfde intuïtie die de fysioloog Walter Cannon in de jaren dertig aan Harvard ertoe bracht het concept van homeostase te introduceren: niet als onbeweeglijkheid, maar als het vermogen om een globale configuratie in stand te houden. Opnieuw verklaart de functie hoe er op een verstoring wordt gereageerd; de vorm suggereert dat er een hoger integratieniveau bestaat.

De blinde en het orkest komen ook hier van pas. De natuurlijke selectie luistert naar het eindresultaat – het overleven – maar 'ziet' de partituur niet die de muzikanten bij elkaar houdt. Het erkennen van de prioriteit van de vorm betekent toegeven dat er, vóór de aanpassing, een samenhang bestaat die elke aanpassing mogelijk maakt. Het is geen mysterieus iets, maar een emergente eigenschap van de levende organisatie.

Zo sluit het hoofdstuk over de vorm niet in zichzelf. Integendeel, het bereidt de weg. Als het leven in verandering een verrassende trouw aan zichzelf vertoont, dan moeten we onze blik verleggen: van lokale oorzaken naar globale eigenschappen, van geïsoleerde mechanismen naar de relaties die deze coördineren. Het is deze overgang die op natuurlijke wijze leidt tot het idee van samenhang als fundamentele eigenschap van het levende, het centrale thema van het volgende deel van het boek. De vorm is uiteindelijk de eerste zichtbare aanwijzing van een onzichtbare maar werkzame samenhang. Het begrijpen ervan betekent nog niet dat we het volledig kunnen verklaren, maar wel dat we erkennen dat het leven niet alleen bestaat uit wat reageert, maar ook uit wat bij elkaar blijft.

DEEL TWEE. De onzichtbare rode draad van het levende.

Uit het gedachtegoed van Erwin Schrödinger.
Het leven wordt niet gedefinieerd door waaruit het bestaat, maar door het vermogen om in de loop van de tijd een onwaarschijnlijke orde in stand te houden.

Naar het gedachtegoed van Ludwig von Bertalanffy.
Een organisme is niet de som van zijn delen, maar een systeem waarvan de eigenschappen voortkomen uit het geheel van relaties.

Naar het gedachtegoed van Ilya Prigogine.
De levende orde is niet statisch: ze bestaat alleen als een proces dat zich voortdurend vernieuwt, ver van het evenwicht.

Naar de gedachte van Francisco Varela.
Het leven begrijpen betekent begrijpen hoe een systeem zijn eigen eenheid tot stand brengt en in stand houdt.

Nadat het klassieke biologische paradigma ter discussie is gesteld, zet dit tweede deel van het boek een beslissende stap: het verlegt de fundamentele vraag van samenstelling naar behoud. Terwijl in het eerste deel duidelijk naar voren kwam dat het leven niet kan worden verklaard als een eenvoudige keten van reacties, noch als het blinde resultaat van selectie, wordt het probleem hier radicaler en tegelijkertijd concreter: wat stelt een organisme in staat om zichzelf te blijven te midden van voortdurende verandering?

Het voorgestelde antwoord is geen nieuw mechanisme, noch een extra kracht die naast de reeds bekende krachten moet worden geplaatst. Het is een verandering van perspectief. Coherentie wordt geïntroduceerd als de fundamentele eigenschap van het levende: geen technisch detail ontleend aan de natuurkunde, maar het principe dat de dynamische eenheid van organismen mogelijk maakt. Leven betekent in dit perspectief het behouden van een herkenbare globale vorm terwijl alles, op het niveau van de delen, stroomt en verandert.

Het derde hoofdstuk verduidelijkt de strikte betekenis van deze bewering. Coherentie is geen suggestieve metafoor, noch een vaag begrip: het duidt op een precieze fysische toestand, die al bekend is in andere wetenschappelijke domeinen, maar die in de biologie een doorslaggevende betekenis krijgt. Het leven verschijnt zo als een actief proces van weerstand tegen fragmentatie, een voortdurende afweging tegen de natuurlijke neiging tot versnippering. Er is niets mysterieus aan deze ontwikkeling: er is veeleer sprake van een organisatieniveau dat passende conceptuele instrumenten vereist om beschreven te kunnen worden.

Het vierde hoofdstuk breidt deze intuïtie uit naar de diepste gevolgen ervan. Als coherentie een globale eigenschap is, dan kan het organisme niet worden opgevat als een machine die stuk voor stuk in elkaar is gezet. Biologische causaliteit is noch lineair, noch gelokaliseerd: de delen 'beslissen' niet op eigen houtje, maar gedragen zich in functie van de algehele toestand van het systeem. Het geheel is, met andere woorden, niet het eindresultaat van de werking van de delen; het is er de voorwaarde voor.

Dit deel van het boek neemt dan ook een centrale plaats in binnen de algehele logische opbouw. Het vult de leemte op die is achtergelaten door de kritische ‘ ’ op het reductionisme en bereidt de weg voor de introductie van de biologische velden, die in het volgende deel aan de orde zullen komen. Zonder het concept van coherentie zou het idee van een veld abstract blijven; zonder het primaat van het organisme zou informatie ontdaan blijven van elke concrete vorm.

Hier begint de biologie een andere taal te spreken: niet langer die van de opeenstapeling van lokale oorzaken, maar die van de relaties die het levende bijeenhouden. Het is een theoretische, maar ook een culturele overgang. Want coherentie erkennen als de ware naam van het leven betekent accepteren dat eenheid geen illusie is die ontmanteld moet worden, maar een reëel fenomeen dat begrepen moet worden.

III. Coherentie: de ware naam van het leven.

Er is een, vaak over het hoofd gezien, punt waarop de biologie ophoudt een catalogus van moleculen te zijn en een reflectie wordt op de vorm, de betekenis en het voortbestaan van het levende in de tijd. Hier komt coherentie in het spel. Niet als een suggestief woord of een poëtische metafoor, maar als een operationeel, meetbaar principe dat de fysica kan doorkruisen en in de biologie kan terechtkomen zonder aan nauwkeurigheid in te boeten.

Dit hoofdstuk komt voort uit een eenvoudige en tegelijkertijd ontwrichtende constatering: het leven kan niet worden verklaard als een simpele som van lokale processen, want wat het leven kenmerkt, is het vermogen om een dynamische eenheid te behouden onder omstandigheden die bij elk inert systeem al snel tot uiteenvallen zouden leiden. Leven betekent samen zijn, op elkaar afgestemd blijven, 'één blijven' terwijl alles in de richting van versnippering duwt.

In de natuurkunde duidt coherentie op een zeer specifieke toestand: de stabiele correlatie tussen de delen van een systeem, waardoor het gedrag van het geheel niet kan worden herleid tot het ge e gedrag van de afzonderlijke, geïsoleerde componenten. Het is geen vaag idee. Het vormt de kern van uiterst solide experimentele verschijnselen, van kwantumoverlapping tot fasecoherentie, en vertegenwoordigt een van de meest diepgaande conceptuele verworvenheden van de twintigste-eeuwse wetenschap. Wanneer dit concept in de biologie wordt geïntroduceerd, gebeurt dat niet als een exotische gast, maar als een verrassend geschikte interpretatiesleutel.

De stelling die door het hoofdstuk loopt, is duidelijk: het leven is een proces van actieve handhaving van coherentie. Een organisme leeft zolang het erin slaagt een functionele correlatie te behouden tussen zijn delen, tussen zijn niveaus, tussen wat er lokaal gebeurt en de globale orde die daaruit voortkomt. In die zin is leven het weerstaan van decoherentie, dat wil zeggen het verlies van verbinding, de fragmentatie van informatie, het verbreken van de dynamische eenheid.

Dit idee voegt geen extra mysterie toe aan de wetenschap. Integendeel, het maakt verschijnselen begrijpelijk die het reductionisme moeilijk kan verklaren: de stabiliteit van biologische vormen, de snelheid van geïntegreerde reacties, de verrassende robuustheid van organismen bij voortdurende verstoringen. Coherentie is geen verborgen entiteit, maar een reële, emergente eigenschap, waarneembaar in haar effecten en beschrijfbaar met beproefde theoretische instrumenten.

Het is geen toeval dat enkele van de grootste denkers in de wetenschap, met verschillende woorden, naar dezezelfde richting hebben gewezen. Erwin Schrödinger schreef in zijn beroemde essay *„What Is Life?“* dat *„het levende organisme zich voedt met* orde“, waarmee hij vooruitliep op het idee dat het leven zich niet beperkt tot het verspillen van energie, maar deze gebruikt om in de loop van de tijd een coherente structuur in stand te houden. Jaren later zou Ilya Prigogine verduidelijken dat *„het leven alleen mogelijk is ver van* het evenwicht“, waarbij hij juist in deze gehandhaafde – en gereguleerde – afstand de voorwaarde voor dynamische samenhang zag. En David Bohm merkte, in zijn beschouwingen over de relatie tussen fysica en totaliteit, op dat „*in een universum dat gebaseerd is op fragmentatie geen blijvende betekenis kan* ontstaan”, een uitspraak die, vanuit biologisch perspectief gelezen, klinkt als een programmatische verklaring.

Binnen de algemene opzet van het boek vervult dit hoofdstuk een cruciale functie. Het vormt de conceptuele brug tussen de crisis van het klassieke biologische paradigma, die in het eerste deel wordt geanalyseerd, en de introductie van biologische velden als gestabiliseerde informatieve structuren, die in de volgende hoofdstukken verder zal worden uitgewerkt. Zonder een duidelijk begrip van coherentie zou het concept van het veld een suggestie blijven; met dat begrip wordt het een theoretische noodzaak.

Hier wordt verduidelijkt dat spreken over coherentie niet betekent dat de biochemie of de genetica worden ontkend, maar dat ze in een breder kader worden geplaatst, waarin moleculen ertoe doen omdat ze gecoördineerd zijn, en niet simpelweg aanwezig zijn. Coherentie is wat ervoor zorgt dat het geheel voorafgaat aan de delen, niet in chronologische zin, maar in logische en functionele zin. Eerst is er de dynamische eenheid van het organisme, daarna het detail van zijn mechanismen.

In die zin bereidt het hoofdstuk de lezer voor op een verandering van perspectief: van het leven als machine naar het leven als een geïntegreerd proces van fysieke betekenis. Het gaat er niet om de wetenschap de rug toe te keren, maar om haar te volgen tot aan haar meest radicale consequenties.

De levende tijd: hoe coherentie de interne klok van organismen creëert.

Een van de meest fascinerende aspecten van biologische coherentie komt naar voren wanneer men deze vanuit het perspectief van de tijd bekijkt. Het leven bevindt zich namelijk niet louter in de fysieke tijd die door klokken wordt gemeten, maar produceert een eigen interne temporaliteit, die kwalitatief verschilt van de uniforme opeenvolging van momenten die levenloze systemen beheerst. Een coherent organisme 'ondergaat' de tijd niet: het structureert deze, moduleert deze en maakt deze functioneel voor zijn eigen organisatie.

In de klassieke natuurkunde is tijd een externe variabele, die voor alle processen identiek is. In de biologie daarentegen wordt tijd een emergente eigenschap van het levende systeem. Elk organisme handhaaft een veelheid aan gecoördineerde ritmes – metabolische, cellulaire, fysiologische – die niet noodzakelijkerwijs samenvallen met de omgevings tijd, maar onderling coherent moeten blijven om de stabiliteit van het geheel te waarborgen. Wanneer deze temporele coherentie wordt verbroken, 'veroudert' het organisme niet simpelweg: het verliest zijn integratie.

Het is geen toeval dat Jakob von Uexküll al in de eerste decennia van de twintigste eeuw sprak over de eigen tijd van organismen, waarbij hij opmerkte hoe elke levensvorm een specifieke relatie opbouwt met duur, wachten en gelijktijdigheid. Later zou de theoretisch bioloog Francisco Varela verduidelijken dat *'biologische tijd geen kader is, maar een resultaat van de levende* organisatie', een formulering die perfect aansluit bij het discours over samenhang. Een levend systeem bestaat zolang het erin slaagt zijn interne processen gesynchroniseerd te houden, waardoor een operationele continuïteit ontstaat die niet samenvalt met louter materieel voortbestaan.

Een sprekend voorbeeld komt uit de chronobiologie: circadiane ritmes zijn geen louter passieve reacties op zonlicht, maar endogene schommelingen die ook bij afwezigheid van externe prikkels in stand worden gehouden. Dit betekent dat het organisme een interne tijd bezit die moet blijven aansluiten bij, maar niet identiek hoeft te zijn aan, de tijd van de omgeving. Coherentie manifesteert zich hier als het vermogen om het biologische verleden (de herinnering aan eerdere omstandigheden), het operationele heden en de anticipatie op de onmiddellijke toekomst bij elkaar te houden. Leven is vanuit dit perspectief een voortdurende daad van synchronisatie.

Henri Bergson had, hoewel hij zich op filosofisch terrein begaf, dit verschil met grote helderheid begrepen toen hij de ruimtelijk georiënteerde tijd van de wetenschap onderscheidde van *de* beleefde *'durée'*. Vandaag de dag vindt die intuïtie wetenschappelijke weerklank: de biologische duur is niet alleen meetbaar in kwantitatieve eenheden, omdat deze kwalitatief wordt gestructureerd door de samenhang van het systeem. Een gezond organisme is niet het organisme dat 'het langst standhoudt', maar het organisme dat een interne continuïteit van betekenis tussen zijn processen handhaaft.

Vanuit dit perspectief garandeert de samenhang niet alleen de ruimtelijke orde van het organisme, maar ook zijn tijdsbestendigheid. Het leven vindt plaats zolang het systeem zich kan vernieuwen en tegelijkertijd zichzelf blijft, dat wil zeggen zolang de stroom van verandering de draad die zijn transformaties met elkaar verbindt niet verbreekt. Biologische tijd is geen rechte lijn: het is een weefsel van verweven ritmes, die voortdurend opnieuw worden opgebouwd.

De onvolmaakte orde: waarom het leven ruis nodig heeft.

Er bestaat een hardnekkig misverstand wanneer we het hebben over biologische coherentie: het idee dat dit samenvalt met een rigide, stille orde, vrij van verstoringen. Niets ligt verder af van de werkelijkheid van het levende. Organismen elimineren ruis niet, ze leven erin. Het leven is geen perfect kristal, maar een systeem dat coherent blijft terwijl het wordt doorkruist door voortdurende fluctuaties, microscopische onzekerheden en spontane variaties. Juist dit vermogen om wanorde binnen functionele grenzen te integreren, onderscheidt vitale coherentie van elke mechanische orde.

In de natuurkunde en de techniek wordt ruis traditioneel als een probleem beschouwd: iets dat moet worden gefilterd, gedempt of onderdrukt. In de biologie daarentegen is ruis onvermijdelijk en in veel gevallen noodzakelijk. Op moleculair niveau is genexpressie inherent ruisachtig: dezelfde cellen, met hetzelfde genetisch materiaal en in dezelfde omgeving, produceren verschillende hoeveelheden eiwitten. Decennialang werd dit fenomeen gezien als een tekortkoming van het systeem. Tegenwoordig weten we dat die variabiliteit een troef is: ze maakt flexibiliteit, aanpassing en het verkennen van mogelijke toestanden mogelijk zonder dat de algehele identiteit van het organisme verloren gaat.

Een vaak verteld verhaal in laboratoria voor systeembiologie betreft de experimenten die begin jaren 2000 in Stanford werden uitgevoerd, toen men begon met het in realtime meten van de variabiliteit van genexpressie in afzonderlijke cellen. De onderzoekers waren niet zozeer verrast door het bestaan van ruis, als wel door het feit dat deze nooit ontaardde in chaos. De schommelingen waren reëel, maar bleven binnen precieze grenzen, alsof het systeem wist hoever het mocht schommelen. Coherentie is hier niet de afwezigheid van ruis, maar het beheersen van ruis.

Dit principe vindt een elegante parallel in de theorie van de stochastische resonantie, die in de jaren tachtig door Roberto Benzi en zijn collega's werd ontwikkeld bij het bestuderen van fysische en klimatologische systemen. In bepaalde contexten verstoort een gematigde hoeveelheid ruis het signaal niet: het versterkt het juist. In de biologie gebeurt iets soortgelijks. Door de fluctuaties kan het levende systeem reageren op zwakke prikkels, voorkomen dat het vast komt te zitten in te rigide toestanden en gevoelig blijven zonder aan stabiliteit in te boeten. Levenscoherentie is in die zin een elastische coherentie.

Hermann Haken, een Duitse natuurkundige en grondlegger van de synergetica, zei graag dat „*orde voortkomt uit wanorde, maar niet alle wanorde leidt tot orde*". Organismen lijken juist dit probleem te hebben opgelost: ze selecteren, absorberen en herverdelen de fluctuaties op een manier die de algehele vorm in stand houdt. Ze bestrijden de instabiliteit niet; ze gebruiken die juist als informatieve brandstof. Een organisme dat volledig vrij is van ruis zou niet in staat zijn zich aan te passen, te leren of zich zelfs maar te ontwikkelen.

Een treffend voorbeeld komt uit de embryonale ontwikkeling. Tijdens de eerste fasen vertonen de cellen zeer variabel gedrag, maar het eindresultaat is verrassend robuust: correct gevormde organen, betrouwbare verhoudingen, samenhangende structuren. Zoals de bioloog Lewis Wolpert in zijn studies over morfogenese opmerkte, komt de uiteindelijke precisie voort uit onnauwkeurige lokale processen, gecoördineerd door globale beperkingen. Ook hier geldt dat coherentie fouten niet elimineert, maar ze in goede banen leidt.

Dit vermogen om ruis te integreren onderscheidt levende systemen fundamenteel van machines. Een machine functioneert alleen goed zolang de verstoringen minimaal zijn. Een organisme daarentegen functioneert juist omdat het voortdurend wordt verstoord. Biologische coherentie is niet kwetsbaar; ze is veerkrachtig. Ze komt niet neer op totale controle, maar op een gedistribueerde regulering die onzekerheid tolereert zonder de richting te verliezen.

In dit licht verschijnt het leven als een unieke vorm van dynamische orde: een orde die ademt, schommelt, kleine fouten maakt, maar niet uiteenvalt. Ruis is niet de vijand van coherentie; het is de permanente proefsteen ervan. En zolang het organisme erin slaagt fluctuaties om te zetten in betekenisvolle variaties zonder zijn eenheid te verliezen, gaat het leven door.

Wie bestuurt wie? Het doorslaggevende verschil tussen automatisering en levende organisatie.

Als we het hebben over biologische samenhang, loert altijd het risico om in een mechanistisch misverstand te vervallen. Het idee dat een organisme zichzelf 'regelt' wordt vaak, bijna automatisch, vertaald in de taal van de besturing: sensoren, commando's, reacties. Maar levende regulering is geen besturing van bovenaf, noch een programma dat opdrachten geeft aan passieve onderdelen. Het is een gedistribueerd proces, zonder commandocentrum, waarin samenhang voortkomt uit de voortdurende interactie tussen de onderdelen.

De vergelijking met machines is juist leerzaam vanwege wat er niet klopt. Een thermostaat houdt de temperatuur in een kamer op peil door een afwijking ten opzichte van een vooraf ingestelde waarde te corrigeren. Dat werkt goed, maar alleen onder beperkte en voorspelbare omstandigheden. Een organisme daarentegen heeft geen vast instelpunt: het herdefinieert voortdurend wat als evenwicht geldt, op basis van zijn eigen geschiedenis, interne toestand en context. Zoals Walter Bradford Cannon, die in de jaren dertig aan Harvard het concept van homeostase introduceerde, opmerkte, is biologische stabiliteit geen onbeweeglijkheid, maar 'stabiliteit door verandering'.

Hierin ligt het cruciale verschil: mechanische regeling vermindert de variabiliteit, terwijl levende coherentie deze organiseert. In een automatisch, ge erd systeem is een fout iets dat moet worden geëlimineerd; in een organisme is de afwijking informatie. Het is wat het mogelijk maakt om te leren, te compenseren en de actie bij te sturen. Een hart 'gehoorzaamt' niet aan een centraal commando dat het opdraagt sneller te kloppen: het reageert op een netwerk van chemische, mechanische en zenuwsignalen die geen dirigent hebben, maar wel onderling coherent blijven.

In de jaren vijftig formuleerde de Britse arts en wiskundige W. Ross Ashby de *'wet van de noodzakelijke verscheidenheid'*: alleen een systeem met voldoende interne verscheidenheid kan een complexe omgeving effectief reguleren. Toegepast op de biologie maakt dit idee duidelijk waarom het leven niet kan worden herleid tot een besturingsalgoritme. Een organisme is regulerend omdat het rijk is aan mogelijkheden, niet omdat het strak geprogrammeerd is. Zijn samenhang vloeit niet voort uit het opleggen van regels, maar uit het vermogen om meerdere vrijheidsgraden bijeen te houden.

Een anekdote, verteld door een Italiaanse fysioloog die in de jaren zeventig in Pavia werkte, illustreert dit verschil goed. Tijdens een demonstratie liet hij de studenten een automatisch apparaat zien dat de concentratie van een oplossing constant hield. Vervolgens vergeleek hij het experiment met een celkweek die werd blootgesteld aan onvoorziene veranderingen in de omgeving. Het apparaat faalde zodra de omstandigheden te veel veranderden; de cellen niet. Hij merkte op: *„De machine corrigeert, de cel reorganiseert zich.*" Het is een subtiel, maar doorslaggevend onderscheid.

Ook Norbert Wiener, de vader van de cybernetica, was zich bewust van deze beperking. Hoewel hij fundamentele instrumenten had aangereikt om regulering te begrijpen, waarschuwde hij dat levende systemen niet zonder meer konden worden gelijkgesteld aan automatische machines. Biologische coherentie is geen controle die blokkeert, maar een dynamiek die het systeem openhoudt, in staat om op het onverwachte te reageren zonder zijn identiteit te verliezen.

Het verduidelijken van deze grens is essentieel om de biologie van velden te begrijpen. Als men coherentie verwart met controle, wordt het biologische veld een verborgen software die de materie aanstuurt. Als men daarentegen erkent dat coherentie een emergente eigenschap is van de relatie tussen de delen, dan verschijnt het veld v t wat het is: een gestabiliseerde informatiestructuur, geen besturingsmechanisme. Het leven wordt niet op afstand bestuurd. Het houdt zichzelf bijeen.

Wat betekent 'coherentie' eigenlijk,

In de omgangstaal roept het woord coherentie iets morele of verhalende op: coherent zijn betekent jezelf niet tegenspreken, een lijn aanhouden. Maar in de natuurkunde heeft de term een veel preciezere, technische en verrassend concrete betekenis. Het is geen retorische figuur, noch een taalkundige gril die is geïmporteerd om de biologie een aura van diepgang te geven. Coherentie is een meetbare eigenschap van fysische systemen, met waarneembare effecten en dagelijkse toepassingen, van lasers in ziekenhuizen tot kwantumchips in laboratoria.

Om te begrijpen waar we het over hebben, moeten we een stap terug doen, naar de tijd dat de natuurkunde van de twintigste eeuw het klassieke idee begon te ondermijnen van een wereld die bestaat uit afzonderlijke objecten die alleen lokaal op elkaar inwerken. In 1927, tijdens het vijfde Solvay-congres in Brussel, terwijl Einstein, Bohr en Schrödinger fel discussieerden over de betekenis van de kwantummechanica, kwam een concept naar voren dat een centrale rol zou gaan spelen: deeltjes zijn niet alleen 'dingen', maar ook golven, en golven kunnen coherent of incoherent zijn.

Strikt genomen beschrijft coherentie de mate van fasecorrelatie tussen verschillende delen van een golfsysteem. Twee golven zijn coherent wanneer ze gecoördineerd oscilleren en daarbij een stabiele relatie in de tijd behouden. Als deze relatie verloren gaat, spreken we van decoherentie. Dit is geen onbelangrijk detail: zonder coherentie zou de laser niet bestaan. De laserstraal, die zo anders is dan het licht van een gloeilamp, is licht waarin miljarden fotonen 'in koor' oscilleren. Het is een bijna didactisch voorbeeld van collectieve orde- : geen willekeurige emissies meer, maar gesynchroniseerd gedrag.

Charles Townes, een van de grondleggers van de laser, vertelde dat het idee bij hem opkwam in 1951, toen hij om zes uur 's ochtends op een bankje in Washington zat en zocht naar een manier om atomen te 'dwingen' op gecoördineerde wijze licht uit te zenden. Hij was niet op zoek naar een metafoor: hij streefde een precieze fysische toestand na. Wanneer coherentie ontstaat, doet het systeem iets kwalitatief nieuws.

Dit is het cruciale punt: coherentie heeft niet te maken met de afzonderlijke elementen op zich, maar met de manier waarop ze samenhangen. Het is een eigenschap van het systeem als geheel. In de materie-fysica verklaart hetzelfde principe de supergeleiding: onder een bepaalde temperatuur gedragen de elektronen in een metaal zich niet langer als onafhankelijke individuen en vormen ze een collectieve coherente toestand. Het resultaat? Elektrische stroom die zonder weerstand vloeit. Een fenomeen dat zo contra-intuïtief is dat Heike Kamerlingh Onnes, toen hij het in 1911 voor het eerst in Leiden waarnam, het zelf nauwelijks kon geloven.

Lange tijd bleef coherentie beperkt tot deze „exotische" gebieden: optica, kwantumfysica, toestanden van materie bij lage temperaturen. Maar aan het begin van de 21e eeuw veranderde er iets. In 2007 publiceerde een groep onderzoekers onder leiding van Graham Fleming aan de Universiteit van Berkeley in *Nature* een onverwacht resultaat: in sommige fotosynthetische complexen lijkt energie bij biologische temperatuur te worden overgedragen door gebruik te maken van coherente toestanden. Het was geen definitief bewijs voor 'kwantumbiologie', maar het was voldoende om velen te dwingen een vooroordeel te herzien: coherentie is niet zo kwetsbaar als men dacht, noch beperkt tot cryogene laboratoria.

Hier is het belangrijk om duidelijk te zijn. Spreken over coherentie in de biologie betekent niet dat cellen 'kwantummatig denken' of dat het leven de wetten van de klassieke fysica schendt. Het betekent erkennen dat de fysica concepten biedt om vormen van dynamische orde te beschrijven die niet herleidbaar zijn tot de som der delen. Coherentie is een van deze concepten, en het is wetenschappelijk legitiem omdat het definieerbaar, waarneembaar en experimenteel verifieerbaar is.

Een goed, maar vaak over het hoofd gezien voorbeeld komt uit de fysica van complexe systemen. Wanneer een verzameling oscillatoren — zoals slingers, kunstmatige neuronen of moleculen — in synchronisatie raakt, zien we een faseovergang, vergelijkbaar met die welke plaatsvinden wanneer water bevriest of een metaal magnetisch wordt.

In het begin volgt elke oscillator zijn eigen ritme, op een willekeurige manier. Maar wanneer de interactie tussen de oscillatoren een bepaalde drempel overschrijdt – bijvoorbeeld door de intensiteit van de koppeling te verhogen of de ruis te verminderen – verandert het collectieve gedrag van het systeem. Plotseling ontstaat er een algemene orde: de oscillatoren beginnen gecoördineerd te bewegen en delen een gemeenschappelijke fase.

Deze overgang hangt niet af van de details van de afzonderlijke elementen, maar van de collectieve eigenschappen van het systeem. Daarom doet hetzelfde synchronisatieverschijnsel zich voor in zeer uiteenlopende contexten: de terminologie van de faseovergang stelt ons in staat ze allemaal te beschrijven met één fundamenteel idee, namelijk dat van de orde die voortkomt uit interactie.

Kortom, wanneer een groep oscillatoren in synchronisatie raakt, zijn we niet getuige van een wonder, maar van een faseovergang. De Japanse wiskundige Yoshiki Kuramoto toonde dit in de jaren zeventig aan met een eenvoudig en elegant model: boven een bepaalde koppelingsdrempel verandert wanorde spontaan in collectieve orde. Coherentie wordt hier niet van buitenaf opgelegd: ze ontstaat vanzelf.

Zeggen dat coherentie 'voorbij de metafoor' ligt, betekent dus dat we haar onttrekken aan twee tegengestelde misvattingen. De eerste is het naïeve reductionisme, dat haar afdoet als vage taal.

De tweede is het mystieke enthousiasme, dat het tot een paspartout-woord maakt. In werkelijkheid is coherentie een precieze fysische toestand die beschrijft hoe een systeem in de loop van de tijd stabiele relaties tussen zijn onderdelen in stand houdt, en weerstand biedt aan ruis, fluctuaties en de natuurlijke neiging tot wanorde.

Het is geen toeval dat een van de centrale vraagstukken van de hedendaagse natuurkunde is te begrijpen hoe systemen hun coherentie behouden en hoe lang dat duurt. In de laboratoria van Zürich of Santa Barbara, waar kwantumcomputers worden gebouwd, is de dagelijkse uitdaging om coherente toestanden te beschermen tegen decoherentie door omgevingsinvloeden. Elke trilling, elke thermische interferentie is een vijand. Deze terminologie – bescherming, behoud, weerstand – zal bekend in de oren klinken zodra we het over levende systemen gaan hebben. Maar hier volstaat het om de essentie te begrijpen: coherentie is geen conceptuele versiering, het is een fysieke strijd tegen versnippering.

In die zin biedt coherentie de biologie iets wat de biochemie alleen maar moeizaam kan bieden: een vocabulaire om over dynamische eenheid te spreken zonder in vitalisme te vervallen. Het introduceert geen mysterieuze krachten, maar beschrijft organisatiestructuren. Zoals de natuurkundige Philip Anderson schreef in het beroemde artikel *„More is* Different“: *„op elk niveau van complexiteit ontstaan nieuwe wetten*“. Coherentie is een van deze opkomende wetten, en het negeren ervan betekent dat men afziet van het begrijpen hoe het veelvoudige één wordt.

Wanneer orde fysica wordt: de culturele geschiedenis van een sleutelwoord.

Elke belangrijke wetenschappelijke discipline heeft een aantal sleutelwoorden, termen die eenvoudig lijken maar die, bij nader inzien, een complexe geschiedenis met zich meedragen, bestaande uit betekenisverschuivingen, misverstanden en ontdekkingen. Coherentie is er een van. Nog voordat het een woord uit de natuurkunde werd, was het een intuïtief idee: datgene wat 'samenhoudt'. Maar de manier waarop dit 'bij elkaar houden' gaandeweg werd verduidelijkt, zegt veel over de ingrijpende verandering waarmee de wetenschap heeft leren nadenken over de orde in de natuurlijke wereld.

In de negentiende eeuw deed coherentie zijn intrede in het wetenschappelijke vocabulaire via de optica. Het was het tijdperk waarin licht definitief ophield louter een mysterieuze stroom te zijn en een meetbaar golfverschijnsel werd. In Cambridge, in de jaren dertig van de negentiende eeuw, bestudeerde George Biddell Airy de interferentiefronten; kort daarna toont Augustin-Jean Fresnel in Parijs aan dat de lichtpatronen die in de experimenten worden waargenomen geen illusies zijn, maar het resultaat van golven die zich op een geordende manier overlappen. Hier duidt coherentie op een concrete eigenschap: het vermogen van twee golven om stabiele interferentie te produceren. Als de golven 'uit de pas raken', verdwijnt het effect.

In deze eerste betekenis heeft coherentie niets filosofisch. Het is bijna ambachtelijk: het gaat om lichtbronnen, spleten, spiegels. Thomas Young had dit al in 1801 ingezien met het beroemde dubbele-spleet-experiment, dat hij aan de *Royal Society* in Londen presenteerde. Maar pas in de tweede helft van de eeuw begint het woord 'coherence' systematisch als technische term in verhandelingen over de optica te circuleren. Coherent is licht dat geordende patronen kan voortbrengen; incoherent is het licht van een kaars of de zon, dat te veel onafhankelijke stralingen 'door elkaar haalt'.

De conceptuele sprong vindt plaats in de twintigste eeuw, wanneer coherentie ophoudt een marginale eigenschap van lichtgolven te zijn en een algemene interpretatiesleutel wordt. Met de opkomst van de kwantummechanica, tussen de jaren twintig en dertig, dringt het begrip 'fase' – centraal voor het definiëren van coherentie – door tot de kern van de beschrijving van de materie. Erwin Schrödinger spreekt in zijn werken uit 1926 over golffuncties die elkaar kunnen versterken of opheffen, net zoals de lichtgolven van Fresnel. Dit is geen metafoor: het is een conceptuele continuïteit.

In deze periode krijgt het woord ‘coherentie’ een nieuwe betekenis. Het duidt niet langer alleen op een experimentele vereiste, maar op een ontologische toestand van het systeem. Een coherent kwantumsysteem is een systeem dat faseverhoudingen tussen zijn onderdelen behoudt. Wanneer deze verhoudingen verloren gaan, spreekt men van decoherentie, een term die pas decennia later, in de jaren zeventig en tachtig, definitief in het wetenschappelijk vocabulaire zou worden opgenomen, dankzij het werk van H. Dieter Zeh en Wojciech Zurek.

Een anekdote die vaak wordt verteld in de gangen van de Universiteit van Texas, waar Zurek lange tijd heeft gewerkt, gaat over een college waarin hij decoherentie uitlegde aan de hand van het beeld van een orkest dat zijn dirigent kwijtraakt. Iemand wierp tegen dat het een te ‘humanistische’ metafoor was. Zurek antwoordde kortaf: *‘Het is geen metafoor, het is een dynamiek.’* Opnieuw weerstaat coherentie de poging om tot figuurlijke taal te worden gereduceerd.

Het doorslaggevende punt, vanuit semantisch oogpunt, is dit: coherentie beschrijft niet langer overeenkomsten tussen elementen, maar begint stabiele relaties te beschrijven. Het is niet belangrijk dat de delen identiek zijn, maar dat ze op een blijvende manier met elkaar in verband staan. Dit verklaart veel huidige misverstanden, vooral wanneer de term wordt overgenomen in de biologie of de levenswetenschappen. Spreken over coherentie betekent niet dat er harmonie in esthetische zin wordt opgeroepen, noch orde die van bovenaf wordt opgelegd. Het betekent het aanduiden van een fysieke toestand waarin de delen van een systeem op een niet-willekeurige manier informatie delen.

Een interessante culturele verschuiving vindt plaats in de jaren vijftig, met de uitvinding van de maser en vervolgens de laser. In New York presenteert Charles Townes in 1954 de eerste experimentele resultaten over coherente microgolfemissies. In documenten uit die tijd komt het woord *'coherent'* ongekend vaak voor. Het is alsof de natuurkunde plotseling ontdekt dat die eigenschap, die decennialang bijna terloops was bestudeerd, in werkelijkheid in staat is om radicaal nieuwe technologieën voort te brengen. Vanaf dat moment is coherentie niet langer alleen een beschrijving: het wordt een hulpmiddel.

Dit historische overzicht helpt te begrijpen waarom het woord tegenwoordig vaak verkeerd wordt begrepen. Enerzijds zijn er mensen die het vaag gebruiken, als synoniem voor 'orde' of 'evenwicht'. Anderzijds zijn er mensen die het afwijzen alsof het een poëtische indringing is in een taal die zakelijk zou moeten blijven. Beide standpunten gaan voorbij aan de concrete geschiedenis van de term. Coherentie ontstond als een operationeel concept, werd verfijnd tot een theoretisch concept en behield altijd een experimentele verankering.

Het herlezen van deze semantische geschiedenis is geen geleerde exercitie. Het dient ertoe ons eraan te herinneren dat wanneer we vandaag de dag over coherentie spreken – ook buiten de natuurkunde – we te maken hebben met een woord dat in de loop van twee eeuwen heeft geleerd te beschrijven hoe eenheid uit het veelvoud voortkomt zonder dat er metafysische snelkoppelingen nodig zijn. Het is een woord dat laboratoria, congressen en theoretische discussies heeft doorkruist, en dat juist daarom verdient om nauwkeurig te worden gebruikt.

Meten betekent ingrijpen: wanneer de waarneming de coherentie doorbreekt.

Er is een specifiek moment in de geschiedenis van de twintigste-eeuwse natuurkunde waarop duidelijk wordt dat meten niet simpelweg 'beter kijken' betekent. Het betekent de toestand van de dingen veranderen. Deze conceptuele verschuiving, die ontstaat in de natuurkundige laboratoria, heeft ook diepgaande gevolgen voor de manier waarop we het leven als een samenhangend fenomeen beschouwen. Zonder het bewustzijn of de menselijke waarnemer erbij te betrekken, volstaat het om trouw te blijven aan een essentieel gegeven: elke meting is een fysische interactie, en elke interactie laat een spoor na.

In de jaren twintig benadrukte Niels Bohr in Kopenhagen een punt dat toen bijna als een provocatie overkwam: er bestaan geen fysische eigenschappen die onafhankelijk zijn van de experimentele context. Een elektron 'heeft' geen positie of snelheid in klassieke zin; deze grootheden komen pas naar voren op het moment van de meting. Werner Heisenberg formaliseerde deze intuïtie in 1927 met het onzekerheidsprincipe, maar de kwestie van de samenhang bleef op de achtergrond, als een onopgeloste spanning.

Decennialang werd er gesproken over de 'ineenstorting van de golffunctie' als een raadselachtige, bijna theatrale gebeurtenis. Tussen de jaren zeventig en tachtig verandert het beeld. In de onderzoekscentra van Heidelberg en Los Alamos tonen natuurkundigen als H. Dieter Zeh en, later, Wojciech Zurek aan dat er geen mysterieuze sprong nodig is: het volstaat om de omgeving te ' '. Een systeem verliest zijn coherentie wanneer het op ongecontroleerde wijze in wisselwerking treedt met zijn omgeving. De meting is een (zeer verfijnd) speciaal geval van deze interactie.

Een anekdote die Zeh vertelde, gaat over een informeel gesprek dat in 1970 plaatsvond tijdens een koffiepauze aan de Universiteit van Heidelberg. Een collega vroeg hem waarom hij zo veel nadruk legde op de omgeving, iets wat niemand direct 'ziet'. Zeh wees naar de kamer en antwoordde: '*We zien de lucht niet, maar probeer die maar eens weg te halen.*' Decoherentie werkt op dezelfde manier: het is onzichtbaar, maar alomtegenwoordig.

Hier krijgt het woord 'waarneming' een andere betekenis. Het duidt niet langer op een cognitieve handeling, maar op een fysisch versterkingsproces: een microscopische correlatie wordt in een macroscopisch systeem ingeprent, waardoor een stabiel spoor achterblijft. In de neutronenlaboratoria van Grenoble of bij de experimenten met gevangen ionen in Innsbruck is het verlies van coherentie geen filosofische speculatie, maar een concreet technisch probleem. Een systeem isoleren betekent het afschermen van de omgeving; het meten ervan betekent onvermijdelijk dat het wordt blootgesteld.

Dit verheldert een wijdverbreid misverstand: coherentie wordt niet 'vernietigd' omdat iemand kijkt, maar omdat er iets in wisselwerking staat. Ook een automatische detector, een fotografische plaat of een cryogene sensor vervullen dezelfde rol. In 1996 toonden Serge Haroche en zijn groep aan *de „École Normale* Supérieure" in Parijs experimenteel aan hoe coherente kwantumtoestanden stap voor stap kunnen worden gevolgd in hun decoherentieproces. Er is niets plotselings aan: de coherentie brokkelt geleidelijk af, zoals een koor dat zijn synchronisatie verliest.

De conceptuele implicaties zijn aanzienlijk. De meting is geen externe toevoeging aan de theorie, maar een moment dat inherent is aan de dynamiek van de systemen. In die zin blijkt coherentie een kwetsbare toestand te zijn, die isolatie, bescherming en onderhoud vereist. Het verlies van coherentie is geen mislukking van de theorie, maar juist de voltooiing ervan: het verklaart waarom de macroscopische wereld stabiel, gelokaliseerd en 'klassiek' lijkt.

Dit punt heeft een interessante culturele weerklank. In dezelfde jaren waarin de natuurkunde de rol van de meting verduidelijkt, reflecteren wetenschapsfilosofen als Bas van Fraassen en Ian Hacking op het interventionistische karakter van het experiment. Met name Hacking herhaalt graag dat *'als je het kunt besproeien, dan is* het echt', verwijzend naar de elektronen in elektronenmicroscopen. De werkelijkheid manifesteert zich kortom via gecontroleerde interacties, niet via onpersoonlijke blikken.

Praten over coherentie en meting betekent dus niet dat we ons op vaag terrein begeven. Het betekent erkennen dat de fysische orde niet voor eens en voor altijd vastligt, maar afhangt van de interactieomstandigheden. Coherentie verdwijnt niet omdat de wereld onstabiel is, maar omdat de wereld relationeel is. En juist deze relationaliteit, die door de meetfysica aan het licht wordt gebracht, maakt het concept van coherentie tot een krachtig instrument, ook buiten de grenzen van de fysica zelf.

De tand des tijds: wanneer stabiliteit het ware teken van leven wordt.

Als we aan coherentie denken, gaan onze gedachten meteen naar de ruimte: uitgelijnde elementen, onderdelen die 'goed bij elkaar passen', geordende structuren. Dat is een natuurlijke, maar misleidende reactie. Coherentie speelt zich in de natuurkunde niet voornamelijk af in de ruimte. Ze speelt zich af in de tijd. Het is een eigenschap van de duur, niet van de vorm. En juist daarom is ze minder intuïtief en tegelijkertijd beslissender.

Een systeem is coherent, niet omdat het op een bepaald moment geordend lijkt, maar omdat het precieze relaties tussen zijn onderdelen in stand houdt terwijl de tijd verstrijkt. Coherentie is een actief geheugen: het vermogen om jezelf te blijven te midden van verandering. In die zin volstaat een foto niet om het te beschrijven. Daar is een film voor nodig.

Een klassiek – maar vaak verkeerd begrepen – voorbeeld komt uit de fysica van atoomklokken. In 1967 werd bij *het „Bureau International des Poids et* Mesures" in Sèvres, nabij Parijs, de seconde opnieuw gedefinieerd op basis van de overgangsfrequentie van het cesium-133-atoom. Die frequentie wordt niet gekozen omdat ze „mooi" of eenvoudig is, maar omdat ze in de tijd uiterst stabiel is. Hier heeft coherentie geen betrekking op de energie op zich, maar op de herhaalbaarheid ervan in de tijd. Als die oscillatie na enkele cycli uit fase zou raken, zou de klok ophouden een universele referentie te zijn.

Dezelfde logica geldt, op verschillende schaalniveaus, voor alle coherente verschijnselen. Een laser is bijvoorbeeld geen laser omdat hij intens licht uitstraalt, maar omdat hij in de tijd een constante faserelatie handhaaft. Als deze relatie te snel fluctueert, blijft het licht wel bestaan, maar verdwijnt de coherentie. Het is een subtiel, maar cruciaal onderscheid: energie kan bestaan zonder coherentie; het leven, zoals we zullen zien, niet.

In de jaren negentig benadrukte natuurkundige Anthony Leggett in de laboratoria van Santa Barbara een punt dat destijds bijna controversieel leek: de echte uitdaging van complexe systemen is niet het creëren van geordende toestanden, maar het in stand houden ervan. De natuur zit vol vluchtige configuraties; wat zeldzaam is, is dynamische stabiliteit. Coherentie is in die zin geen toestand, maar een proces dat de tijd doorkruist zonder te verdwijnen.

Dit perspectief verandert de manier waarop we over fysische systemen denken radicaal. Een coherent systeem staat niet stil: het is betrouwbaar. Het elimineert fluctuaties niet, maar absorbeert ze zonder zijn identiteit te verliezen. Het is een thema dat ook buiten de natuurkunde terugkeert. De componist György Ligeti vertelde in een interview uit 1983 dat muziek pas 'standhoudt' wanneer ze niet een patroon herhaalt, maar wanneer ze herkenbaar blijft terwijl alles verandert. Het is een definitie die verrassend dicht in de buurt komt van de natuurkundige definitie van temporele coherentie.

Vanuit theoretisch oogpunt brengt de kwestie van de tijd een naïeve visie op de natuurlijke orde in crisis. De statische orde is kwetsbaar; één schok volstaat om haar te vernietigen. Tijdelijke coherentie, , impliceert daarentegen een vermogen tot voortdurende vernieuwing. Natuurkundigen spreken van dynamische stabiliteit, een uitdrukking die een oxymoron lijkt, maar dat niet is. Het betekent dat het systeem hetzelfde blijft juist omdat het nooit ophoudt met bewegen.

Een anekdote die Ilya Prigogine vertelde tijdens een conferentie in Brussel in de vroege jaren 2000, illustreert dit goed. Terwijl hij een werveling in een vloeistof liet zien, merkte hij op: „*Dit is een orde die alleen bestaat zolang de stroming doorgaat.*" Als de stroming stopt, verdwijnt de werveling. Coherentie staat niet haaks op de tijd; het is een bijzondere manier om erin te leven.

Daarom is temporele stabiliteit zo doorslaggevend. Het volstaat niet dat de onderdelen met elkaar in verband staan; ze moeten op de juiste manier en gedurende de nodige tijd met elkaar verbonden zijn. Coherentie is een operationele trouw: het systeem 'herinnert' zich zijn relaties en vernieuwt ze van moment tot moment. Zonder dit dynamische geheugen lost elke structuur op in ruis.

In dit licht is coherentie niet langer een theoretische luxe, maar wordt het een fysieke noodzaak. Het is wat een fenomeen in staat stelt te bestaan als een herkenbare entiteit in de tijd, in plaats van als een louter tijdelijk toeval. En juist dit vermogen om de tijd te doorkruisen zonder de weg kwijt te raken, maakt coherentie tot een fundamentele conceptuele sleutel voor het begrijpen van vitale fenomenen, zonder dat we het al over cellen, genen of metabolisme hoeven te hebben.

Coherentie, synchronie, correlatie, organisatie: vier woorden, vier verschillende werelden.

In de wetenschappelijke taal — en nog meer in de populairwetenschappelijke — wordt het woord coherentie vaak gebruikt als een elegant synoniem voor orde, synchronie of goede organisatie. Dat is een begrijpelijke verleiding: al deze begrippen roepen het beeld op van een wereld die 'functioneert', waarin de onderdelen elkaar niet in de weg staan. Toch betekent het, vanuit fysisch en biologisch oogpunt, dat je juist datgene verliest wat coherentie tot een radicaal en vruchtbaar begrip maakt, als je deze ter -termen door elkaar haalt.

Om dit te begrijpen, is het goed om uit te gaan van een concreet voorbeeld. In 2009, tijdens een openbare oefening in Londen, bewegen duizenden forenzen zich gelijktijdig over de roltrappen van de metro in Canary Wharf. De stromen lopen synchroon, de richtingen zijn duidelijk, de organisatie is onberispelijk. Toch zou niemand zeggen dat dat systeem in fysieke zin coherent is. Het is ordelijk, ja. Gedeeltelijk gesynchroniseerd. Maar één stroomstoring is genoeg om alles tot stilstand te brengen. Coherentie daarentegen is wat een systeem in staat stelt zijn functionele identiteit te behouden, zelfs wanneer de omstandigheden veranderen.

Synchronie is misschien wel het meest intuïtieve van deze begrippen. Gesynchroniseerde gebeurtenissen vinden op hetzelfde moment plaats of met een gemeenschappelijke periodiciteit. Neuronen kunnen synchroon vuren, zoals blijkt uit de experimenten van Wolf Singer aan het „Max Planck Instituut" in de jaren negentig; vuurvliegjes kunnen unisono knipperen langs de rivier de Chao Phraya in Thailand, een natuurspektakel dat al in de jaren vijftig werd gedocumenteerd. Maar synchronie is op zichzelf kwetsbaar. Ze kan ontstaan door externe koppelingen, door dwang of door louter dynamische toevalligheden. Ze zegt niets over de interne stabiliteit van het systeem, noch over het vermogen ervan om verstoringen te weerstaan.

De correlatie is nog zwakker. Twee variabelen kunnen sterk gecorreleerd zijn zonder dat er een diepgaand structureel verband bestaat. In de jaren zeventig toonde een beroemd voorbeeld dat in statistiekcursussen werd gebruikt een verrassende correlatie aan tussen de consumptie van margarine in de Verenigde Staten en het aantal echtscheidingen in Maine. De correlatie meet een waarneembare relatie, geen werkelijke eenheid. In de natuurkunde — en nog meer in de biologie — is het verwarren van correlatie met samenhang hetzelfde als het verwarren van de schaduw met het object.

Tot slot is ‘organisatie’ misschien wel de meest dubbelzinnige term. Een georganiseerd systeem kenmerkt zich door een ordelijke indeling van de onderdelen: hiërarchieën, modules, afzonderlijke functies. Een fordistische fabriek uit de jaren ’30 was uiterst georganiseerd; hetzelfde geldt voor een bijenkorf of voor een leger. Maar een organisatie kan ook rigide zijn, van buitenaf opgelegd en niet in staat zich aan te passen. De geschiedenis staat bol van perfect georganiseerde systemen die bij de eerste onverwachte verandering instorten. Coherentie daarentegen dringt zich niet op: ze komt voort uit een netwerk van interne relaties die elkaar wederzijds ondersteunen.

Wat coherentie onderscheidt van al deze begrippen, is het feit dat het een gedistribueerde causale eenheid impliceert. In een coherent systeem zijn de delen niet simpelweg in de tijd op elkaar afgestemd, qua gegevens met elkaar gecorreleerd of op een geordende manier gerangschikt: ze zijn verbonden door relaties die ervoor zorgen dat het gedrag van het geheel niet herleidbaar is tot de som van de lokale gedragingen. Het is een subtiel, maar doorslaggevend verschil.

Een anekdote die de theoretisch bioloog Stuart Kauffman vertelde tijdens een seminar in Santa Fe, in de vroege jaren 2000, illustreert dit punt goed. Terwijl hij twee computersimulaties liet zien — de ene van een sterk georganiseerd systeem, de andere van een minder geordend maar meer onderling verbonden systeem — merkte hij op dat alleen het tweede systeem bleef functioneren wanneer er willekeurige verstoringen werden geïntroduceerd. Hij zei: *„Organisatie blijft bestaan zolang de wereld blijft zoals verwacht. Coherentie blijft bestaan omdat de wereld verandert.*”

Vanuit dit perspectief is coherentie geen eigenschap die op het eerste gezicht zichtbaar is. Ze valt niet samen met esthetische harmonie, noch met regelmaat. Het is een diepgaande relationele kwaliteit, die tot uiting komt in het vermogen van een systeem om één te blijven terwijl de onderdelen ervan veranderen. En juist daarom kan coherentie, als we het over het leven hebben, niet worden vervangen door een van haar 'conceptuele verwanten' zonder de kern van de zaak uit het oog te verliezen.

Het door elkaar halen van deze termen is niet alleen een taalkundige fout; het is een theoretische fout. Het betekent het leven reduceren tot een fenomeen van schijnbare orde, terwijl het juist een gebeurtenis van dynamische integratie is. Coherentie is niet de nulgraad van chaos, maar een actieve vorm van eenheid die geen enkele synchronie, correlatie of organisatie op zichzelf kan verklaren.

Want leven betekent bijeenhouden wat de neiging heeft uit elkaar te vallen.

Er is een, vaak over het hoofd gezien, punt dat het leven duidelijk onderscheidt van alles wat niet leeft: het leven bezit geen samenhang, het produceert die. En bovenal verdedigt het die. In een universum dat, om de woorden van Arthur Eddington *te* gebruiken, „*spontaan naar* wanorde neigt", lijkt elk levend organisme een kleine, tijdelijke afwijking, een tegen de stroom in geopende periode van stabiliteit. Maar deze stabiliteit is nooit voor eens en altijd gegeven: het is het resultaat van een voortdurend, stil, onophoudelijk werk. Leven betekent, in diepe zin, weerstand bieden aan decoherentie.

Decoherentie is niet alleen een concept uit de kwantumfysica dat beperkt blijft tot cryogene laboratoria. Het is een universele tendens: relaties verzwakken, fasen ontkoppelen zich, systemen verliezen hun eenheid. Een steen hoeft niets te doen om te zijn wat hij is. Een organisme wel. Elke cel, elk weefsel, elk lichaam verbruikt energie, niet zozeer om te functioneren, als wel om niet uiteen te vallen als betekenisvolle eenheid.

In 1944 hield Erwin Schrödinger in Dublin een reeks lezingen. Daar introduceerde hij een beeld dat beroemd is gebleven: dat van het organisme dat zich voedt met „*negatieve entropie*". Afgezien van de latere vereenvoudigingen was de intuïtie krachtig: het leven ontsnapt niet aan de natuurwetten, maar leeft er actief in, waarbij het zich plaatselijk onttrekt aan de neiging tot verlies van samenhang. Het overtreedt de tweede wet van de thermodynamica niet; het omzeilt deze door een prijs te betalen.

Die prijs is natuurlijk de stofwisseling, maar niet alleen dat. Het is ook regulering, herstel, fijne afstemming, en een voortdurend e selectie van wat in verbinding moet blijven en wat kan worden losgelaten. Een ogenschijnlijk banaal voorbeeld werd door de Britse fysioloog Denis Noble verteld tijdens een lezing in Oxford in de vroege jaren 2000: het menselijk hart is, op moleculair niveau bekeken, een intrinsiek instabiel systeem. Toch klopt het decennialang regelmatig. Niet omdat het 'goed gebouwd' is, maar omdat het voortdurend wordt gecorrigeerd, gemoduleerd en binnen een regime van functionele coherentie wordt gehouden.

Het leven is dus geen evenwicht, maar een strijd om evenwicht. Elk organisme is een open systeem dat voortdurend interne en externe schommelingen moet compenseren. Kijk maar eens naar een lichaam met koorts: de stijgende temperatuur is niet meteen een teken van chaos, maar de poging – soms succesvol, soms niet – om een verstoorde coherentie te herstellen. Ook hier staat coherentie niet gelijk aan rust, maar aan het vermogen om de verstoring te doorstaan zonder de eigen identiteit te verliezen.

Weerstand bieden tegen decoherentie betekent ook informatie selecteren. Elk organisme filtert, interpreteert en verwerpt. Niet alles wat gebeurt, krijgt betekenis. In die zin is leven een elementaire cognitieve handeling: een vorm van betekenis behouden tegen de achtergrond van de ruis van de wereld. Francisco Varela, die we al eerder noemden, sprak over *'enactie'*: het levende wezen vertegenwoordigt geen reeds gegeven wereld, maar laat er een bewoonbare wereld uit voortkomen. Deze ontstaansvorm is echter kwetsbaar. Ze vereist een voortdurend proces van integratie.

Zelfs in de meest extreme omgevingen geldt deze logica. In de vroege jaren tachtig ontdekten biologen bij de hydrothermale bronnen van de Galápagos gemeenschappen van organismen die zonder zonlicht gedijden. Het waren geen voorbeelden van 'eenvoudiger' leven, maar van leven dat andere manieren had gevonden om zijn samenhang te behouden onder omstandigheden die op het randje van chemische desintegratie lagen. Opnieuw was de les duidelijk: het leven is niet wat het beste standhoudt, maar wat het hardst werkt om stand te houden.

Zo bekeken verliest biologische coherentie elke mystieke uitstraling en krijgt ze een bijna dramatische concreetheid. Het is een proces, geen toestand. Een voortdurend verslag dat wordt geschreven tegen de natuurlijke neiging van dingen om uit elkaar te vallen. Het leven duurt zolang deze inspanning slaagt. Wanneer dat niet meer lukt, neemt decoherentie de overhand. En wat overblijft is materie, geen organisme meer.

De prijs van de eenheid betalen: de energetische kosten van biologische coherentie.

Er is een feit dat iedereen die er voor het eerst mee in aanraking komt altijd verbaast: het grootste deel van de energie die een levend organisme verbruikt, wordt niet gebruikt om te bewegen, te groeien of zichtbare arbeid te verrichten. Het dient om niet uit elkaar te vallen. Om de interne integratie te behouden, om processen op één lijn te houden die, aan hun lot overgelaten, snel uit elkaar zouden lopen. Het is de energetische prijs van coherentie, een voortdurende uitgave die zelden aan bod komt in het populaire verhaal over biologie, maar die er de ruggengraat van vormt.

Fysiologen noemen dit het basaal metabolisme. De term is technisch, bijna bescheiden, maar de realiteit die hij beschrijft is indrukwekkend: bij een volwassen mens in rust, in een kamer met een gematigde temperatuur, wordt ongeveer 60–70% van de dagelijkse energie verbruikt zonder dat er iets ogenschijnlijk 'actiefs' gebeurt. Het hart klopt, natuurlijk. De longen ademen. Maar bovenal werken miljarden cellen om ionengradiënten in stand te houden, moleculaire structuren te herstellen, fouten te corrigeren en signalen te synchroniseren. Het is energie die wordt verbruikt om interne decoherentie te voorkomen.

Een sprekend voorbeeld komt uit de werking van zenuwcellen. In de jaren vijftig bestudeerden Alan Hodgkin en Andrew Huxley in *het „Marine Biological* Laboratory" in Woods Hole, Massachusetts, het actiepotentiaal in de neuronen van de reuzeninktvis. Wat daarbij naar voren kwam, en wat vandaag de dag nog steeds indruk maakt, is dat een enorm deel van de energie van de hersenen niet dient om te 'denken', maar om na elke elektrische impuls de uitgangssituatie te herstellen. De beroemde natrium-kaliumpomp, die drie natriumionen uitstoot en twee kaliumionen binnenlaat, verbruikt onophoudelij n ATP. Zonder dit onopvallende werk zou de neuronale prikkelbaarheid binnen enkele minuten instorten. Het denken zou letterlijk uitvallen door een gebrek aan elektrische coherentie.

Dit geldt op elke schaal. In 1961 observeerde de biochemicus Christian de Duve in een laboratorium in Brussel hoe cellen energie steken in interne compartimentering: membranen, blaasjes, lysosomen. Dit is geen architectonische luxe, maar een functionele noodzaak. Scheiden, grenzen handhaven, voorkomen dat alles met alles reageert. Elke biologische grens kost energie, maar is ook een verovering van coherentie.

Zelfs als we slapen, gaat dit werk door. Sterker nog, in bepaalde opzichten wordt het intensiever. Onderzoeken met indirecte calorimetrie, uitgevoerd aan Stanford in de jaren negentig, toonden aan dat tijdens de diepe slaap bepaalde cellulaire onderhoudsactiviteiten toenemen. Slapen is niet 'uitschakelen', maar het verminderen van externe storingen om energie te kunnen steken in interne reorganisatie. Een schijnbare pauze voor een essentiële taak: het systeem weer op één lijn brengen.

Een anekdote van een Italiaanse onderzoeker die in de vroege jaren 2000 in een laboratorium voor celbiologie in Heidelberg werkte, illustreert dit goed. Bij het bestuderen van celculturen die in leven werden gehouden maar geen prikkels kregen, merkte hij op dat het energieverbruik verrassend hoog bleef. „*Ze leken stil* te staan", vertelde hij, *„maar ze gaven alles uit om niet* *in iets anders te veranderen*". Het is een informele uitspraak, maar hij raakt de kern: het leven verbruikt energie om zichzelf te blijven, niet om te transformeren.

Deze voortdurende investering verklaart ook waarom samenhang zo kwetsbaar is. Een aanzienlijke vermindering van de energieaanvoer is al voldoende om de integratie te laten wankelen. Tijdens hongersnood of in extreme omstandigheden 'kiest' het lichaam niet willekeurig wat het uitschakelt: het offert complexe functies op om een minimum aan eenheid te behouden. Het is een noodstrategie tegen versnippering.

Vanuit cultureel oogpunt zet dit idee een diepgewortelde metafoor op zijn kop. We zijn gewend het leven te zien als een opeenstapeling, als groei, als uitbreiding. Maar biologisch gezien is het leven vooral onderhoud. Net als een hangbrug die voortdurend onderhoud vereist om overeind te blijven, investeert het levende organisme energie om relaties in stand te houden. Als het dat niet zou doen, zou dat betekenen dat het de tijd, de chemie en de thermische ruis de overhand laat krijgen.

In die zin is de energetische kostprijs van coherentie geen kwantitatief detail, maar een ontologische aanwijzing. Het vertelt ons dat het leven geen passieve structuur is, maar een proces dat, moment na moment, de prijs betaalt voor zijn eigen eenheid. Zolang het zich dat kan veroorloven, blijft het in leven. Wanneer het dat niet meer kan, lost de coherentie op, en daarmee ook het organisme.

Geen enkel leven is een eiland: coherentie ontstaat uit de dialoog met de omgeving.

Er bestaat een hardnekkig, bijna instinctief misverstand in de manier waarop we over biologische stabiliteit denken: het idee dat een organisme des te stabieler is naarmate het zich beter van de omgeving kan afschermen. Alsof het leven een fort is en de gezondheid afhangt van de stevigheid van de muren ervan. Toch zien we bij nadere beschouwing van levende systemen juist het tegenovergestelde: samenhang ontstaat niet uit isolatie, maar uit een voortdurende, subtiele en vaak risicovolle relatie met de omgeving.

Een levend organisme is per definitie een open systeem. Het wisselt materie, energie en signalen uit. Maar bovenal wisselt het informatie uit. Zijn stabiliteit bestaat niet uit het zich verdedigen tegen de wereld, maar uit het weten hoe die te interpreteren. Het is een voortdurende onderhandeling, bestaande uit aanpassingen, anticipaties en compromissen. Wanneer deze dialoog wordt onderbroken – door te veel of te weinig – wankelt de samenhang.

Een klassiek voorbeeld komt uit de ecologie en smaakt naar een les die te laat is geleerd. In de jaren vijftig leek het massale gebruik van bestrijdingsmiddelen zoals DDT in de Verenigde Staten een overwinning van de techniek op het milieu. Toen merkte men dat soorten die als „beschermd" werden beschouwd, instortten. Ze waren niet zwak, ze waren uit balans geraakt. Hun biologische samenhang hing af van subtiele signalen uit de omgeving — cycli, aanwezigheid, afwezigheid — die plotseling waren weggevallen. Rachel Carson beschreef dit in 1962 helder in „*Silent Spring*": de stilte was geen vrede, maar een verlies van verbinding.

Dezelfde logica geldt op een meer intieme schaal. Laten we eens kijken naar het immuunsysteem. Lange tijd werd het beschreven als een leger dat tot taak had het 'zelf' strikt te onderscheiden van het 'niet-zelf'. Tegenwoordig weten we dat deze metafoor tekortschiet. Onderzoeken die in de jaren negentig in Parijs en San Diego werden uitgevoerd, hebben aangetoond dat het immuunsysteem rijpt dankzij gecontroleerde blootstelling aan de omgeving. Kinderen die opgroeien in een overdreven steriele omgeving vertonen vaker immuunstoornissen. Coherentie komt, nogmaals, niet voort uit afsluiting, maar uit relationeel leren.

Een anekdote van een marien bioloog die in een onderzoeksstation op de Lofoten-eilanden in Noorwegen werkte, illustreert dit goed. Bij het bestuderen van planktonpopulaties merkte hij op dat de meest stabiele populaties niet in 'constante' wateren leefden, maar in gebieden met wisselende stromingen. „Het zijn systemen die getraind zijn in verandering", zei hij. Hun samenhang was geen starheid, maar het vermogen om herkenbaar te blijven ondanks schommelingen.

Dit inzicht heeft een lange culturele geschiedenis. Al in 1928 sprak de fysioloog Walter Bradford Cannon van Harvard over homeostase, niet als onbeweeglijkheid, maar als een dynamisch evenwicht. Een concept dat we vandaag de dag vanuit een informatief perspectief kunnen interpreteren: het organisme blijft coherent omdat het voortdurend omgevingssignalen integreert in zijn interne werking. Als het daarmee ophoudt, verliest het het contact met de context die het mogelijk maakt.

Ook het menselijk gedrag biedt sprekende voorbeelden. Tijdens missies met langdurige isolatie – van de Antarctische bases v in de jaren zeventig tot opsluitingsexperimenten zoals Mars-500, dat in 2011 in de buurt van Moskou werd afgerond – bleek dat het verlies van rijke omgevingsprikkels de psychofysiologische samenhang in gevaar brengt. Niet de kou of de vermoeidheid is het belangrijkste probleem, maar de relationele armoede van de context. Zonder een 'responsieve' omgeving heeft het menselijk organisme moeite om een samenhangend zelfbeeld te behouden.

Vanuit dit perspectief lijkt biologische coherentie eerder een ecologische dan een interne eigenschap te zijn. Een organisme is stabiel omdat het gesitueerd is, omdat het deel uitmaakt van een netwerk van relaties dat het voortdurend beïnvloedt. Zijn identiteit is geen onveranderlijke kern, maar een vorm die zich in de tijd handhaaft juist omdat ze in dialoog staat met haar omgeving.

Misschien is dat de reden waarom het leven ons zo veerkrachtig en tegelijkertijd zo kwetsbaar lijkt. Veerkrachtig, omdat het zich aan verschillende contexten weet aan te passen. Kwetsbaar, omdat geen enkele samenhang lang kan overleven in een wereld die zijn taal niet meer spreekt. De veldbiologie suggereert dan ook een contra-intuïtieve maar diepgaande conclusie: leven betekent niet jezelf verdedigen tegen de omgeving, maar in relatie blijven met die omgeving zonder jezelf te verliezen.

Wanneer de eenheid breekt: de dood als decoherentie van het levende.

Over de dood spreken in een hoofdstuk gewijd aan de samenhang van het leven lijkt misschien een melancholische uitweiding. In werkelijkheid is het een bijna onvermijdelijke stap. Als het leven het actief in stand houden van samenhang is, dan kan de dood – de fysieke, biologische dood – nuchter worden beschreven als het moment waarop deze samenhang onomkeerbaar verloren gaat. Geen plotselinge, puntvormige gebeurtenis, maar een proces van globale decoherentie waarbij het gehele organisme als informatie-eenheid betrokken is.

Vanuit fysisch oogpunt sterft een levend organisme niet omdat 'de energie opraakt'. De energie blijft ook in een levenloos lichaam aanwezig. Wat verloren gaat, is het vermogen om stromen, tijden en relaties te coördineren . De delen blijven bestaan, maar spreken niet langer dezelfde taal. Het is een ontbinding van de eenheid, geen verdwijning van de materie.

Een treffend beeld komt uit de klinische geneeskunde. In 1968 stelde een commissie onder leiding van Henry Beecher aan *de Harvard Medical School* voor het eerst duidelijke criteria voor de definitie van hersendood voor. Dit was geen filosofische keuze, maar een praktische noodzaak: het onderscheid maken tussen een organisme dat nog een eenheid vormde en een organisme dat zijn functionele integratie onomkeerbaar had verloren. Het hart kon nog kloppen, de longen konden nog worden beademd, maar de centrale informatie-eenheid – het vermogen om het geheel te coördineren – was definitief aangetast. De dood valt in dit perspectief niet samen met het stilvallen van een afzonderlijke functie, maar met het verlies van samenhang van het geheel.

Wie getuige is geweest van het laatste moment van een patiënt in een hospice, vertelt vaak over een merkwaardig detail: het is niet de stilte, maar een soort voortschrijdende disharmonie. Parameters die elkaar tot kort daarvoor nog ondersteunden, beginnen uiteen te lopen. Het ademhalingsritme 'luistert' niet meer naar dat van het hart, de temperatuurregeling wordt onregelmatig, de biochemische signalen raken uit synchronisatie. Het is alsof het orkest blijft spelen, maar zonder dirigent en zonder gedeelde partituur. De instrumenten zijn er nog, maar de muziek niet.

Deze beschrijving heeft niets metafysisch, en juist daarom is ze zo krachtig. Globale decoherentie is geen suggestief concept: het is waarneembaar, meetbaar, klinisch herkenbaar. Studies die tussen de jaren tachtig en negentig zijn uitgevoerd naar de elektrische hersenactiviteit tonen aan dat er bij het sterven niet simpelweg sprake is van een 'afname' van het signaal, maar van een fragmentatie van de coherente patronen. Het EEG wordt niet meteen vlak: het verliest eerst structuur, daarna integratie. De vorm verdwijnt eerder dan de intensiteit.

Het is op dit punt belangrijk om een duidelijk onderscheid te maken tussen het wetenschappelijke en het metafysische vlak. Het beschrijven van de biologische dood als informatie-decoherentie zegt niets — noch in de ene noch in de andere zin — over wat er eventueel gebeurt op het niveau van bewustzijn, betekenis of transcendentie. Spreken over een 'faseovergang' in metafysische zin kan symbolische of filosofische waarde hebben, maar behoort tot een ander domein. De veldbiologie, als zij wetenschappelijk nuchter wil blijven, stopt een stap eerder: zij constateert dat het organisme, als belichaamde informatie-eenheid, ophoudt te bestaan wanneer het niet langer in staat is zijn globale coherentie te handhaven.

Vreemd genoeg brengt deze visie de dood terug in het continuüm van het leven, zonder deze te mythologiseren of te banaliseren. Sterven is niet het tegenovergestelde van leven, maar het punt waarop het proces van het handhaven van de coherentie definitief faalt. Ilya Prigogine merkte, sprekend over systemen die ver van het evenwicht verwijderd zijn, op dat de levende orde altijd tijdelijk is, in stand gehouden ten koste van een voortdurende uitgave. Wanneer de kosten de mogelijkheden van het systeem overstijgen, stort de orde in. Hierin schuilt geen kosmische tragedie, maar het kan ook niet worden gereduceerd tot een louter mechanische storing.

Een anekdote die werd verteld door een verpleegkundige die in de jaren 2000 op een intensive care-afdeling in Lyon werkte, is veelzeggend. Hij zei: *"Het moment van de dood is niet wanneer de monitor uitgaat, maar wanneer je beseft dat je niet meer kunt herstellen wat uit elkaar is gevallen.*" Het is een eenvoudige, bijna ambachtelijke zin, maar hij raakt de kern: de dood als onomkeerbaar verlies van de mogelijkheid om de eenheid te herstellen.

In dit licht lijkt de fysieke dood een volkomen natuurlijke en tegelijkertijd radicale gebeurtenis. Het is het einde van een unieke, onherhaalbare informatieve vorm, die alleen bestond zolang ze haar interne en externe relaties bijeen kon houden. Al het andere – de vragen over de zin, over de continuïteit, over het eventuele 'hiernamaals' – blijft open, maar behoort tot een ander hoofdstuk van onze ervaring en ons denken.

Meer dan de som, minder dan de mythe: coherentie als wetenschappelijk feit.

Telkens wanneer in de biologie het woord ‘emergentie’ valt, haalt iemand zijn neus op. In het verleden werd het maar al te vaak gebruikt als een elegante snelkoppeling om te verhullen wat men niet kon verklaren. Maar de emergentie waarover we het hier hebben – coherentie als fundamentele eigenschap van het levende – heeft niets vaags of esoterisch. Het is een echte emergentie, in de meest concrete en wetenschappelijk respectabele zin van het woord.

Om dit te begrijpen, volstaat het een stap terug te doen, niet naar de metafysica, maar naar de recente geschiedenis van de wetenschap. Toen Ilya Prigogine in 1977 de Nobelprijs ontving voor zijn onderzoek naar dissipatieve structuren, stelde hij geen conceptuele magie voor. Hij toonde, met gegevens in de hand, aan dat er in open systemen, ver van het evenwicht, spontaan vormen van globale orde kunnen ontstaan die niet af te leiden zijn uit de afzonderlijke lokale interacties. De Bénard-cellen — die elegante convectiestructuren die waarneembaar zijn in een eenvoudige laag verwarmde vloeistof — zijn niet ‘vervat’ in de watermoleculen. Toch zijn ze reëel, meetbaar en reproduceerbaar. Niemand zou ze vandaag de dag een illusie noemen.

Biologische coherentie behoort tot dezelfde familie van verschijnselen. Het is geen extra kracht, noch een verborgen entiteit die achter de schermen werkt. Het is een collectieve eigenschap die ontstaat wanneer een enorm aantal fysische en chemische processen zich in de tijd op gecoördineerde wijze organiseert. Het doorslaggevende punt is dat deze organisatie niet willekeurig is: ze kent beperkingen, regelmatigheden, ge n kritische drempels. Met andere woorden, het is een legitiem onderwerp van wetenschappelijk onderzoek.

Een minder bekend maar verhelderend voorbeeld komt uit het werk van Walter Freeman, neurofysioloog aan de Universiteit van Berkeley, in de jaren zeventig en tachtig. Bij het bestuderen van de elektrische activiteit van de reukbulbus van konijnen merkte Freeman op dat de algemene patronen van neuronale activiteit niet konden worden voorspeld door het gedrag van afzonderlijke neuronen te analyseren. De informatie zat niet in de 'onderdelen', maar in de samenhangende configuratie van het geheel. Freeman sprak van 'opkomende patronen', niet om een mysterie op te roepen, maar om een hardnekkig experimenteel feit te beschrijven: de hersenen functioneerden als een dynamische eenheid, niet als een verzameling onafhankelijke componenten.

Hierin ligt de kern van de wetenschappelijke legitimiteit van coherentie: zij brengt waarneembare causale effecten teweeg. Een coherent organisme reageert op de omgeving als een eenheid, behoudt zijn vorm en neemt biologische beslissingen – van metabolisme tot voortplanting – die niet kunnen worden toegeschreven aan een enkel molecuul of een geïsoleerde biochemische route. Coherentie zorgt ervoor dat er dingen gebeuren. En wat causale effecten heeft, valt per definitie onder het domein van de wetenschap.

Het is geen toeval dat soortgelijke concepten zijn opgekomen in vakgebieden die ver van de biologie afstaan. In 1985 begonnen natuurkundigen, economen en biologen aan het Santa Fe Institute serieus te spreken over complexe adaptieve systemen. Het basisidee was eenvoudig maar radicaal: sommige systemen kunnen niet worden begrepen door ze uit elkaar te halen, omdat hun belangrijkste eigenschappen voortkomen uit interacties. Het leven is in die zin geen gênante uitzondering, maar een van de meest verfijnde voorbeelden van een algemeen principe.

Het is de moeite waard om dit te benadrukken: het erkennen van de opkomst van coherentie betekent niet dat we afzien van een verklaring. Het betekent dat we accepteren dat de verklaring van niveau verandert. Zoals de theoretisch bioloog Robert Rosen in de jaren negentig schreef: „*Een levend systeem is verklaarbaar, maar niet zonder verlies in onderdelen op te splitsen.*" Hier zit niets onwetenschappelijks in. Het is, zo je wilt, een oproep tot grotere conceptuele precisie.

Een kleine anekdote, verteld door een Italiaanse onderzoekster die in de vroege jaren 2000 in Heidelberg werkte, geeft een goed beeld van *de* culturele sfeer in het laboratorium. Tijdens een vergadering vroeg een jonge promovendus: „*Maar deze emergente eigenschap... waar bevindt die zich precies?*" De groepsleider antwoordde na een korte pauze: „*Die bevindt zich waar de melodie zich in een strijkkwartet bevindt. Niet in een viool, maar ook niet buiten de instrumenten om.*" De opmerking bracht een glimlach teweeg, maar maakte een einde aan de discussie. Iedereen had het begrepen.

Coherentie is dus geen chique naam voor onwetendheid. Het is de erkenning dat het leven functioneert op een organisatieniveau waarop de eenheid voorrang heeft boven de opsomming van de onderdelen. Dit accepteren betekent niet dat we de nauwkeurigheid loslaten, maar dat we die juist uitbreiden. Het betekent dat we serieus nemen wat de biologische ervaring altijd al laat zien: dat het levende een geheel is dat als geheel functioneert, en dat deze heelheid geen mysterie is, maar een fenomeen.

Coherentie vanuit het perspectief van wiskundige modellen.

Als biologische coherentie slechts een taalkundige suggestie was, zou ze nauwelijks de aandacht hebben getrokken van wiskundigen, theoretische natuurkundigen en onderzoekers van complexe systemen. Maar in plaats daarvan is het juist de wiskunde – de meest rigoureuze en minst geneigde tot metaforen – die al minstens een halve eeuw een van de stevigste steunpilaren vormt voor het idee dat de orde van het levende naar voren komt als een globale, stabiele en formeel beschrijfbare eigenschap.

Een vaak vergeten keerpunt vond plaats in de jaren zestig, aan het MIT in Cambridge, toen Norbert Wiener en zijn studenten de basis legden voor de moderne cybernetica. Het idee dat complexe systemen dankzij terugkoppelingscircuits *(feedback)* coherent gedrag konden vertonen, was geen filosofische intuïtie, maar een wiskundig resultaat. De differentiaalvergelijkingen die deze systemen beschreven, toonden aan hoe het geheel zich kon stabiliseren in dynamische configuraties — attractoren —, ongeacht de lokale fluctuaties. Met andere woorden: de samenhang werd niet van buitenaf opgelegd, maar gegenereerd door de interne organisatie.

In de jaren zeventig vond deze wiskundige taal een ideale thuis in het werk van René Thom, een Franse wiskundige en grondlegger van de catastrofentheorie. Thom hield zich niet direct bezig met moleculaire biologie, maar met vormen. Hij toonde aan hoe continue systemen plotselinge kwalitatieve veranderingen konden ondergaan terwijl ze toch deterministische wetten volgden. Zijn beroemde lezing uit 1972 aan *het „Institut des Hautes Études* Scientifiques" in Bures-sur-Yvette zorgde maandenlang voor discussie: het idee dat de vorm van een organisme een stabiel effect was van een veld van wiskundige beperkingen — en niet louter een product van lokale instructies — bleek verrassend goed aan te sluiten bij wat embryologen onder de microscoop waarnamen.

Dichter bij ons hebben dynamische netwerken een nog overtuigender beeld opgeleverd. Toen Stuart Kauffman eind jaren tachtig begon met *het* bestuderen *van 'random Boolean* networks', zocht hij een eenvoudig antwoord op een enorme vraag: hoe slaagt een cel erin haar genetische identiteit te behouden ondanks moleculaire ruis? Zijn modellen toonden aan dat netwerken, boven een bepaalde drempel van verbindingen, spontaan neigen naar geordende maar flexibele toestanden, die Kauffman 'de rand van de chaos' noemde. Dit was geen poëtische metafoor: het was een wiskundig resultaat. Coherentie kwam naar voren als een globale toestand van het systeem, niet als een eigenschap van een enkel gen.

Een anekdote die Kauffman zelf vertelde tijdens een seminar in Santa Fe in 1994 geeft de sfeer van dat onderzoek goed weer. Nadat hij een simulatie had getoond waarin een complex netwerk zich stabiliseerde in enkele robuuste attractoren, merkte een bioloog in de zaal op: *'Het lijkt bijna alsof het netwerk weet wat het moet doen.'* Kauffman glimlachte en antwoordde: *'Nee, het lijkt erop dat het geheel het weet.'* Het was een grapje, maar het raakte de kern: de wiskunde bood een taal om te spreken over de impliciete kennis van levende systemen zonder een beroep te doen op mysterieuze actoren.

Ook de theorie van niet-lineaire dynamische systemen heeft een doorslaggevende bijdrage geleverd. De vreemde attractoren, die Edward Lorenz al in 1963 in verband met klimaatmodellen bestudeerde, toonden aan dat orde en onvoorspelbaarheid naast elkaar kunnen bestaan. In de biologie betekent dit dat een organisme zeer coherent kan zijn en tegelijkertijd gevoelig blijft voor de context. De vergelijkingen beschrijven geen starre machine, maar een gebonden dans: een dynamische, geen statische coherentie.

Wat deze modellen bijzonder relevant maakt, is het feit dat coherentie meetbaar, simuleerbaar en falsifieerbaar wordt. Het is niet langer een suggestief begrip, maar een wiskundige eigenschap: structurele stabiliteit, convergentie naar attractoren, synchronisatie van netwerken. Toen onderzoeksgroepen in Barcelona en Boston in de vroege jaren 2000 begonnen met het modelleren van echte metabolische netwerken, ontdekten ze dat het verlies van globale coherentie vaak voorafging aan de functionele ineenstorting van het systeem. De wiskunde liep, eens te meer, voor op de biologische interpretatie.

In die zin bieden wiskundige modellen een grammatica om te beschrijven hoe eenheid uit de veelheid voortkomt zonder zich daartoe te beperken. Biologische samenhang is dus geenszins een vaag begrip, maar blijkt een duidelijk omschreven formele structuur te zijn: een collectieve gebeurtenis die, verrassend genoeg, door vergelijkingen kan worden beschreven.

Wanneer wiskunde en biologie elkaar leren begrijpen.

Lange tijd hebben wiskundigen en biologen elkaar met een zekere wantrouwigheid bekeken, als beoefenaars van aan elkaar grenzende maar onverenigbare vakgebieden. De eersten spraken over abstracte ruimten, variabelen, structurele stabiliteit; de tweeden over cellen, weefsels, ontwikkeling, ziekten. Wanneer ze elkaar ontmoetten, begrepen ze elkaar vaak niet. Niet vanwege een gebrek aan intelligentie of openheid, maar vanwege een dieper liggend probleem: de taal.

Een anekdote die een Nederlandse theoretisch bioloog vertelde tijdens een workshop in Leiden in de vroege jaren negentig is veelzeggend. Aan het einde van een presentatie over dynamische modellen van embryonale ontwikkeling kwam een experimenteel bioloog naar hem toe en zei: *„Uw vergelijkingen zijn elegant, maar waar is het organisme?“* De vraag was niet polemisch, maar oprecht. Voor haar was het organisme iets dat je kon ontleden, kleuren en onder de microscoop bekijken. Voor de wiskundige daarentegen was het organisme juist die structuur van relaties die de vergelijking trachtte weer te geven.

Dit semantische verschil heeft het begrip van biologische coherentie lange tijd belemmerd. In de biologie riep het woord ‘coherentie’ hooguit een goede functionele integratie op; in de wiskunde en de systeemfysica duidde het op een rigoureuze globale eigenschap, definieerbaar in termen van stabiliteit, correlatie en collectief gedrag. Over coherentie spreken zonder het niveau van de discussie te verduidelijken, betekende vaak dat men langs elkaar heen praatte.

Toch is er sinds de jaren 2000 iets veranderd. Instellingen zoals het *Santa Fe Institute* in New Mexico, *het EMBL* in Heidelberg of het *Max Planck Instituut voor de Fysica van Complexe Systemen* in Dresden zijn plekken geworden waar taalverrijking plaatsvindt. Hier zijn biologen, wiskundigen en natuurkundigen niet zozeer gaan werken aan het vertalen van hun eigen concepten, maar aan het opbouwen van een gemeenschappelijk vocabulaire. Niet langer 'wiskunde toepassen op de biologie', maar gezamenlijk modellen ontwikkelen die voortkomen uit echte biologische vraagstukken.

Een vaak aangehaald voorbeeld is het onderzoek naar genreguleringsnetwerken tijdens de ontwikkeling. Toen interdisciplinaire groepen in de vroege jaren 2000 deze processen begonnen te beschrijven als hoogdimensionale dynamische systemen, waren veel biologen sceptisch. Toen kwamen de resultaten: de wiskundige modellen konden de robuustheid van bepaalde ontwikkelingspatronen beter voorspellen dan de geïsoleerde moleculaire beschrijvingen dat deden. De samenhang van het organisme kwam niet voort uit afzonderlijke genen, maar uit de algehele structuur van de interacties.

Een Italiaanse wiskundige herinnerde zich in een interview uit 2011 hoe de echte conceptuele sprong niet voor een schoolbord plaatsvond, maar tijdens een informeel diner in Trastevere na een congres in Rome. Hij vertelde dat op een gegeven moment een embryoloog zei: *'Misschien bedoelen jullie met "attractor" wat wij "cellulaire bestemming" noemen.'* Het was een wederzijdse openbaring. De woorden waren verschillend, het onderwerp hetzelfde.

Deze dialoog heeft beide vakgebieden verrijkt. De biologie heeft formele instrumenten gekregen om na te denken over de eenheid van het levende zonder deze te reduceren tot een opsomming van componenten. De wiskunde werd op haar beurt gedwongen zich te verhouden tot historische, contingente systemen die openstaan voor de omgeving — heel anders dan de ideale objecten uit de leerboeken. Biologische coherentie is in deze ontmoeting opgehouden een concept te zijn dat 'halverwege' tussen poëzie en wetenschap in ligt, en is een gedeelde eigenschap geworden, die vanuit meerdere invalshoeken kan worden beschreven.

Wanneer we vandaag de dag spreken over een organisme als een gestabiliseerde informatiestructuur, is die dialoog niet langer een optie, maar een epistemologische noodzaak. Coherentie behoort niet tot één discipline: het is het fenomeen dat de disciplines dwingt met elkaar in gesprek te gaan. En misschien is dit wel de diepste les die het ons leert.

De schaduw van het vitalisme: hoe emergentie aan het wetenschappelijke wantrouwen is ontsnapt.

Aan het begin van de twintigste eeuw was het riskant om het woord 'emergentie' in een wetenschappelijke context te gebruiken. Het klonk als een bekentenis van onwetendheid, of erger nog, als een verkapte terugkeer naar het vitalisme. In een tijdperk waarin de organische chemie en de experimentele fysiologie net hun triomf hadden beleefd, leek het idee dat nieuwe eigenschappen op het niveau van het organisme konden 'verschijnen' een conceptuele snelkoppeling, een elegante manier om te zeggen: we kunnen het niet verklaren.

Dat vermoeden was niet ongegrond. Veel vroege emergentisten – denk maar aan de Britse filosoof C. D. Broad, die in 1925 sprak over eigenschappen die zelfs in principe niet afleidbaar waren – lieten een grijs gebied open. Als een eigenschap niet afleidbaar is, valt ze dan buiten de fysische causaliteit? Is het iets dat van buitenaf wordt toegevoegd? In diezelfde jaren voerden laboratoria zoals dat van Jacques Loeb aan de *Rockefeller University* in New York een tegengesteld programma uit: aantonen dat het leven volledig terug te voeren was op fysisch-chemische krachten. Elke verwijzing naar 'totaliteit' of 'organisme' werd met ergernis bekeken.

Een anekdote uit de memoires van een jonge Duitse onderzoeker geeft een goed beeld van de sfeer in die tijd. Tijdens een discussie in Berlijn in 1931 durfde een collega te spreken over 'opkomende eigenschappen' van het celmetabolisme. De stilte in de zaal werd gevolgd door een scherpe opmerking: *'Hier doen we aan wetenschap, niet aan metafysica'*. De beschuldiging was duidelijk: emergentie staat gelijk aan mysterie.

Er waren drie belangrijke punten van kritiek. Ten eerste: het emergentisme leek in strijd te zijn met het principe van causale geslotenheid in de natuurkunde. Ten tweede: het ontbrak aan formele modellen en steunde op kwalitatieve beschrijvingen. Ten derde: het dreigde een impliciet doel in de natuur opnieuw te introduceren, iets wat de moderne wetenschap met veel moeite had uitgebannen. In die context leek het reductionisme niet alleen strenger, maar ook eerlijker.

Wat is veranderd, is niet zozeer het idee van emergentie, als wel het wetenschappelijke terrein waarop het rust. De bezwaren uit het begin van de twintigste eeuw gingen uit van een wereld die werd beheerst door lineariteit, eenvoudige causaliteit en isoleerbare systemen. Maar de wetenschap van na de Tweede Wereldoorlog – van de thermodynamica van open systemen tot de theorie van complexe systemen – heeft aangetoond dat deze aannames onvolledig waren. Tegenwoordig weten we dat er nieuwe gedragsregimes kunnen ontstaan zonder dat daarbij enige fundamentele wet wordt geschonden, simpelweg wanneer het aantal en de verwevenheid van de interacties een bepaalde drempel overschrijden.

De beslissende ommekeer was van formele aard. Wanneer emergentie modelleerbaar wordt – via niet-lineaire dynamieken, op elkaar inwerkende netwerken, collectieve stabiliteit – verliest het zijn mysterieuze aura. Biologische coherentie is in dit kader geen magische gebeurtenis, maar een stabiele configuratie van relaties. Niet 'iets extra's', maar 'iets dat gebeurt' wanneer het systeem voldoende georganiseerd is.

Ook de oude beschuldiging van finalisme bleek minder steekhoudend dan ze leek. Vandaag de dag impliceert het spreken over doelgericht gedrag of het handhaven van coherentie geen extern doel, maar beschrijft het een interne beperking binnen het systeem. Een coherent organisme wil niet coherent blijven: het is simpelweg zo dat, als het dat niet doet, het ophoudt te bestaan. Het is een structurele noodzaak, geen plan.

In die zin vraagt het hedendaagse emergentisme niet om filosofische toegeeflijkheid, maar om wetenschappelijke aandacht. De historische kritiek was het product van een tijdperk waarin geschikte conceptuele en wiskundige instrumenten ontbraken. Vandaag de dag bestaan die instrumenten wel. En daarmee lijkt het idee dat het leven een coherente, emergente eigenschap is, niet langer een capitulatie van de verklaring, maar juist een natuurlijke uitbreiding ervan.

Wat de reductionistische opvoeding ons belet te erkennen.

Er is een handeling die bijna elke wetenschappelijke opleiding vergezelt: ontleden. Men ontleedt een organisme in organen, een orgaan in weefsels, een weefsel in cellen, een cel in moleculen. Het is een krachtige handeling, die enkele van de meest indrukwekkende verworvenheden van de moderniteit heeft voortgebracht. Maar zoals alle handelingen die zonder nadenken worden herhaald, dreigt deze te veranderen in een cognitieve gewoonte. En een gewoonte, dat is bekend, helpt niet om te zien wat niet in het schema past.

Veel wetenschappers vertellen, met een vleugje ironie, over hetzelfde moment van verwarring. Het gebeurt vaak tijdens de eerste jaren van onderzoek: men observeert een biologisch fenomeen dat onberispelijk 'werkt' — een robuuste embryonale ontwikkeling, een gecoördineerd genezingsproces, een verfijnde immuunreactie — maar men kan het niet verklaren door de afzonderlijke moleculaire stappen bij elkaar op te tellen. *„Ik kan elk onderdeel beschrijven,*" vertrouwde een jonge celbioloog toe tijdens een seminar in Cambridge in 2014, *„maar het gedrag als geheel ontgaat me.*" Het was geen beperking van zijn deskundigheid, maar een beperking van zijn blik.

Het wetenschappelijk onderwijs van de twintigste eeuw, vooral in de levenswetenschappen, is gevormd door een specifiek idee van verklaring: begrijpen betekent reduceren. Deze benadering heeft diepe wortels, die minstens teruggaan tot het succes van de klassieke mechanica en de analytische chemie. Het is niet verwonderlijk dat deze benadering als universeel model is overgenomen. Het probleem ontstaat wanneer wat een effectieve methode was, de enige denkbare methode wordt.

Een weinig bekend, maar verhelderend voorval betreft een bezoek van Ludwig von Bertalanffy aan een Amerikaanse universiteit in de jaren vijftig. Toen hij was uitgenodigd om een lezing te geven over systeemtheorie, vroeg een student hem: *„In welk hoofdstuk van het biochemieboek komt het systeem voor?*". Bertalanffy antwoordde kalm: *„In geen enkel. En dat is nu juist het probleem*". Het was geen filosofische provocatie, maar een pedagogische constatering: bepaalde concepten passen er niet in omdat er in de standaardopleiding geen ruimte voor is.

Het reductionisme in het onderwijs leidt vaak tot een paradox. Enerzijds biedt het steeds verfijndere analyse-instrumenten; anderzijds maakt het elke eigenschap die niet lokaliseerbaar is, verdacht. Als men niet kan aangeven waar de samenhang zich bevindt – in welk molecuul, in welk gen – dan is men geneigd deze als een beschrijvende illusie te beschouwen. Maar emergentie laat zich niet met de vinger aanwijzen: men herkent het door het gedrag van het systeem in de loop van de tijd te observeren.

Deze moeilijkheid komt niet voort uit onwetendheid, maar uit een opleiding die de voorkeur geeft aan statische analyse boven dynamische, aan het element boven de relatie. Het herkennen van een emergent fen , zoals coherentie, vereist een verandering van intellectuele houding: niet afzien van het ontleden, maar dit combineren met het vermogen tot conceptuele hercompositie. Een vermogen dat zelden expliciet wordt onderwezen.

Het is geen toeval dat veel wetenschappers emergentie pas laat hebben 'ontdekt', vaak buiten de collegezaal. Sommigen komen ermee in aanraking door in het veld een ecosysteem te observeren, zoals de mariene bioloog Rachel Carson in haar dagboeken beschreef; anderen intuïtief door te werken met computationele modellen die onverwacht gedrag vertonen; weer anderen merken simpelweg op dat het organisme blijft doen wat het doet, zelfs wanneer bepaalde delen worden verstoord. De samenhang komt naar voren, maar je moet er wel voor openstaan om die te zien.

In die zin is het probleem niet het reductionisme op zich, maar de exclusiviteit ervan in het onderwijs. Zolang we wetenschappers opleiden die uitblinken in het ontleden van systemen maar terughoudend zijn om over het geheel te spreken, zal emergentie iets vaags blijven lijken. Wanneer we daarentegen leren het te beschouwen als een waarneembaar, stabiel en reproduceerbaar fenomeen — ook al is het niet lokaliseerbaar — dan houdt coherentie op een verdacht concept te zijn en wordt het wat het is: een reële eigenschap van het leven.

IV. Het organisme als niet-lokaal systeem.

Er is een moment in de loop van dit boek waarop de kritiek op het reductionisme zich niet langer kan beperken tot het aantonen van wat niet werkt. Ze moet een verandering van perspectief voorstellen. Hoofdstuk IV komt precies voort uit deze noodzaak: de lezer kennis laten maken met een idee dat even eenvoudig als ontwrichtend is voor de klassieke biologie, namelijk dat in levende organismen het gedrag van de delen niet kan worden begrepen zonder uit te gaan van de toestand van het geheel.

Nadat in de voorgaande hoofdstukken de beperkingen van de puur biochemische verklaring en de moeilijkheden van het darwinisme om vorm en organisatie te verklaren zijn aangetoond, wordt hier een stap verder gezet. Het gaat niet langer alleen om de constatering dat moleculen niet volstaan, maar om de erkenning dat biologische causaliteit noch lineair, noch lokaal is. In organismen hangt wat er op een bepaald punt gebeurt af van omstandigheden die niet tot dat punt beperkt zijn.

Het leven functioneert, met andere woorden, eerder als een globaal systeem dan als een verzameling onderdelen.

Dit inzicht is niet ontstaan in de biologie, maar vertoont verrassende overeenkomsten met de twintigste-eeuwse natuurkunde. Toen Albert Einstein, met een zekere ironie, sprak over *„spukhafte* Fernwirkung", de beroemde *„spookachtige werking op* afstand", drukte hij daarmee zijn ongemak uit ten aanzien van een non-lokaliteit die het klassieke gezond verstand leek te schenden. Tegenwoordig erkennen veel biologen – zonder ongepaste analogieën te forceren – dat ook levende systemen een vorm van functionele non-lokaliteit vertonen: niet omdat ze onmiddellijke signalen doorgeven, maar omdat de globale organisatie het lokale gedrag bepaalt.

Zoals de theoretisch bioloog Robert Rosen schreef: *'Een organisme is geen machine, want in een machine verklaren de onderdelen het geheel, terwijl in een organisme het geheel de onderdelen verklaart.'* Een zin die de strekking van dit hoofdstuk perfect samenvat. In het levende bestaat er geen 'regisseur-molecuul', geen soeverein gen of chemische reactie die op zichzelf de biologische orde kan verklaren. De causaliteit is verdeeld, circulair en vaak retroactief. Elk niveau van het organisme bestaat in relatie tot de andere niveaus.

Dit idee van het primaat van het organisme kent een lange, verborgen geschiedenis. Kurt Goldstein, neuroloog en denker uit de eerste helft van de twintigste eeuw, merkte bij het observeren van patiënten met hersenletsel op dat het resterende gedrag niet louter de som was van de intact gebleven functies. Het gehele organisme reorganiseerde zich en vond nieuwe evenwichten. Hij schreef: *„Het beschadigde deel kan alleen worden begrepen in relatie tot het organisme in zijn totaliteit."* Dit was geen klinische metafoor, maar een theoretische uitspraak.

In dit hoofdstuk wordt dit perspectief tot in het uiterste doorgetrokken: het organisme is niet het eindresultaat van lokale processen, maar juist de toestand die die processen mogelijk maakt. Cellen, weefsels, zelfs genexpressie, reageren op een globale toestand van coherentie of incoherentie. Zoals Nobelprijswinnaar Ilya Prigogine opmerkt: „*Oorzaak en gevolg zijn niet langer te scheiden in tijd en ruimte.*" Toegepast op de biologie suggereert deze uitspraak dat het leven geen lineaire causale keten volgt, maar een netwerk van wederzijdse verbanden.

Dit hoofdstuk vervult dus een strategische functie in de opbouw van het boek. Het dient om de conceptuele basis te leggen voor de introductie van biologische velden, die niet begrepen kunnen worden zonder eerst het idee te aanvaarden dat het organisme een primaire, niet-afgeleide eenheid is. Over velden spreken zonder deze voorbereidende stap zou betekenen dat ze tot louter metaforen worden gereduceerd. Hier wordt daarentegen duidelijk gemaakt waarom ze een theoretische noodzaak zijn.

Lokaliteit en niet-lokaliteit. De verschillen.

Eeuwenlang heeft de wetenschap met een geruststellende overtuiging naar de natuur gekeken: om een fenomeen te begrijpen volstaat het vast te stellen waar het plaatsvindt en wat het veroorzaakt. Dit is het idee van lokaliteit, volgens welke elk effect een oorzaak heeft die op een precies punt in ruimte en tijd kan worden geïdentificeerd. Deze benadering heeft uitstekend gewerkt voor de mechanica, de scheikunde en een groot deel van de klassieke fysiologie. Maar wanneer men zich echt verdiept in de complexiteit van levende organismen, beginnen er diepe barsten te ontstaan.

Dit hoofdstuk van het boek speelt zich precies op dat breekpunt af. Nadat het idee dat het leven herleidbaar is tot een keten van biochemische reacties ter discussie is gesteld, wordt hier een cruciaal onderscheid aan de orde gesteld: dat tussen lokale processen en niet-lokale dynamieken. Dit is geen theoretische subtiliteit, maar een verschil dat de manier waarop we de biologische organisatie interpreteren radicaal verandert.

In een lokaal systeem hangt het gedrag van een onderdeel in wezen af van wat er naast ligt. Een enzym katalyseert een reactie omdat het een substraat tegenkomt; een receptor wordt geactiveerd omdat een molecuul zich eraan bindt. Alles gebeurt 'hier', en wat elders gebeurt, is in principe irrelevant. Dit is het impliciete model van de klassieke biochemie: krachtig en nauwkeurig, maar beperkt.

Biologische non-lokaliteit introduceert daarentegen een andere logica. In organismen hangt wat er op een bepaald punt gebeurt vaak af van de toestand van het gehele systeem. Niet omdat er mysterieuze krachten op afstand bestaan, maar omdat het levende wezen is georganiseerd als een samenhangende eenheid, waarin de globale context het lokale gedrag bepaalt. Een voorbeeld dat bij vakmensen bekend is, maar buiten specialistische kringen zelden wordt besproken, betreft de hartslag. Denis Noble, fysioloog aan de Universiteit van Oxford, heeft aangetoond dat de hartslag niet wordt 'aangestuurd' door één enkele pacemakercel, maar voortkomt uit de collectieve interactie van miljoenen hartcellen, die elk gevoelig zijn voor de algehele toestand van het weefsel. Het isoleren van een cel betekent dat het werkelijke gedrag ervan verloren gaat.

Het verschil tussen lokaal en niet-lokaal wordt nog duidelijker bij de embryonale ontwikkeling. Als lokaliteit het dominante principe zou zijn, zou het volstaan om de positie en het lot van elke afzonderlijke cel te kennen om de uiteindelijke vorm van een organisme te verklaren. Toch hebben klassieke experimenten uit de twintigste eeuw aangetoond dat embryo's die in een vroeg stadium van elkaar worden gescheiden, zich opnieuw kunnen organiseren en complete structuren kunnen vormen, ook al 'ontbreken' er delen die volgens een lokale logica onmisbaar zouden zijn geweest. De ontwikkeling reageert op een veld van globale relaties, niet op een punt-voor-puntkaart.

Walter Freeman, een Amerikaanse neurowetenschapper, gebruikte bij het spreken over hersenactiviteit een opzettelijk provocerende uitdrukking: *„Het brein verwerkt informatie niet als een telefooncentrale, maar als een storm.*“ Wat hij bedoelde was eenvoudig en radicaal: er bestaat geen precieze plaats waar een gedachte of een waarneming „ontstaat“. Neuronale activiteit neemt globale configuraties aan die betekenis geven aan de afzonderlijke signalen. Opnieuw gaat het geheel vooraf aan de delen.

De lokaliteit zoekt de oorzaak; de niet-lokaliteit zoekt de voorwaarde. In het eerste geval vraagt men zich af: „Welk element veroorzaakt dit effect?”. In het tweede geval: „in welke toestand moet het systeem zich bevinden opdat dit effect mogelijk is?”. Het is een subtiel, maar doorslaggevend verschil. Claude Bernard had al in de negentiende eeuw iets soortgelijks aangevoeld toen hij stelde dat „de stabiliteit van *het milieu intérieur* de voorwaarde is voor het vrije leven”. Hij sprak niet over specifieke moleculen, maar over een globale toestand die elke lokale functie mogelijk maakt.

Dit onderscheid helpt ook te begrijpen waarom het idee van een ‘regisseur-molecuul’ zo aantrekkelijk en tegelijkertijd zo misleidend is. Het toekennen van de rol van uiteindelijke oorzaak aan een gen, een hormoon of een neurotransmitter is een lokale reflex die wordt toegepast op een systeem dat dat niet is.

Van het lichaam naar de samenleving: de niet-lokaliteit die ons beheerst.

Er is een punt in de vergelijking tussen biologie en economie waarop de parallel niet langer een elegante metafoor is, maar een instrument voor begrip wordt. Dat is het punt van de niet-lokaliteit. Net zoals in een levend organisme het gedrag van een cel afhangt van de algehele toestand van het lichaam, zo worden in economische en sociale systemen de handelingen van individuele actoren sterk beïnvloed door globale dynamieken waar niemand direct controle over heeft. John Maynard Keynes had dit in de jaren dertig al duidelijk doorzien, toen hij sprak over *'animal spirits'*: schijnbaar rationele individuele beslissingen die, wanneer ze bij elkaar worden opgeteld, onvoorspelbare collectieve effecten teweegbrengen. Geen enkele belegger 'besluit' op zichzelf tot een financiële crisis, en toch vindt er een crisis plaats, als een soort systemische koorts. Het voorbeeld van de beurscrash van 1929 – dat nog steeds wordt bestudeerd, niet alleen door economen maar ook door theoretici van complexe systemen – vertoont een dynamiek die verrassend veel lijkt op bepaalde biologische verschijnselen: kleine lokale signalen worden pas relevant omdat het systeem als geheel zijn samenhang heeft verloren. Karl Polanyi, die het Europa tussen de twee wereldoorlogen observeerde, sprak van een 'desintegratie van het sociale weefsel' nog vóór de economische desintegratie. Ook hier, net als in het levende, is het niet het afzonderlijke onderdeel dat de ineenstorting verklaart, maar de algemene toestand van het relatiesysteem. Dichter bij ons heeft socioloog Mark Granovetter aangetoond hoe individueel gedrag — bijvoorbeeld deelnemen aan een protest of meegaan in een modetrend — afhankelijk is van onzichtbare collectieve drempels: wat een persoonlijke keuze lijkt, is in werkelijkheid een niet-lokaal verschijnsel, mogelijk gemaakt door de algehele configuratie van het sociale netwerk. Zowel in de biologie als in de sociale wetenschappen doet niet-lokaliteit het individu niet teniet, maar plaatst het in een context die eraan voorafgaat en het begrijpelijk maakt. Het geheel gaat, nogmaals, vooraf aan de delen.

Wanneer de toekomst het heden bepaalt.

Als de niet-lokaliteit het idee in twijfel trekt dat elke oorzaak zich op een precies punt in de ruimte bevindt, gaat de tijd nog een stap verder: zij toont aan dat in levende systemen de oorzaak zich zelfs niet in een afzonderlijk moment bevindt. Een organisme leeft nooit alleen in het heden. Elke reactie ervan is doordrongen van het verleden en gericht op een mogelijke toekomst. Het immuunsysteem reageert bijvoorbeeld op basis van een geheugen: een infectie die jaren geleden plaatsvond, beïnvloedt vandaag de kwaliteit van de cellulaire reactie. In 1973 beschreef Niels Jerne tijdens een congres in Cold Spring Harbor het immuunsysteem als een netwerk dat 'zich herinnert' en anticipeert, meer vergelijkbaar met een gesprek dan met een keten van reacties. Hier verloopt de tijd niet in een rechte lijn: ze circuleert, vouwt zich terug, keert terug. Dezelfde logica geldt voor het hele lichaam. Een geblesseerde atleet vertelde dat de pijn in zijn knie al terugkeerde nog voordat hij zich inspande, alleen al bij het vooruitzicht op de wedstrijd. De verwachting van de toekomst had het fysiologische heden al veranderd. Soortgelijke verschijnselen zijn ook in samenlevingen welbekend. Economische crises beginnen vaak al voordat de cijfers dat rechtvaardigen: het volstaat dat het idee van een onzekere toekomst zich verspreidt om het collectieve gedrag vandaag al te veranderen. In 1992, aan de vooravond van de lira-crisis, merkten sommige waarnemers op dat de markten meer reageerden op geruchten dan op officiële gegevens . Net als in een organisme dat onder stress staat, zorgt de anticipatie op gevaar ervoor dat het systeem als geheel zich herorganiseert. De socioloog Robert K. Merton sprak van een 'zelfvervullende profetie': toekomstverwachtingen die oorzaken in het heden worden. In beide gevallen, zowel biologisch als sociaal, werkt de tijd op een niet-lokale manier: het verleden is niet echt voorbij, de toekomst heeft zich nog niet voltrokken, en toch dragen beide actief bij aan de vormgeving van het hier en nu. Temporele niet-lokaliteit is misschien wel de meest subtiele vorm van het primaat van het geheel: het systeem reageert niet op wat er gebeurt, maar op wat het betekent in de stroom van zijn geschiedenis.

Wanneer zelfs machines niet-lokaal worden.

De afgelopen decennia hebben veel ingenieurs, bij het observeren van de werking van grote computernetwerken, een gevoel ervaren dat biologen bekend voorkomt: geen commandocentrum, en toch een verrassend coherent globaal gedrag. Het internet is, vanaf de oorspronkelijke architectuur die in de jaren zestig door Paul Baran en Donald Davies bij *de RAND Corporation* en *het National Physical Laboratory* in Teddington werd ontworpen, zo bedacht dat het blijft functioneren, zelfs als belangrijke onderdelen uitvallen. De datapakketten vinden alternatieve routes, het verkeer herschikt zich, het netwerk 'houdt stand'. In die zin doet de niet-lokaliteit van computernetwerken denken aan die van organismen: wat er in een knooppunt gebeurt, hangt af van de algehele toestand van het systeem. Daar houdt de gelijkenis echter op. Een levend organisme beperkt zich niet tot het in stand houden van de functionaliteit: het interpreteert wat er gebeurt. Toen in 2012 een stroomstoring een groot datacenter in Noord-Virginia trof, traden de redundante systemen in werking volgens vooraf gedefinieerde protocollen. Alles werkte, maar geen enkel netwerk 'begreep' de betekenis van de gebeurtenis. In een organisme daarentegen is een verstoring nooit louter technisch: ze is betekenisvol. De Canadese bioloog Brian Goodwin merkte op dat complexe machines weliswaar de organisatie kunnen simuleren , maar niet de vorming van betekenis. Kunstmatige netwerken zijn niet-lokaal in de ruimte, maar blijven lokaal in de betekenis: ze werken volgens externe regels, niet op basis van een ervaren samenhang. Zelfs de meest geavanceerde architecturen van kunstmatige intelligentie, zoals die ontwikkeld in de laboratoria van *DeepMind* in Londen, vertonen aanpassingsvermogen en leervermogen, maar altijd binnen een kader van doelstellingen die van buitenaf zijn toegewezen. Het organisme daarentegen is tegelijkertijd netwerk, regel en doel: zijn 'veld' is niet geprogrammeerd, maar wordt voortdurend vernieuwd. De vergelijking met kunstmatige systemen is dus waardevol, niet om het leven te reduceren tot een geavanceerde machine, maar om te verduidelijken wat er in machines nog ontbreekt: het primaat van het geheel als interne voorwaarde, niet als opgelegd project.

Toen het geheel de delen in de weg stond.

Om te begrijpen waarom het vandaag de dag soms nog steeds tegen de stroom in lijkt om over het organisme als een niet-lokaal systeem te spreken, moeten we terugkeren naar het intellectuele klimaat van de tweede helft van de twintigste eeuw. Tussen de jaren vijftig en zeventig beleefde de biologie een periode van spectaculaire successen: de ontdekking van de structuur van het DNA in 1953, het ontcijferen van de genetische code, de opkomst van de moleculaire biologie als een verbindende taal. In die context leek het idee dat het geheel voorrang zou kunnen hebben op de delen niet alleen overbodig, maar ook verdacht. Francis Crick verklaarde tijdens een lezing in Cambridge in 1966 in niet mis te verstane bewoordingen dat het uiteindelijke doel van de biologie was om het leven te verklaren „in termen van fysica en chemie". Dat was geen arrogantie, maar vertrouwen in een succesvol paradigma. Degenen die holistische visies voorstelden, zoals de Oostenrijkse bioloog Ludwig von Bertalanffy met zijn '*Algemene* systeemtheorie', werden vaak naar de marge verbannen: interessant vanuit filosofisch oogpunt, zo werd gezegd, maar weinig bruikbaar in het laboratorium. In diezelfde jaren sprak de neuroembryoloog Paul Weiss in Chicago over morfogenetische velden en van globale coördinatie in de ontwikkeling, maar zijn ideeën konden maar moeilijk voet aan de grond krijgen in de toonaangevende tijdschriften. Een veelverteld verhaal in de universiteitsgangen gaat over een jonge Europese onderzoeker die in de jaren zeventig het advies kreeg om 'elke verwijzing naar het organisme' uit een artikel te schrappen als hij het gepubliceerd wilde zien. De sfeer was zodanig dat holisme werd verward met theoretische vaagheid, zo niet met vitalistische uitwassen.

Pas later, toen het reductionisme zelf met interne crises te kampen kreeg — het onvermogen om het gedrag van complexe genetische netwerken te voorspellen of de robuustheid van organismen te verklaren — begon de kijk hierop langzaam te veranderen.

Figuren als Ilya Prigogine toonden aan dat orde en samenhang konden ontstaan zonder een centrale regisseur. Maar het duurde even voordat deze ideeën doordrongen tot de biologie van het levende. De academische weerstand was niet alleen wetenschappelijk van aard: ze was cultureel en institutioneel, en hield verband met carrières, financiering en gedeelde taalgebruik. Wie deze geschiedenis begrijpt, begrijpt ook waarom de veldbiologie niet is ontstaan als een recente trend, maar als de eindelijk rijpe terugkeer van vragen die lange tijd terzijde waren geschoven.

Biologische non-lokaliteit.

Een van de meest ontwrichtende ideeën van de hedendaagse biologie is ook een van de eenvoudigste om te verwoorden: in levende organismen heeft niemand echt de leiding. Er is geen controlekamer, geen algemeen directeur, geen regiekamer waar de bewegingen van cellen, weefsels en organen worden bepaald. Toch zien we het resultaat met eigen ogen: een verfijnde, adaptieve en vaak elegante coördinatie. Deze paradox – orde zonder bevelen – vormt de kern van de biologische non-lokaliteit.

Een fascinerend voorbeeld komt uit de wereld van de sociale insecten. In 1991 observeerde de Zwitserse bioloog Laurent Keller kolonies van *Leptothorax-mieren* in de bossen van de Jura. Wanneer het nest werd verstoord, 'besloot' geen enkele mier waarheen ze zouden verhuizen. Toch trok de kolonie binnen enkele uren naar een nieuwe locatie, vaak de beste die beschikbaar was. De keuze kwam voort uit een groot aantal lokale micro-interacties, maar het uiteindelijke gedrag was globaal. Keller vertelde dit jaren later met een grapje dat beroemd is geworden in seminars: *'De kolonie is intelligenter dan welke mier dan ook, maar het is geen brein'*.

Bij meercellige organismen gebeurt iets soortgelijks, zij het minder zichtbaar. Tijdens de genezing van een wond wachten de cellen bijvoorbeeld niet op instructies van bovenaf. Studies die in de vroege jaren 2000 in Cambridge werden uitgevoerd, toonden aan dat het genezingsfront zich organiseert als een collectieve migratie: elke cel 'voelt' de andere cellen, reageert op mechanische en chemische gradiënten die niet aan een specifiek punt zijn gekoppeld, maar aan de algehele toestand van het weefsel. De coördinatie wordt niet opgelegd, maar gedeeld.

Dit idee zet een diepgewortelde denkgewoonte op losse schroeven: de gedachte dat aan elke functie een centrum moet corresponderen. In het menselijk lichaam zijn we geneigd deze rol aan de hersenen toe te schrijven. Maar al in de jaren tachtig wees de Franse fysioloog Alain Berthoz erop dat het zenuwstelsel niet regeert als een generaal, maar als een diplomaat: het onderhandelt, integreert en harmoniseert signalen die overal ontstaan. Het hart, de darmen en het immuunsysteem produceren lokale ritmes en beslissingen die het geheel beïnvloeden. Het resultaat is een soort biologische democratie, onstabiel maar doeltreffend.

Biologische non-lokaliteit mag niet worden verward met het ontbreken van structuur. Integendeel, het is een diffuse structuur, waarin informatie circuleert zonder een bevoorrechte bestemming. Zoals de wetenschapsfilosoof Georges Canguilhem schreef: „*Het leven is wat in staat is tot* een norm", niet wat gehoorzaamt aan een externe norm. Coördinatie zonder centrum is de concrete vorm van deze autonomie: het organisme voert geen plan uit, maar produceert het voortdurend.

Voor de hedendaagse lezer, die gewend is aan piramidale organisaties en beslissingsalgoritmen, heeft dit idee iets provocerends. Maar misschien ligt juist hier de meest actuele les van de veldbiologie: samenhang ontstaat niet uit totale controle, maar uit de kwaliteit van de relaties. En het leven blijft vanuit dit oogpunt nog steeds het meest geavanceerde systeem dat we kennen.

Vitale spanningen: de stille taal van de weefsels.

Er is een aspect van het leven dat lange tijd onder de radar van de moleculaire biologie is gebleven: het feit dat lichamen krachten waarnemen. Niet in figuurlijke zin, maar fysiek. Spanningen, compressies, rek en elasticiteit van weefsels vormen een heuse niet-lokale taal, die in staat is het organisme te coördineren zonder dat er specifieke chemische boodschappers of beslissingscentra nodig zijn. Het is een communicatie die zich voortbeweegt in de vorm van het lichaam zelf.

In de jaren negentig begon de arts en bio-ingenieur Donald Ingber in de laboratoria van de Harvard Medical School te spreken over *'biologische tensegr*iteit': een structuur waarin stijve en flexibele elementen elkaar wederzijds ondersteunen via een continu netwerk van spanningen. Het idee, geïnspireerd door de sculpturen van Buckminster Fuller, vond aanvankelijk meer weerklank bij architecten dan bij biologen. Toch spraken de experimenten boekdelen: door de mechanische spanning op een enkele cel te wijzigen, constateerde Ingber gecoördineerde veranderingen in de genexpressie en het gedrag van het gehele weefsel. Geen lokaal signaal, maar een globale reactie, verspreid over de structuur.

Een fascinerend voorbeeld komt uit de embryologie. Al in de jaren tachtig toonden Gerald Oster en zijn collega's in de laboratoria van de Universiteit van Berkeley aan dat tijdens de embryonale ontwikkeling veel vormen ontstaan, niet omdat ze moleculair 'geprogrammeerd' zijn, maar omdat ze onderhevig zijn aan mechanische spanningsvelden. De cellen richten zich uit, migreren of differentiëren zich volgens krachtlijnen die het gehele embryo doorkruisen. Net als in een gotische koepel, waar elke steen 'weet' waar hij moet staan, niet omdat hij een opdracht krijgt, maar omdat hij reageert op de spanningen van het geheel.

Een orthopedisch chirurg uit Lyon vertelde dat bij bepaalde botreconstructies het beste resultaat niet zozeer afhing van de millimeterprecisie van de implantatie, maar van het herstel van de juiste belastingslijnen. *„Als de krachten weer kunnen stromen, doet het bot de rest.*" Het is een empirische vaststelling die de veldbiologie tegenwoordig in bredere zin interpreteert: de vorm geeft vorm, en doet dat overal tegelijkertijd.

Dit inzicht is niet geheel nieuw. In 1917 schreef de Schotse zoöloog D'Arcy Wentworth Thompson in *On Growth and Form* dat *"de vorm van een organisme een diagram is van de krachten die erop hebben ingewerkt"*. Destijds leek het een elegante maar marginale overweging. Vandaag de dag lijkt het bijna profetisch. Mechanische krachten zijn geen simpele neveneffecten van de biochemie: het zijn informatiedragers die het lichaam doorkruisen als een continu veld, waardoor coördinatie zonder centrum mogelijk wordt.

In die zin belichamen mechanische signalen perfect de biologische non-lokaliteit. Ze vertrekken niet vanuit één punt en komen niet aan bij een geïsoleerd doel. Ze veranderen de globale toestand van het systeem, en elk onderdeel reageert als onderdeel van dat geheel. Het is een biologie die luistert naar het lichaam in zijn geheel, nog voordat de moleculen ervan worden ontcijferd.

Het groene denken: hoe planten zich coördineren zonder brein.

Eeuwenlang werden planten beschouwd als de onbeweeglijke achtergrond van het leven: passieve wezens, zonder gedrag, en zeker zonder verstand. Een visie die veel meer zegt over onze vooroordelen dan over de plantenbiologie. En die aan het begin van de 21e eeuw ernstig begon te barsten, toen in Florence — niet in een hightechlaboratorium in Silicon Valley, maar in een stad doordrenkt van kunst en geschiedenis — enkele experimenten aantoonden hoe geavanceerd de coördinatie van planten is, ondanks de totale afwezigheid van een zenuwstelsel.

In 2005 begonnen Stefano Mancuso en zijn team aan de Universiteit van Florence de wortelpunt te bestuderen als een wijdverspreid sensorisch en besluitvormingscentrum. Charles Darwin had in een weinig geciteerde tekst uit 1880 (*The Power of Movement in Plants*) al iets soortgelijks aangevoeld, door de wortelpunt te vergelijken met de hersenen van een lager staand dier. Meer dan een eeuw lang was die observatie echter in de marge gebleven. Mancuso nam het serieus, maar zonder metaforen: hij mat elektrische signalen, chemische gradiënten en groeivariaties als reactie op complexe omgevingsprikkels.

Het resultaat is verrassend: een plant coördineert haar gedrag als een niet-lokaal systeem, waarin geen enkel orgaan voor iedereen beslist en waarin informatie door het hele organisme circuleert. Als een wortel een obstakel tegenkomt, reorganiseert de gehele wortelarchitectuur zich. Als een blad wordt aangevallen, activeren andere delen van de plant verdedigingsreacties nog voordat ze zelf worden geraakt. Dit is geen mechanische reflex: het is een alomvattende, samenhangende reactie waarbij het organisme als geheel betrokken is.

Een anekdote, verteld door een onderzoekster van het LINV — het '*Internationaal Laboratorium voor Plantenneurobiologie*', opgericht in Florence in 2007 — illustreert dit goed. Tijdens een experiment waarin planten met elkaar concurreerden om beperkte hulpbronnen, paste een plant haar wortelgroeipatroon aan door te anticiperen op de bewegingen van een naburige plant. Ze reageerde niet, maar leek te voorzien. Geen bewuste voorspelling natuurlijk, maar een vermogen om informatie te integreren die verspreid is over het biologische veld van het organisme.

Hier wordt de biologische niet-lokaliteit duidelijk: de plant reageert niet punt voor punt, maar toestand voor toestand. Elke verandering in de omgeving wordt vertaald in een verandering van het totale informatieveld, dat de groei, de bloei en de afweer stuurt. Het is een trage coördinatie in vergelijking met onze neurale tijdsschaal, maar daarom niet minder verfijnd. Sterker nog, misschien wel robuuster, omdat het niet afhankelijk is van een kwetsbaar centrum.

Het is geen toeval dat Mancuso graag benadrukt dat planten meer dan 99% van de biomassa op aarde uitmaken en ongestoord massale uitstervingen hebben doorstaan die 'meer geëvolueerde' organismen hebben weggevaagd. Hun kracht ligt niet in snelheid, maar in de verspreiding van intelligentie. Een biologische les die ook buiten de grenzen van de wetenschap weerklank vindt: in 2018 haalde een stedenbouwkundige tijdens een conferentie in Parijs juist de modellen van planten aan om minder gecentraliseerde en veerkrachtigere steden te herontwerpen.

In het kader van de veldbiologie worden planten zo een schoolvoorbeeld: organismen die laten zien hoe het leven diepgaand gecoördineerd kan zijn zonder hersenen, zonder centrum, zonder leiding. Niet uit gebrek, maar uit evolutionaire keuze. En misschien is het juist dit dat ze vandaag de dag zo actueel maakt.

Groene blindheid: waarom het Westen er zo lang over heeft gedaan om planten te begrijpen.

Gedurende een groot deel van de westerse geschiedenis waren planten het slachtoffer van een soort ontologisch vooroordeel. Ze leefden weliswaar, maar in een grijs gebied van de hiërarchie van het zijn: onder de dieren, ver verwijderd van de mens, te stil om interessant te zijn. Aristoteles plaatste ze al op de laagste trede van de ziel, de 'vegetatieve' ziel, verstoken van gevoel en verlangen. Een classificatie die, zoals zo vaak gebeurt, een cultureel lot is geworden.

Terwijl de moderne wetenschap zich ontwikkelde door beweging, snelheid en zichtbaar gedrag na te jagen – alles wat gemeten, ontleed en geïsoleerd kon worden – bleef de plantenwereld op de achtergrond. Galileo observeerde de hemel, Vesalius ontleedde dieren, Harvey volgde de bloedstroom. Planten werden hooguit gecatalogiseerd. Linnaeus bouwde in de achttiende eeuw een onberispelijk classificatiesysteem op, maar zijn botanica bestond vooral uit nomenclatuur, niet uit inzicht in de processen.

Deze achterstand was niet alleen wetenschappelijk, maar ook diepgaand cultureel. Het Westen heeft kennis lange tijd beschouwd als iets dat voortkomt uit een centrum — het brein, het subject, de geest — en zich naar buiten toe verspreidt. In dit schema kon een organisme zonder zenuwstelsel niet anders dan eenvoudig, reactief, bijna mechanisch overkomen. Een visie die aansluit bij het cartesiaanse reductionisme, maar weinig geschikt is om vormen van gedistribueerde en niet-lokale organisatie te begrijpen.

Elders was de kijk hierop anders. In Japan, al in de Edo-periode (17e–19e eeuw), was de relatie met de plantenwereld niet gebaseerd op het idee van heerschappij of classificatie, maar op dat van resonantie. De kunst van de ikebana, die eeuwen eerder al was vastgelegd, bestaat niet uit het ‘schikken van bloemen’, maar uit het zichtbaar maken van de krachtlijnen tussen stengel, ruimte en leegte. In de zen-tuinen van Kyoto – denk bijvoorbeeld aan de Ryōan-ji, voltooid aan het einde van de vijftiende eeuw – is de natuur geen versiering, maar een systeem van relaties: elk element heeft alleen betekenis binnen het geheel dat het omvat.

Een Britse antropoloog vertelde, na een lang verblijf bij de volkeren van het Amazonegebied, dat hij onder de indruk was geraakt van de manier waarop sommige gemeenschappen over geneeskrachtige planten spraken: niet als hulpbronnen, maar als wezens waarmee men een relatie onderhoudt. Dat was geen romantiek of naïef animisme, maar een verfijnde praktische kennis, gebaseerd op eeuwenlange observatie van complex plantengedrag: reactietijden, onzichtbare interacties, langzame maar samenhangende aanpassingen.

Het Westen daarentegen heeft veel meer tijd nodig gehad om te accepteren dat complexiteit niet hetzelfde is als snelheid, noch met de aanwezigheid van een controlecentrum. Pas in de tweede helft van de twintigste eeuw, met de crisis van de lineaire modellen en de opkomst van de wetenschappen van complexe systemen, werd het mogelijk om organismen die 'per veld' functioneren – waarbij het geheel voorafgaat aan en bepalend is voor de delen – serieus te heroverwegen.

Het is geen toeval dat deze herwaardering parallel liep met een bredere culturele heroverweging: de ecologie, de kritische antropologie en zelfs bepaalde stromingen binnen de hedendaagse esthetica zijn het idee van een geïsoleerd subject dat een inert object observeert, in twijfel gaan trekken. Planten zijn vanuit dit perspectief een conceptueel proefterrein geworden. Hun complexiteit aanvaarden betekent aanvaarden dat het leven zonder een centrum kan zijn georganiseerd, dat intelligentie verspreid kan zijn, dat causaliteit niet-lokaal kan zijn.

Misschien was de echte achterstand van het Westen niet wetenschappelijk, maar verbeeldingskrachtig. We hadden moeite om te erkennen wat niet op ons leek. En juist omdat planten zo radicaal 'anders' zijn, vroegen ze ons om een paradigmaverschuiving die we nu pas beginnen aan te pakken.

Of planten 'weten': een nieuwe ecologie van relaties.

Het toekennen van een vorm van gedistribueerde intelligentie aan planten is niet alleen een wetenschappelijke daad. Het is een culturele geste die de balans in onze relatie met het milieu verschuift. Zolang we de plantenwereld beschouwden als een verzameling inerte objecten — hulpbronnen om te winnen, oppervlakten om in te nemen, biomassa om te optimaliseren — bleef ecologie, in het beste geval, een voorzichtiger beheer van de exploitatie. Maar als we accepteren dat planten organismen zijn die in staat zijn informatie te verwerken, zich te coördineren en op een samenhangende manier te reageren als niet-lokale systemen, dan verandert de vraag: niet langer 'hoeveel kunnen we nemen?', maar 'met wie staan we in interactie?'.

Deze ommekeer is in het veld al merkbaar. In 1997, tijdens een herbebossingsproject in de buurt van Vancouver, merkten enkele ecologen op dat aanplantingen die waren aangelegd met respect voor de lokale plantendiversiteit een aanzienlijk grotere veerkracht vertoonden dan monoculturen. Het was niet alleen een kwestie van bodem of klimaat. Het was het gedrag van het geheel dat veranderde: een collectieve reactie op omgevingsstress. Destijds sprak men van 'opkomende effecten'. Tegenwoordig zouden we zeggen: velddynamieken.

Het idee dat een ecosysteem niet de som van zijn soorten is, maar een gestabiliseerde informatiestructuur, heeft praktische gevolgen. In de landbouw verandert dit bijvoorbeeld de manier waarop men de verzorging van gewassen benadert. Op sommige biodynamische boerderijen in de Loirevallei heeft men ervoor gekozen om het gebruik van chemische middelen drastisch te verminderen, niet uit ideologische overwegingen, maar op basis van observatie: minder 'gecontroleerde' velden vertoonden een verrassend vermogen tot zelfregulering. Niet omdat planten welwillend zijn, maar omdat een samenhangend systeem beter reageert dan een gefragmenteerd systeem.

Op ecologisch vlak betekent het erkennen van de gedistribueerde intelligentie van planten ook dat het begrip milieuschade moet worden herzien. Het kappen van een bos komt niet simpelweg neer op het verwijderen van bomen; het betekent het doorbreken van een netwerk van gevoelige relaties dat zich in de loop van de tijd heeft gestabiliseerd. In 2019, tijdens de bosbranden die grote delen van Australië verwoestten, benadrukten enkele lokale botanische ' ' dat het verlies niet alleen kwantitatief, maar ook kwalitatief was: bepaalde ecosystemen 'komen niet meer terug' zodra ze eenmaal gefragmenteerd zijn, omdat hun samenhang wordt verbroken.

Dit besef sijpelt ook door in het recht. In 2008 heeft Ecuador de erkenning van de rechten van de natuur in zijn grondwet opgenomen. Een daad die vaak als symbolisch wordt afgedaan, maar die voortkomt uit een visie – gedeeld door veel inheemse volkeren in de Andes – waarin de levende wereld een geheel van onderling afhankelijke subjecten is, en geen verzameling objecten. Het gaat er niet om menselijke intenties aan planten toe te schrijven, maar om te erkennen dat ingrijpen in een organisme of een ecosysteem betekent dat men ingrijpt in een netwerk van relaties.

Zelfs de ecologische taal verandert. Woorden als 'beheer', 'controle' en 'duurzame exploitatie' beginnen hun beperkingen te vertonen. Als planten complexe informatiesystemen zijn, dan is het milieu geen passief decor, maar een gesprekspartner. Aldo Leopold had dit al aangevoeld toen hij in 1949 sprak over de 'ethiek van de aarde': een oproep om de bodem, het water en de planten te beschouwen als leden van een biotische gemeenschap. Vandaag de dag vindt die intuïtie een stevigere biologische basis.

Vanuit dit perspectief is ecologie niet langer alleen een wetenschap van het behoud, maar een wetenschap van het samenleven. Het erkennen van de gedistribueerde intelligentie van planten dwingt ons om te denken in termen van systemen, lange tijdsschalen en diffuse causaliteit.

De mythe van het gezag: wat menselijke organisaties niet begrijpen van het leven.

Telkens wanneer in een menselijke gemeenschap wordt geprobeerd te functioneren zonder een duidelijk omschreven commandostructuur, ontstaat er een bijna instinctief wantrouwen. „Wie beslist?", „Wie is verantwoordelijk?", „Wie houdt alles bij elkaar?". Legitieme vragen, zeker, maar ook veelzeggend. Want de biologie laat ons al lang zien dat uiterst complexe systemen zich kunnen coördineren zonder een stuurcentrum, terwijl onze sociale verbeelding er nog steeds moeite mee heeft om dit te accepteren.

De vergelijking met niet-lokale organismen dient niet om naïeve analogieën te construeren – een coöperatie is geen organisme, een cel is geen vergadering – maar om een diepgaande culturele beperking scherp in beeld te brengen: onze moeite om coördinatie te zien als een eigenschap van het systeem en niet als een functie van een top.

In de menselijke wereld werden pogingen tot niet-hiërarchische organisatie vaak gezien als kwetsbare experimenten, gedoemd tot chaos of inefficiëntie. Toch zijn er enkele gevallen die de tand des tijds doorstaan. De coöperatieve groep Mondragon, opgericht in het Baskenland in 1956, omvat vandaag de dag tienduizenden werknemers in een systeem waarin eigendom en veel beslissingen verdeeld zijn. Het is geen conflictloze utopie, maar een concreet voorbeeld van hoe samenhang kan voortkomen uit gedeelde regels en voortdurende feedback, in plaats van uit bevelen die van bovenaf worden opgelegd.

Een nog ander geval is dat van open-sourceprojecten. In 2001 vertelde een ontwikkelaar tijdens een bijeenkomst in San Diego hoe de software waaraan hij werkte juist beter werd omdat niemand alles controleerde. Linux, dat vaak ten onrechte als een anarchistisch model wordt aangemerkt, functioneert in werkelijkheid dankzij een gedistribueerde causaliteit: lokale bijdragen, kruisbeoordelingen, reputaties die in de loop van de tijd tot stand komen. Er is geen 'regisseur-molecuul', maar een structuur die samenhang behoudt terwijl ze voortdurend verandert.

Wat opvalt bij het observeren van deze modellen, is hoe cultureel veeleisend ze zijn. De bijeenkomsten van de *Occupy Wall Street-beweging* in New York in 2011 waren daar een sprekend voorbeeld van. De afwezigheid van zichtbare leiders was geen organisatorisch onvermogen, maar een bewuste keuze. Toch interpreteerden veel waarnemers – journalisten, politici, academici – dat ontbreken van een centrum als een teken van on f onvolwassenheid. Alsof er zonder leider geen vorm zou kunnen bestaan.

De biologie van velden suggereert een andere interpretatie. In niet-lokale levende systemen vindt coördinatie niet plaats omdat iemand ‘meer weet’, maar omdat de globale toestand van het systeem de onderdelen bindt en stuurt. Toegepast op het menselijke vlak betekent dit dat normen, contexten, gedeelde waarden en informatiestromen belangrijker zijn dan leidende figuren. Een les die de econome Elinor Ostrom al had geleerd toen ze tussen de jaren zeventig en negentig gemeenschappen bestudeerde die in staat waren gemeenschappelijke hulpbronnen te beheren zonder centrale autoriteiten, van irrigatie in Nepal tot de bossen van Japan.

Het gaat er niet om vast te stellen of deze modellen altijd de voorkeur verdienen, maar om te erkennen dat ons idee van coördinatie historisch gezien beperkt is. We hebben het idee verinnerlijkt dat orde moet worden opgelegd, niet vanzelf moet ontstaan; dat samenhang een centrum vereist, geen netwerk van relaties. Daarom lijken niet-hiërarchische modellen ons onstabiel, terwijl biologische modellen – die volgens vergelijkbare logica’s functioneren – ons ‘natuurlijk’ lijken.

Misschien gaat de echte confrontatie met de biologische niet-lokaliteit niet over efficiëntie, maar over verbeeldingskracht. Accepteren dat het geheel vóór de delen kan komen, ook in menselijke organisaties, betekent afstand doen van een bepaald idee van controle. En dit is, meer dan een technische moeilijkheid, een culturele drempel die we nog niet volledig hebben overschreden.

Wanneer alles invloed heeft op alles: het einde van het soevereine molecuul.

Elk wetenschappelijk tijdperk heeft zijn eigen fetisj. Voor de biologie van de twintigste eeuw was dat lange tijd het idee van het doorslaggevende molecuul: het sleutelgen, het meesterhormoon, de receptor die 'alles verklaart'. Een geruststellend, bijna verhalend beeld. Als er een regisseur is, wordt de film begrijpelijk. Maar het leven houdt, als je goed kijkt, niet van lineaire scenario's.

Het idee dat er in organismen een centrale oorzaak bestaat, een soort moleculaire poppenspeler, komt meer voort uit een culturele behoefte dan uit empirisch bewijs. Het is de weerspiegeling van een mentaliteit die de voorkeur geeft aan verticale verklaringen: iets geeft de leiding, iets anders gehoorzaamt. Maar hoe meer de biologie haar instrumenten heeft verfijnd, hoe meer dit beeld is afgebrokkeld.

In de jaren tachtig merkten enkele onderzoekers van het EMBL-laboratorium in Heidelberg bij het bestuderen van genregulatie in gisten een ongemakkelijk feit op: dezelfde genen konden tegengestelde effecten teweegbrengen, afhankelijk van de algehele toestand van de cel. Er was geen 'leidend gen' dat het lot bepaalde. Het was de globale context die betekenis gaf aan de lokale actie. De causaliteit kwam niet van bovenaf, maar verspreidde zich zijdelings.

Een sprekend voorbeeld komt uit de hedendaagse embryologie. In 2006 constateerde een onderzoeksgroep aan *het Karolinska Institutet* in Stockholm dat identieke embryonale cellen, geplaatst in licht verschillende omgevingen, uiteenlopende ontwikkelingsrichtingen insloegen, ondanks dat ze hetzelfde genetisch materiaal hadden. De DNA-sequentie was niet veranderd, maar wel het netwerk van relaties waarin die cellen zich bevonden. Zoals de Zwitserse bioloog en Denis Duboule tijdens een lezing in Genève schreef: „*Het genoom is geen partituur die vanzelf speelt; het is een systeem dat reageert op de toestand van het orkest.*"

Dit beeld raakt een essentieel punt: in levende organismen staan oorzaken niet op zichzelf, maar zijn ze onderling afhankelijk. Een enzym werkt omdat de pH, de temperatuur, de celstructuur en de algehele metabolische toestand dit mogelijk maken. Verandert de context, dan verandert de functie. Het zoeken naar het 'regissermolecuul' komt neer op het verwarren van een knooppunt in het netwerk met het hele netwerk.

De neurowetenschapper Karl Friston merkte in 2012 in Londen, toen hij sprak over het brein als voorspellend systeem, op dat „oorzaken in het levende wezen geen afzonderlijke gebeurtenissen zijn, maar verspreide verbanden". Een uitspraak die veel verder reikt dan de neurowetenschappen. Het leven verloopt niet volgens bevelen, maar volgens omstandigheden.

Vreemd genoeg is dit idee niet helemaal nieuw. Al in 1934 benadrukte de Amerikaanse fysioloog Walter Cannon, die aan Harvard onderzoek deed naar homeostase, dat het evenwicht van het organisme niet afhing van één enkel controlecentrum, maar van een veelheid aan op elkaar inwerkende mechanismen. De term 'feedback', die tegenwoordig te pas en te onpas wordt gebruikt, is juist ontstaan om deze circulaire causaliteit te beschrijven, waarbij het effect de oorzaak beïnvloedt.

Later, in de jaren zeventig, vertelde de Italiaanse biochemicus Enrico Bucci zijn studenten vaak dat *'de cel geen instructies leest, maar signalen interpreteert'*. Een veelzeggend werkwoord. Interpreteren impliceert een context, geen bevel. Ook de klinische geneeskunde biedt sprekende voorbeelden. Sommige geneesmiddelen vertonen verschillende, soms tegengestelde effecten, afhankelijk van de algehele toestand van de patiënt. Het is niet alleen een kwestie van dosering, maar van systemische organisatie. De werkzame stof 'beslist' op zichzelf niets. Ze werkt binnen een biologisch veld dat de betekenis ervan moduleert.

Als het 'regisseurmolecuul' niet bestaat, waarom blijven we er dan naar zoeken? Omdat het vereenvoudigt. Het vermindert de onzekerheid, belooft controle. Maar de prijs is hoog: we verliezen uit het oog wat een organisme werkelijk in leven houdt, namelijk de dynamische samenhang van het geheel. De wetenschapsfilosofe Isabelle Stengers merkte in een openbaar gesprek in Brussel in 2015 op dat *'de moderne wetenschap het verklaren vaak heeft verward met het beheersen*'. Gedistribueerde causaliteit vraagt daarentegen om een andere houding: begrijpen zonder te reduceren, ingrijpen zonder te pretenderen te kunnen commanderen.

Accepteren dat er geen soevereine molecule bestaat, betekent niet dat we precisie moeten opgeven, maar dat we van perspectief moeten veranderen. Het betekent dat we moeten overschakelen van het zoeken naar de enige oorzaak naar het interpreteren van configuraties. En juist deze ommekeer bereidt de weg voor de volgende hoofdstukken van het boek, waarin het concept van het biologische veld onvermijdelijk zal worden.

We worden niet in stukjes geboren: want in de biologie komt het geheel echt op de eerste plaats.

Er is een hardnekkig misverstand dat als een ondergrondse stroming door de moderne biologie loopt: het idee dat het volstaat om een organisme uit elkaar te halen om het te begrijpen. Cel na cel, molecuul na molecuul, gen na gen. Een operatie die zeker buitengewone resultaten heeft opgeleverd, maar die een lastige vraag op tafel laat liggen: wanneer precies worden die delen een organisme?

Het primaat van het organisme is geen filosofische slogan, maar een empirische vaststelling die steeds moeilijker te ontkennen valt. Bij levende wezens bestaan de delen niet al vóór het geheel als kant-en-klare bouwstenen. Integendeel, het is het organisme – opgevat als een dynamische, historische, samenhangende eenheid – dat zijn delen mogelijk en functioneel maakt. Zonder het geheel 'betekenen' de delen niets.

In de jaren vijftig constateerde de neuroloog en psychiater Kurt Goldstein, die in ziekenhuizen in Frankfurt en later in New York met soldaten met hersenletsel werkte, een verrassend feit: een plaatselijke laesie leidde nooit tot een puur plaatselijk tekort. Het was het gehele gedrag van de patiënt dat zich opnieuw organiseerde. Goldstein kwam tot een conclusie die destijds ongemakkelijk was: het organisme reageert altijd als een geheel. Het herstelt geen kapot onderdeel, maar herdefinieert zijn eigen levensnorm.

Een fascinerend voorbeeld komt uit de hedendaagse celbiologie. Stamcellen, die sinds de jaren negentig intensief worden bestudeerd in laboratoria zoals dat van Cambridge of het Weizmann Institute, hebben geen intrinsieke bestemming. Ze worden neuronen, levercellen of spier cellen niet omdat ze een 'roeping in zich dragen', maar omdat het organisme – of het weefsel – ze in een netwerk van relaties plaatst dat hun identiteit bepaalt. Dezelfde cel, uit haar context gehaald, verliest die eigenschap snel. Dit werd al in de jaren zeventig opgemerkt door Mina Bissell in Berkeley: in vitro gekweekte borstcellen gedroegen zich niet langer als zodanig. Het DNA was niet veranderd. Het organisme als voorwaarde voor betekenis was weggevallen. Hier wordt het primaat van het geheel duidelijk: de delen zijn geen absolute entiteiten, maar gesitueerde functies. Hun 'aard' hangt af van de rol die ze in het geheel vervullen.

Ook het immuunsysteem, dat vaak wordt beschreven als een leger van gespecialiseerde cellen, biedt een waardevolle les. Niels Jerne, een Deense immunoloog en Nobelprijswinnaar uit 1984, stelde het idee van een immuunnetwerk voor: antilichamen die andere antilichamen herkennen, in een spel van wederzijdse evenwichten. Er is geen controlecentrum dat beslist wat 'zelf' is en wat 'niet-zelf' is. Het is het organisme zelf dat, in de loop van zijn geschiedenis, voortdurend dit onderscheid maakt. Een anekdote, verteld door een van zijn medewerkers in Bazel, herinnert eraan hoe Jerne graag zei: *'Het immuunsysteem verdedigt het lichaam niet; het is het lichaam dat, door te leven, vorm geeft aan zijn immuunsysteem.'* Opnieuw gaat het geheel vooraf aan de delen en vormt het de basis ervoor.

Deze omkering heeft ook diepgaande implicaties voor het begrip 'vorm'. De bioloog en wiskundige D'Arcy Wentworth Thompson suggereerde al in 1917, in zijn *'On Growth and* Form', dat vorm niet het resultaat is van precieze instructies, maar van globale beperkingen. Vandaag weten we dat die intuïties verrassend vooruitziend waren.

Een organisme is geen samengesteld ontwerp, maar een proces dat zichzelf in stand houdt. De delen ontstaan, blijven bestaan of verdwijnen afhankelijk van de stabiliteit van het geheel. Daarom is, zoals Georges Canguilhem in de jaren zestig in zijn colleges aan de Sorbonne opmerkte, biologische normaliteit geen statistisch gemiddelde, maar het vermogen om normen vast te stellen. Een vermogen dat alleen toebehoort aan het organisme als geheel.

Het primaat van het organisme aanvaarden betekent ook dat we de manier waarop we ingrijpen in het leven moeten veranderen. In de geneeskunde, in de ecologie, zelfs in de biotechnologie. Het gaat er niet om af te zien van analyse, maar om te erkennen dat de zingevende eenheid van het levende niet het deel is, maar de georganiseerde relatie tussen de delen.

Het is een stille revolutie, zonder manifesten, maar met ingrijpende gevolgen. Zoals de theoretisch bioloog Robert Rosen kort voor zijn dood in 1998 in Halifax schreef: *„Een organisme is niet te verklaren door waaruit het bestaat, maar door wat het mogelijk maakt.*" Een zin die de kern van dit hoofdstuk treffend samenvat.

DEEL DRIE. Waar het leven de overhand krijgt.

Uit het gedachtegoed van Michael Faraday:

In het kleine zijn altijd de principes van het grote aanwezig. Een zin die is ontstaan voor de natuurkunde, maar die vandaag de dag verrassend biologisch klinkt, wanneer men probeert te begrijpen hoe de orde van het levende ontstaat zonder een centrale regisseur.

Uit de gedachten van James Clerk Maxwell:

Op een bepaald moment is het niet langer de materie die de boventoon voert, maar de relaties die erdoorheen lopen. In zijn studies over velden intuïtief begreep Maxwell dat de werkelijkheid niet alleen bestaat uit objecten, maar uit dynamische configuraties die deze bij elkaar houden.

Nadat in de voorgaande delen de grenzen van het reductionistische paradigma zijn aangetoond en het leven is geïntroduceerd als een fenomeen van globale samenhang, zet het derde deel van het boek een verdere en gedurfdere stap: het durft te benoemen wat tot nu toe op de achtergrond is gebleven. Hier komt het concept van het biologische veld in beeld, niet als poëtische suggestie of overblijfsel van oude vitalistische tradities, maar als een rigoureuze poging om een passende taal te vinden voor de organisatie van het levende.

Hoofdstuk V gaat rechtstreeks in op een delicate vraag: wat is een biologisch veld eigenlijk? Geen handige metafoor om de hiaten in de verklaring op te vullen, maar een conceptuele hypothese die voortkomt uit de waarneming van verschijnselen die moeilijk in puur lokale termen te verklaren zijn. Spreken over een veld betekent de aandacht verleggen van het geïsoleerde object naar de configuratie die het maakt tot wat het is, van het 'waar' naar het 'hoe' van de levende vorm. Het is een verandering van perspectief die de biologie dichter bij wat de natuurkunde in de twintigste eeuw al heeft geleerd brengt: dat orde kan ontstaan zonder direct contact, dat actie verdeeld kan zijn, dat de eenheid niet samenvalt met de som der delen.

In hoofdstuk VI wordt het betoog verder uitgediept, waarbij het begrip 'belichaamde informatie' centraal staat. Hier is informatie geen abstracte code die boven de materie zweeft, noch een eenvoudige stroom van meetbare signalen. Het is iets dat vorm aanneemt, dat zich uitdrukt in ruimte en tijd, dat weefsel, ritme en oriëntatie wordt. Het leven verschijnt dan als een gestabiliseerde informatieve gebeurtenis: geen boodschap die voor eens en voor altijd is vastgelegd, maar een proces dat zich voortdurend vernieuwt via het veld dat het ondersteunt. In die zin wordt het biologische veld de plek waar informatie ophoudt een gegeven te zijn en gedrag wordt.

Hoofdstuk VII gaat ten slotte in op een even oude als controversiële term: levensenergie. Niet om deze in nostalgische zin nieuw leven in te blazen, maar om deze kritisch te herdefiniëren. Energie is hier geen mysterieuze entiteit die tegenover de biochemie staat, maar een ge erde, georganiseerde vorm van uitwisseling, van het behoud van samenhang, van weerstand tegen versnippering. Herlezen in het licht van de velden is vitale energie niet wat aan de materie wordt toegevoegd, maar wat deze bijeenhoudt in een herkenbare levende vorm.

In het totale verloop van het boek vormt dit derde deel een echt conceptueel knooppunt. Terwijl de voorgaande hoofdstukken hebben aangetoond waarom reductionisme niet volstaat en hoe het leven zich manifesteert als globale samenhang, wordt hier getracht de meest uitdagende vraag te beantwoorden: via welke onzichtbare structuren stabiliseert en handhaaft deze samenhang zich? De velden van het leven vormen niet de afsluiting van de discussie, maar het punt met de grootste theoretische dichtheid: de plek waar biologie, natuurkunde en filosofische reflectie een gemeenschappelijke taal beginnen te spreken.

Vanaf nu zal het niet meer mogelijk zijn om over gezondheid, ziekte, kennis en verantwoordelijkheid te spreken zonder rekening te houden met deze velddimensie, die niet zichtbaar is maar organiseert, niet direct meetbaar is maar richting geeft, niet commandeert maar mogelijk maakt. Het is de overgang waarin de biologie eindelijk ophoudt alleen maar te beschrijven waaruit het leven bestaat, en zich serieus begint af te vragen wat het juist tot leven maakt.

V. Wat is een biologisch veld?

Op dit punt van het traject is de vraag niet langer of het levende kan worden verklaard als een eenvoudige som van componenten, maar met welke conceptuele instrumenten het mogelijk is de eenheid ervan te beschrijven. Dit Hoofdstuk V komt precies voort uit deze behoefte: een naam en een theoretische consistentie geven aan datgene wat in organismen de processen coördineert, stabiliseert en stuurt, zonder samen te vallen met een enkel molecuul, een reactie of een gen.

Het biologische veld wordt hier geïntroduceerd als een fysieke en informatieve realiteit, niet als een suggestieve metafoor of als een overblijfsel van vitalisme. Het is een poging om een concept in de biologie te introduceren dat zich in andere wetenschappen al als doorslaggevend heeft bewezen: het idee dat orde niet alleen in objecten schuilt, maar in de ruimte van relaties die deze mogelijk maakt. Spreken over een veld betekent de blik verleggen van lineaire causaliteit naar de globale configuratie, van het deel naar de context die er betekenis aan geeft.

In de geschiedenis van de wetenschap duikt het concept van het veld telkens op wanneer verklaringen op basis van geïsoleerde entiteiten hun beperkingen laten zien. Een veld is niet iets extra's, maar een andere manier om de werkelijkheid te beschrijven: niet datgene wat werkt, maar datgene waarbinnen het handelen mogelijk wordt. Toegepast op de biologie suggereert dit concept dat het organisme niet louter een verzameling materiële componenten is, maar een dynamische configuratie die haar identiteit behoudt in verandering.

Zoals Albert Einstein schreef: *„Een veld is een essentieel onderdeel van de fysische beschrijving van de werkelijkheid, niet louter een* wiskundig *kunstgreepje.*" Het is een uitspraak die is ontstaan in de context van de natuurkunde, maar die een bijzondere weerklank krijgt wanneer men kijkt naar het vermogen van organismen om vorm en functie te behouden, zelfs bij de voortdurende vervanging van materie.

Een van de centrale doelstellingen van dit hoofdstuk is het trekken van een duidelijke grens. De biologie is geen mysterieuze kracht, geen occult principe dat bovenop de scheikunde en de natuurkunde komt, en evenmin een conceptuele snelkoppeling om moeilijke verklaringen te vermijden. Integendeel, het is een benadering die meer nauwkeurigheid vereist, omdat ze ons dwingt om causaliteit te beschouwen in termen van verspreide en niet-lokale processen.

In die zin klinkt de waarschuwing van Richard Lewontin door, toen hij opmerkte dat *„de oorzaken van biologische verschijnselen nooit op één enkel organisatieniveau liggen*". Het biologische veld vervangt de bekende mechanismen niet, maar organiseert ze, verbindt ze met elkaar en bakent de ruimte af waarin ze tot uiting komen.

De theoretische kern van het hoofdstuk ligt hier: het biologische veld wordt beschreven als een structuur van mogelijkheden. Het bepaalt niet elke gebeurtenis, maar maakt sommige gebeurtenissen waarschijnlijker dan andere; het legt geen starre vorm op, maar stabiliseert een samenhang. Dit is wat een organisme in staat stelt zich op betrouwbare wijze te ontwikkelen zonder strak geprogrammeerd te zijn, en op de omgeving te reageren zonder in chaos te vervallen.

Dit idee wordt verrassend duidelijk verwoord door Kurt Lewin, een van de eersten die het concept van het veld expliciet toepaste op levende systemen: „*Gedrag is een functie van de persoon en zijn veld*". Toegepast op de biologie suggereert deze uitspraak dat de e vorm en functie geen geïsoleerde interne eigenschappen zijn, maar voortkomen uit een voortdurende interactie tussen structuur en context.

In de algehele opzet van het boek vervult dit hoofdstuk een cruciale overgangsfunctie. Nadat in de voorgaande delen de crisis van reductionistische verklaringen en het belang van coherentie als kenmerk van het levende zijn aangetoond, wordt hier de taal geïntroduceerd die nodig is om verder te gaan. Het biologische veld wordt het brugconcept dat het mogelijk maakt om in de volgende hoofdstukken te spreken over belichaamde informatie en vitale energie zonder te vervallen in mechanisme of mystiek.

Biologisch veld en omgeving: een noodzakelijk onderscheid.

Als we het over het biologisch veld hebben, ligt misverstand altijd op de loer: is het misschien niet gewoon een elegante manier om de omgeving aan te duiden? De bodem, de temperatuur, het licht, de chemische en sociale context rondom een organisme? De verwarring is begrijpelijk, maar juist hier ligt een van de belangrijkste verschillen van deze nieuwe visie op het leven. Het biologische veld valt niet samen met de omgeving, net zoals muziek niet samenvalt met de lucht die haar voortdraagt.

De omgeving is wat een organisme omringt: een geheel van externe, variabele en vaak toevallige omstandigheden. Deze kunnen het leven bevorderen of belemmeren, het voeden of bedreigen. Het biologische veld daarentegen is intrinsiek aan het organisme, ook al is het niet strikt beperkt tot diens materiële grenzen. Het is een organisatorische realiteit die voorafgaat aan en de interacties met de buitenwereld coördineert. De omgeving stelt voor, het veld beschikt.

Een eenvoudig, maar verhelderend voorbeeld komt uit de experimentele plantkunde van het begin van de twintigste eeuw. In Wenen, in de jaren twintig, observeerde de fysioloog Gottlieb Haberlandt hoe geïsoleerde plantencellen hele weefsels konden regenereren als ze onder de juiste omstandigheden werden geplaatst. De omgeving leverde natuurlijk voedingsstoffen en prikkels. Maar de vorm die ontstond – blad, stengel, wortel – was geen ge e die in de grond of in de voedingsoplossing was vastgelegd. Het was alsof de plant 'wist' wat ze moest worden. Vandaag zouden we zeggen: ze volgde een interne structuur van mogelijkheden, die niet uit de omgeving zelf kon worden afgeleid.

Het biologische veld is precies dit: een organisatiematrix, een informatiestructuur die de levensprocessen stuurt zonder te worden herleid tot noch de genetica, noch de externe context. De omgeving fungeert als een geheel van randvoorwaarden; het veld als integratieprincipe. Deze twee door elkaar halen betekent het toneel verwarren met het script.

Een analogie die vaak wordt gebruikt door wetenschappers die zich bezighouden met complexe systemen – en niet door toevallige mystici – is die van het orkest. De concertzaal, met zijn akoestiek, beïnvloedt de uitvoering: dat is de omgeving. Maar de symfonie ontstaat niet uit de zaal. Het is de interne organisatie van het orkest, het gedeelde tempo, de samenhang tussen de instrumenten die de muziek voortbrengt. Het biologische veld lijkt meer op deze dynamische samenhang dan op de fysieke ruimte waarin het zich bevindt.

Dit onderscheid wordt cruciaal wanneer we organismen observeren die in staat zijn een stabiele vorm en een stabiel gedrag te behouden in uiterst uiteenlopende omgevingen. Denk aan de tardigraden, die al sinds de achttiende eeuw worden bestudeerd en in de eenentwintigste eeuw beroemd zijn geworden vanwege hun weerstand: ze overleven het vacuüm van de ruimte, straling en extreme vorst. De omgeving kan radicaal variëren, maar het organisme behoudt — in latente vorm — zijn eigen organisatie. Het is moeilijk om deze continuïteit te verklaren door alleen een beroep te doen op de externe omstandigheden. Het is veel aannemelijker om te denken aan een biologisch veld dat kan samentrekken, inactief worden en weer actief worden, zonder op te lossen.

Door te stellen dat het veld niet de omgeving is, kunnen we ook pseudowetenschappelijke uitwassen een halt toeroepen. Niet alles wat een organisme 'beïnvloedt', vormt het veld ervan. Het stadsverkeer, sociale stress en lichtvervuiling hebben reële, gedocumenteerde biologische effecten. Maar het blijven omgevingsfactoren. Het biologische veld is niet de som van de externe prikkels, noch een vage wolk die alles absorbeert wat er rond een levend wezen gebeurt. Het is een specifieke structuur, met een eigen interne samenhang, die in dialoog staat met de omgeving zonder erin op te gaan.

In die zin kan het biologische veld worden opgevat als een actief geheugen van de vorm, dat niet op een specifiek punt is gelokaliseerd, maar over het organisme is verspreid. De omgeving kan dit geheugen verstoren, bevorderen of belemmeren, maar het niet voortbrengen. Het is het verschil tussen de weersomstandigheden en het klimaat: de eerste veranderen voortdurend, het tweede komt voort uit een samenhang over de lange termijn.

Het conceptueel scheiden van veld en omgeving heeft ook een niet onbelangrijk cultureel gevolg. Het betekent erkennen dat het leven niet alleen een passieve aanpassing is aan wat er buiten gebeurt, maar ook de bevestiging is van een georganiseerde innerlijkheid, die in staat is te reageren zonder volledig bepaald te zijn. In een tijdperk waarin men de neiging heeft om de mens – en het levende in het algemeen – te verklaren als een product van de omstandigheden, opent dit onderscheid opnieuw een ruimte voor biologische autonomie, nog vóór ethische autonomie.

Het biologische veld is dus niet wat ons omringt, maar wat ons bij elkaar houdt terwijl we ons door onze omgeving bewegen. De omgeving verandert, het veld blijft bestaan; de omgeving stimuleert, het veld organiseert. Ze door elkaar halen betekent de kern van het levensfenomeen zelf uit het oog verliezen.

De wereld bewonen, niet ondergaan: van het concept 'Umwelt' naar het biologische veld.

Om ten volle te begrijpen wat een biologisch veld is — en wat het niet is — is het nuttig om een zijwaartse stap te zetten, in plaats van een stap terug, en te luisteren naar een filosofische stem die de biologie van de twintigste eeuw lange tijd heeft gevolgd zonder deze ooit volledig te absorberen: die van Jakob von Uexküll. , een Baltisch-Duitse bioloog en denker die actief was tussen het einde van de negentiende eeuw en de jaren dertig van de vorige eeuw, introduceerde een even eenvoudig als ontwrichtend idee: elk organisme leeft in zijn eigen *Umwelt*, een geselecteerde, betekenisvolle *'omringende* wereld' die op maat is gesneden naar zijn zintuigen en zijn handelingsvermogen.

Het beroemde voorbeeld van de kever, besproken in zijn werk *'Umwelt und Verhalten der* Tiere' (1934), is voor generaties wetenschappers bijna een inwijdingsverhaal geworden. De bladluis, die aan een tak hangt, reageert slechts op drie signalen: de geur van boterzuur die zoogdieren afgeven, de warmte van hun lichaam en de textuur van de huid. Al het andere — het bos, de kleuren, de geluiden — bestaat simpelweg niet. Zijn wereld is uiterst beperkt, maar perfect afgestemd op zijn leven.

Hier ontstaat een eerste, belangrijke overeenkomst met het concept van het biologische veld: het leven reageert niet op een objectieve en neutrale omgeving, maar op een wereld die door betekenis is gestructureerd. Als we het echter bij deze gelijkenis laten, dreigt er een nieuw misverstand te ontstaan. *De Umwelt* van Uexküll is vooral een perceptieve en functionele constructie, een bubbel van betekenissen die voortkomt uit de ontmoeting tussen organisme en wereld. Het biologische veld daarentegen werkt op een dieper niveau: het definieert niet alleen wat het organisme waarneemt, maar ook wat het organisme kan worden.

Met andere woorden: de Umwelt beschrijft de wereld zoals die aan een levend wezen verschijnt; het biologische veld beschrijft de interne samenhang die dat verschijnen mogelijk maakt. Het ene is fenomenologisch, het andere is organisatorisch. De Umwelt verandert als de zintuigen of functies veranderen; het biologische veld verandert alleen wanneer de informatieve stabiliteit van het organisme zelf wordt gewijzigd.

Een weinig bekende anekdote, verteld door een leerling van Uexküll, betreft een discussie die in 1928 in Hamburg plaatsvond, tijdens een informeel seminar. Op de vraag of de Umwelt een eigenschap van de wereld of van het organisme was, antwoordde Jakob von Uexküll met een bijna provocerende uitspraak: „*De wereld is een partituur, maar elk organisme speelt alleen zijn eigen melodie.*" Een krachtige metafoor, die echter een cruciale vraag openlaat: wie houdt de melodie in de tijd bij elkaar?

Hier komt het concept van het biologische veld in beeld, zonder dat het elkaar overlapt. Het veld is niet de waargenomen melodie, maar de structuur die de uitvoering mogelijk maakt, die de samenhang behoudt, zelfs wanneer de omstandigheden veranderen. Twee organismen kunnen een vergelijkbare omgeving delen en zelfs een gedeeltelijk overlappend Umwelt, maar toch sterk uiteenlopende biologische velden hebben — zoals bijvoorbeeld het geval is bij verschillende soorten die in dezelfde kunstmatige context worden gekweekt, of bij individuen van dezelfde soort met uiteenlopende ontwikkelingsgeschiedenissen.

Dit onderscheid vond ook weerklank buiten de biologie. De filosoof Maurice Merleau-Ponty greep in zijn colleges aan het

Collège de France tussen 1956 en 1959 het werk van Uexküll aan om het idee van een organisme als reactieve machine te bekritiseren. Maar hij ging verder en suggereerde dat de levende vorm een 'interne logica' bezit die noch tot de prikkel, noch tot de waarneming kan worden herleid. Het is een subtiele maar beslissende stap: van de Umwelt als beleefde wereld naar het veld als organisatieprincipe van het levende.

De impliciete dialoog tussen Uexküll en de veldbiologie is dus geen instemming, maar een lijn van kritische continuïteit. Uexküll heeft ons geleerd dat er niet één enkele wereld bestaat voor alle levende wezens. De theorie van de biologische velden voegt daaraan toe dat er evenmin een puur externe verklaring bestaat voor de vorm en de stabiliteit van het leven. Elk organisme bewoont niet alleen een wereld, maar draagt ook de regels van zijn eigen bewoonbaarheid met zich mee.

In die zin vervangt het biologische veld de Umwelt niet, maar veronderstelt het deze en overstijgt het deze. Als de Umwelt de wereld is zoals die aan een levend wezen verschijnt, dan is het veld datgene wat dat levende wezen in staat stelt een wereld te hebben, deze coherent te houden en te herconfigureren zonder op te lossen. Een subtiel, maar doorslaggevend verschil, dat de overgang markeert van een biologie van de waarneming naar een biologie van de betekenis.

De vorm die zichzelf in stand houdt: ontwikkeling, stabiliteit en velden van het leven.

Een van de oudste vragen in de biologie is ook een van de meest ontwapenende in haar eenvoud: wie bepaalt de vorm van een organisme? Wie 'zegt' tegen de ene cel dat ze deel moet gaan uitmaken van een lever en tegen de andere dat ze zich moet omvormen tot een neuron? Lange tijd was het impliciete antwoord geruststellend: ergens moet er een controlecentrum bestaan, een programma, een moleculaire regiekamer. Maar hoe nauwkeuriger de biologie de ontwikkeling onder de loep nam, hoe meer dit centrum begon te vervagen.

Het idee van het biologische veld komt precies hier vandaan: uit het besef dat de stabiliteit van levende vormen geen centrale controle vereist, maar voortkomt uit een gedistribueerde, samenhangende regulering, waarover voortdurend tussen de partijen wordt onderhandeld. Er is geen dirigent, en toch gaat de symfonie door.

Een historische gebeurtenis die vaak wordt aangehaald in de wandelgangen van de afdelingen embryologie dateert uit de jaren twintig van de twintigste eeuw, aan het Kaiser-Wilhelm-Instituut in Berlijn. De embryoloog Hans Spemann, de toekomstige Nobelprijswinnaar (1935), toonde aan dat een salamanderembryo, zelfs als het gedeeltelijk beschadigd of geherorganiseerd was, zich op verrassend geordende wijze kon ontwikkelen. Door delen van het embryonale weefsel weg te snijden, te verplaatsen of zelfs te draaien, had de uiteindelijke vorm toch de neiging zich weer te herstellen. Niet perfect, zeker niet, maar wel herkenbaar.

Het cruciale punt was niet de ‘plasticiteit’ op zich – een woord dat tegenwoordig te pas en te onpas wordt gebruikt – maar het feit dat het embryo leek te weten waar het naartoe ging, zelfs wanneer de uitgangsvoorwaarden werden gewijzigd. Spemann sprak van ‘morfogenetische velden’, een uitdrukking die destijds meer beschrijvend dan verklarend klonk, maar die we vandaag de dag kunnen herlezen als een fundamentele intuïtie: ontwikkeling is geen lineaire reeks instructies, maar een proces dat wordt gereguleerd door globale beperkingen.

Deze regulering werkt niet als een van bovenaf opgelegd stedenbouwkundig plan, maar eerder als de zelfregulering van een historische stad. Iedereen die wel eens door Venetië heeft gewandeld, weet het: er is geen perfecte symmetrie, en toch vormt het geheel een eenheid. De steegjes passen zich aan, de ruimtes vullen elkaar aan, functies komen voort uit het gebruik. Op dezelfde manier reageert in de biologie elke cel op lokale signalen, maar doet dat binnen een configuratie van mogelijkheden die de keuzes beperkt en stuurt.

In de jaren zeventig stelde de ontwikkelingsbioloog Lewis Wolpert het beroemde 'gradiënt'-model voor, geïllustreerd met de afbeelding van de Franse vlag: identieke cellen krijgen een verschillend lot, afhankelijk van hun positie. Het idee kende enorm succes, maar liet een cruciale vraag open: wie houdt de gradiënt stabiel? Wie zorgt ervoor dat het totale patroon, ondanks ruis, fouten en schommelingen, niet instort?

Hier toont het concept van het biologische veld zijn verklarende kracht. Het veld geeft geen bevelen, maar legt relaties vast. Het vertelt de afzonderlijke cel niet op deterministische wijze wat ze moet doen, maar definieert de ruimte van mogelijke reacties, waardoor sommige ontwikkelingstrajecten waarschijnlijker worden en andere praktisch ontoegankelijk. De vorm wordt niet opgelegd, maar aangetrokken.

Een minder bekend maar verhelderend voorbeeld komt uit studies die in de vroege jaren 2000 in Heidelberg zijn uitgevoerd op driedimensionale celaggregaten, die tegenwoordig organoïden worden genoemd. Wanneer stamcellen zonder gedetailleerde externe begeleiding met elkaar in wisselwerking worden gebracht, genereren ze vaak verrassend geordende structuren: lagen, holtes, rudimentaire symmetrieën. Niet omdat ze 'weten' wat ze moeten worden, maar omdat het interactieveld dat tussen hen ontstaat de ontwikkeling naar stabiele configuraties stuurt.

In die zin is de stabiliteit van de vorm geen starheid. Het is veerkracht. Het is het vermogen om verstoringen op te vangen zonder de identiteit te verliezen. Een effectief biologisch veld elimineert de fout niet: het integreert deze

Dit perspectief heeft diepgaande gevolgen. Als de ontwikkeling wordt gereguleerd door een veld en niet door een centrum, dan is de levende vorm het resultaat van een dynamische samenhang, niet van een rigide ontwerp. Het organisme voert geen plan uit: het blijft in vorm terwijl het verandert. En juist dit vermogen om zichzelf in stand te houden — meer dan om te gehoorzamen — is het kenmerk van het leven.

De vormen die aantrekken: waarom het leven sommige wegen meer kiest dan andere.

Als we de ontwikkeling van een organisme bekijken – van een enkele cel tot een complexe vorm – is de verleiding altijd dezelfde: ons een reeks instructies voorstellen die stap voor stap worden uitgevoerd. Toch weet iedereen die de kans heeft gehad om met echte levende systemen te werken dat de ontwikkeling minder op een recept lijkt en meer op een afdaling door een landschap. Sommige paden zijn glad, andere leiden van nature naar diepe valleien. Hier heeft de wiskundige biologie een krachtige en verrassend concrete metafoor geïntroduceerd: die van de attractoren.

De term is ontstaan in de context van dynamische systemen, op het snijvlak van natuurkunde en wiskunde, maar heeft een natuurlijke plek gevonden in de biologie van de twintigste eeuw. Een attractor is een toestand waarnaar een systeem spontaan neigt, zelfs als het vanuit verschillende beginvoorwaarden vertrekt. In de jaren veertig stelde de wiskundige en bioloog Conrad Hal Waddington, die in Cambridge werkte, het inmiddels beroemde beeld van het epigenetische landschap voor: een balletje dat over een golvend oppervlak rolt en steeds duidelijker afgetekende valleien inslaat. Elke vallei vertegenwoordigt een stabiele vorm, een mogelijk ontwikkelingsscenario.

Waddington tekende deze afbeeldingen met de hand, vaak op door krijt vergrijsde schoolborden, tijdens levendige discussies met collega's en studenten. Het waren geen eenvoudige didactische illustraties: ze waren een manier om aan te geven dat de vorm niet stukje bij beetje wordt opgebouwd, maar ontstaat omdat sommige configuraties intrinsiek stabieler zijn dan andere. In moderne termen zouden we kunnen zeggen dat het biologische veld het landschap creëert, terwijl de attractoren de valleien ervan zijn.

Dit helpt een cruciaal punt van het hoofdstuk te verduidelijken: niet alle vormen zijn even waarschijnlijk. In een zich ontwikkelend organisme zijn sommige architecturen ‘gemakkelijk’, andere bijna onbereikbaar. Niet omdat ze door een externe wet worden verboden, maar omdat het veld van interacties — genetische, biofysische, temporele — bepaalde oplossingen uiterst robuust maakt. Het is hetzelfde principe waardoor, zoals de natuurkundige Ilya Prigogine in de jaren zestig in Brussel opmerkte, systemen die ver van het evenwicht verwijderd zijn geen willekeurige chaos produceren, maar preferentiële orde.

Een anekdote die begin jaren negentig door een onderzoeker van het Institut Pasteur werd verteld, illustreert dit goed. Tijdens experimenten met kunstmatig verstoorde genetische netwerken ‘keerde’ het systeem altijd terug naar een paar terugkerende toestanden, alsof het veel van de theoretische mogelijkheden negeerde. *‘Het was alsof je een knikker uit een kom duwde en zag hoe hij hardnekkig naar hetzelfde punt rolde.’* Die punten waren attractoren: stabiele toestanden die niet door een commando werden bepaald, maar door de algehele geometrie van het systeem.

In de taal van de veldbiologie zijn attractoren geen abstracte entiteiten: het zijn belichaamde vormen, configuraties waarnaar het organisme neigt omdat het biologische veld ze coherent maakt. Dit verklaart een fenomeen dat bekend is bij wie vergelijkende morfologie bestudeert: verschillende soorten, zelfs als ze fylogenetisch ver van elkaar afstaan, kunnen convergeren naar vergelijkbare vormen. Het is niet alleen natuurlijke selectie die deze convergenties verklaart, maar ook het feit dat bepaalde morfologische oplossingen diepe regio’s van het attractorenlandschap innemen.

Een culturele parallel helpt om het idee te verduidelijken. De kunsthistoricus Ernst Gombrich merkte op dat in verschillende tijdperken en op verschillende plaatsen bepaalde figuratieve patronen de neiging hebben om opnieuw op te duiken. Niet omdat kunstenaars elkaar kopiëren, maar omdat sommige visuele oplossingen beter 'werken' dan andere. Op dezelfde manier legt het veld in de biologie geen vorm op, maar begunstigt het die vormen die standhouden, die weerstand bieden aan schommelingen, die fouten opvangen zonder hun identiteit te verliezen.

Vanuit dit perspectief kan het biologische veld worden gezien als de context die het landschap van de attractoren bepaalt. Geen programma, geen mysterieuze kracht, maar een structuur van mogelijkheden die bepaalde ontwikkelingstrajecten natuurlijker, toegankelijker en bijna onvermijdelijk maakt.

Van orde naar betekenis: hoe het veld informatie omzet in een levende vorm.

Op dit punt van het traject kan het biologische veld niet langer worden beschouwd als een simpele achtergrond, noch als een elegant idee dat dient om moeilijk te verklaren verschijnselen bij elkaar te houden. Als het veld reëel is, als het de mogelijkheden van het organisme structureert en bepaalde vormen ten opzichte van andere stabiliseert, dan dringt de vraag zich onvermijdelijk op: wat voor soort informatie draagt het veld over?

Niet de passieve informatie van een archief, bestaande uit gegevens die wachten om gelezen te worden, maar iets dat dichter in de buurt komt van wat de natuurkundige Donald MacKay al in de jaren vijftig in Londen 'effectieve informatie' noemde: informatie die een verschil maakt, die een proces stuurt. In de biologie 'bevat' het veld geen boodschappen zoals een bibliotheek boeken bevat; het moduleert veeleer het gedrag van het systeem in de tijd, waardoor sommige reacties waarschijnlijk worden en andere onwaarschijnlijk.

Een anekdote die de ronde deed in de gangen van *het 'Marine Biological* Laboratory' in Woods Hole, Massachusetts, helpt deze conceptuele stap te verduidelijken. In de jaren tachtig merkten enkele onderzoekers bij het observeren van ogenschijnlijk identieke celculturen op dat dezelfde verstoring systematisch verschillende uitkomsten opleverde, afhankelijk van de geschiedenis van het systeem. Er was geen nieuwe genetische informatie in het spel, noch waren er duidelijke omgevingsvariaties. Wat veranderde, was de algemene staat van organisatie: wat we vandaag de dag 'gedistribueerde informatie' zouden noemen, verweven in het veld van relaties.

Hier toont het biologische veld zijn meest interessante kant: het instrueert niet, maar oriënteert. Het commandeert niet, maar bereidt voor. Het is informatie die werkt via beperkingen en mogelijkheden, niet via expliciete bevelen. Een beetje zoals in de muziek: de toonsoort van een stuk vertelt de muzikant niet welke noot hij moet spelen, maar maakt sommige sequenties natuurlijk en andere schril. De componist György Ligeti sprak in een gesprek in 1969 in Berlijn over '*velden van* klankspanning' waarbinnen muziek vorm krijgt. De metafoor is niet biologisch, maar het conceptuele mechanisme vertoont verrassende overeenkomsten.

Door het veld te beschouwen als actieve informatie kunnen we ook een wijdverbreide misvatting uit de weg ruimen: namelijk dat biologische informatie gelijkstaat aan DNA. Het genoom biedt noodzakelijke, maar geen voldoende voorwaarden. Het is het veld dat die mogelijkheden omzet in concrete trajecten, waardoor de informatie in de tijd wordt geactualiseerd. Zoals de theoretisch bioloog Howard Pattee in de jaren zeventig opmerkte, wordt informatie pas biologisch relevant wanneer deze wordt ingebed in een systeem dat in staat is deze te interpreteren en te gebruiken. Het veld is precies deze interpretatieve context.

In dit licht verschijnt het organisme als een gestabiliseerde informatiestructuur, niet omdat het onbeweeglijk is, maar omdat het in staat is om samenhang te behouden terwijl het verandert. Informatie is niet wat het organisme bezit, maar wat er doorheen gebeurt. Het veld is dus geen extra entiteit, maar de manier waarop informatie effectief, lichamelijk en gesitueerd wordt.

Deze conceptuele stap bereidt natuurlijk de weg voor het volgende hoofdstuk. Als het veld informatie is die werkt, kan de volgende stap niet anders zijn dan ons af te vragen hoe de informatie vorm krijgt, hoe ze weefsel, gebaar, functie wordt. Niet langer het 'wat' van de informatie, maar het 'hoe' van haar belichaming. Daar ontmoet de biologie van de velden, zonder geforceerd te zijn, een nieuw idee van het leven: niet als een machine die instructies uitvoert, maar als een proces dat betekenis geeft aan zijn eigen mogelijkheden.

Van de magneet tot het organisme: een korte geschiedenis van een idee dat 'veld' heet.

Om te begrijpen wat er vandaag de dag onder een biologisch veld wordt verstaan, moeten we een stap terug doen – sterker nog, meer dan één – en terugkeren naar het moment waarop de wetenschap begon te vermoeden dat de werkelijkheid niet alleen uit objecten bestond, maar ook uit relaties die zich in ruimte en tijd uitstrekten. Het concept van het veld is juist uit deze intuïtie voortgekomen, en niet uit de biologie.

Aan het begin van de negentiende eeuw, in de geïmproviseerde en vaak koude laboratoria van het industriële Europa, werd de natuurkunde geconfronteerd met een lastig probleem: hoe de werking op afstand te verklaren. Toen Michael Faraday, zoon van een Londense smid en een geniale autodidact, zag hoe de ijzervijlspaan zich rond een magneet rangschikte, had hij de indruk dat de ruimte zelf actief was geworden. Er was geen direct contact, er waren geen onzichtbare radertjes: er was iets dat de ruimte structuur gaf. Faraday sprak over krachtlijnen, en voor veel van zijn tijdgenoten leek hij meer een dichter dan een wetenschapper.

Het was James Clerk Maxwell die enkele decennia later die intuïtie wiskundige onderbouwing gaf. Met zijn vergelijkingen, gepubliceerd in de jaren zestig van de negentiende eeuw, hield het elektromagnetische veld op een conceptueel hulpmiddel te zijn en werd het een op zichzelf staande fysische realiteit. Het is niet langer alleen een manier om de interactie tussen ladingen te beschrijven: het is iets dat bestaat, zich voortplant en energie transporteert. Zoals Einstein later zou schrijven: *„Het veld is de fundamentele fysische werkelijkheid.*“

Deze overgang is cruciaal. Met het veld begint de wetenschap de natuur niet langer te beschouwen als een verzameling geïsoleerde objecten, maar als een continu weefsel van invloeden, waarin het niet alleen gaat om wat er is, maar ook om hoe het is verdeeld. In de twintigste eeuw wordt dit idee radicaler: de kwantummechanica introduceert velden die niet alleen beschrijven wat er gebeurt, maar ook de waarschijnlijkheden van wat er kan gebeuren. In Göttingen en Kopenhagen, tussen de jaren twintig en dertig, wordt het veld een structuur van mogelijkheden nog vóór die van gebeurtenissen.

De sprong naar complexe systemen vindt plaats wanneer deze logica wordt uitgebreid tot buiten de fundamentele fysica. In de tweede helft van de twintigste eeuw beginnen wetenschappers uit verschillende disciplines het veldconcept te gebruiken om collectieve verschijnselen te beschrijven: van atmosferische dynamiek tot ecologische netwerken en sociale systemen. Bij het Santa Fe Institute, opgericht in 1984 in New Mexico, delen natuurkundigen, biologen en economen een overtuiging: bepaald gedrag komt niet voort uit de afzonderlijke onderdelen, maar uit de globale configuratie van het systeem.

Hier houdt het veld definitief op een exotisch begrip te zijn en wordt het een rigoureuze manier om over organisatie na te denken. Een veld is geen ding, maar een structurerende toestand: het definieert beperkingen, verdeelt invloeden en coördineert dynamieken zonder dat er een commandocentrum nodig is. Het is een begrip dat de weg bereidt voor de veldbiologie, omdat het laat zien hoe het mogelijk is om orde en stabiliteit te verklaren zonder een beroep te doen op een externe ontwerper of op een som van lokale oorzaken.

Een anekdote, verteld door een ingenieur die betrokken was bij de eerste studies naar het stadsverkeer in Stuttgart in de jaren zeventig, is verhelderend. Door de tijdsverdeling van de verkeerslichten lichtjes aan te passen — zonder het aantal auto's of de wegen te veranderen — veranderde de hele verkeersstroom van de stad. „*We hebben niet ingegrepen op de voertuigen, maar op het veld van mogelijkheden.*" Het is hetzelfde principe dat, toegepast op de biologie, het mogelijk maakt om het organisme te beschouwen als ondergedompeld in een veld dat de levensprocessen stuurt nog voordat het ze bepaalt.

Wanneer het concept van het veld zijn intrede doet in de levenswetenschappen, brengt het deze erfenis met zich mee: het idee dat causaliteit niet alleen lineair is, dat ruimte en tijd ertoe doen, en dat de organisatie een eigen realiteit heeft. Spreken over een biologisch veld betekent dus dat men zich in een solide wetenschappelijke traditie plaatst, die reikt van Faraday tot complexe systemen, en die uitnodigt om het leven niet te beschouwen als een verzameling van onderdelen, maar als een vorm van uitgebreide, dynamische en geïnformeerde orde.

Bestaat er werkelijk een veld? Het wetenschappelijk realisme op de proef gesteld door het onzichtbare.

Toen het concept van het veld definitief zijn intrede deed in de wetenschap, bracht het niet alleen nieuwe vergelijkingen of elegantere modellen met zich mee, maar riep het ook een vraag op die de hele twintigste eeuw doorkruist: bestaat het veld werkelijk of is het slechts een handige manier om over de wereld te spreken? Het is een minder abstracte kwestie dan het lijkt, omdat het de kern raakt van het wetenschappelijk realisme, namelijk het idee dat wetenschappelijke theorieën – althans gedeeltelijk – de werkelijke structuur van de natuur beschrijven.

Het debat laait vooral op tussen de jaren dertig en zestig, wanneer de veldfysica de dominante taal wordt om elektromagnetisme, zwaartekracht en, later, de fundamentele interacties te beschrijven. In Wenen, Berlijn en Cambridge vroegen filosofen en wetenschappers zich af wat ze eigenlijk deden als ze het over velden hadden. Moritz Schlick, een centrale figuur in de Weense Cirkel, beschouwde velden doorgaans als krachtige conceptuele instrumenten, maar zonder ontologische autonomie: wat voor hem telde, was het vermogen van een theorie om de waarneembare ervaring te ordenen.

De houding van Albert Einstein stond hier haaks op; in een brief uit 1952 aan Max Born schreef hij dat het veld geen wiskundige fictie was, maar *'de enige fysische werkelijkheid die deze naam waardig is'*. Voor Einstein betekende het reduceren van het veld tot een handige taal het verlies van wat de natuurkunde met veel moeite had veroverd: het idee dat de werkelijkheid niet noodzakelijkerwijs samenvalt met wat direct waarneembaar is.

Deze spanning loopt als een rode draad door de hele wetenschapsfilosofie van de twintigste eeuw. Karl Popper, hoewel kritisch tegenover elke als wetenschap vermomde metafysica, verdedigde een vorm van 'conjecturaal' realisme: velden zijn niet waarneembaar, maar zijn gewaagde hypothesen die pogingen tot weerlegging weerstaan. Bas van Fraassen daarentegen stelde in de jaren tachtig met zijn constructief empirisme een voorzichtiger standpunt voor: we zijn niet verplicht te geloven dat de velden bestaan, het volstaat dat de theorieën die er gebruik van maken empirisch adequaat zijn.

Een anekdote, verteld door een student die in 1967 een seminar in Princeton bijwoonde, geeft de sfeer van die tijd goed weer. Na een verhitte discussie over de ontologie van kwantumvelden zou een oudere natuurkundige het debat hebben afgesloten met de woorden: „*Ik weet niet of het veld bestaat, maar ik weet wel dat ik zonder het veld niet meer kan werken.*" Het is een grapje, maar het raakt een essentieel punt: het veld dringt zich op als een conceptuele noodzaak, nog voordat het een metafysische entiteit is.

Deze filosofische achtergrond is van fundamenteel belang om de stap naar de veldbiologie te begrijpen. Wanneer we vandaag de dag spreken over een biologisch veld, is de vraag niet of we iets 'mysterieus' introduceren, maar of we een werkelijke structuur van de levende organisatie erkennen, die — vanuit epistemologisch oogpunt — analoog is aan de velden in de natuurkunde. De les van de twintigste eeuw is duidelijk: veel wetenschappelijke entiteiten waren eerst instrumenten en werden later als realiteit aanvaard. Atomen, genen en zelfs quarks hebben deze drempel overschreden.

Het veld is in dit perspectief noch een materieel object, noch een louter taalkundige conventie. Het is een theoretisch begrip met verklarende kracht, waarvan de realiteit wordt afgemeten aan het vermogen om anderszins fragmentarische verschijnselen begrijpelijk te maken. Toegepast op de biologie nodigt deze benadering uit tot een vorm van sober realisme: het biologische veld mag niet worden gehypostasiseerd, maar evenmin tot een metafoor worden gereduceerd. Zoals zo vaak in de geschiedenis van de wetenschap valt zijn 'bestaan' samen met zijn vruchtbaarheid.

Want 'veld' raakt nooit uit de mode: een woord dat de complexiteit in zich draagt.

Er zijn woorden die snel verouderen, verpletterd door de vooruitgang van de theorieën die ze hebben voortgebracht. En er zijn er andere die, integendeel, decennia – soms eeuwen – lijken te doorkruisen, waarbij ze van context veranderen zonder aan precisie in te boeten. 'Veld' behoort beslist tot deze tweede categorie. Het is een woord dat de wetenschap blijft gebruiken, niet uit nostalgie, maar uit noodzaak. En dit is voor wie zich bezighoudt met veldbiologie geen taalkundig detail: het is een epistemologisch aanwijzing.

De term doet zijn intrede in de moderne wetenschap met een zekere terughoudendheid. Michael Faraday, een geniale autodidact die in 1831 in de kelders van de Royal Institution in Londen werkte, sprak eerder van '*lines of* force' dan van velden in de latere wiskundige betekenis. Hij tekende, letterlijk, wat niet te zien was: ijzervijlsel dat zich in elegante vormen rond een magneet rangschikte. Het was een visuele, bijna ambachtelijke taal. Maar al toen was er iets beslissends te ontwaren: het idee dat de ruimte geen neutrale leegte was, maar een gestructureerd gebied, drager van relaties.

Sindsdien is 'veld' een grensoverschrijdend begrip geworden. Het duidt niet op een object, valt niet samen met een substantie en is niet te herleiden tot een puntvormige kracht. Het is veeleer een manier om de werkelijkheid te beschrijven, die het mogelijk maakt te spreken over continuïteit, verspreide invloed en organisatie zonder centrum. En juist deze gecontroleerde flexibiliteit verklaart de buitengewone levensduur van het begrip.

Een anekdote die in de jaren zeventig in de gangen van het MIT werd verteld door een jonge onderzoeker in de systeemtheorie is veelzeggend. Tijdens een verhitte discussie over de terminologie die moest worden gebruikt om bepaald collectief gedrag te beschrijven, stelde iemand voor om de term 'veld' te laten vallen omdat die 'te vaag' was. Het korte antwoord kwam van een toegepast wiskundige: *„Het is niet vaag, het is algemeen. En algemeenheid is, wanneer ze goed verankerd is, een deugd.*" Het woord bleef.

Het punt is dat 'veld' goed werkt omdat het een zeldzaam evenwicht bewaart tussen voorstelbaarheid en nauwkeurigheid. Het roept een ruimte van mogelijkheden op — een akker, een gezichtsveld, een actieterrein — maar laat tegelijkertijd een precieze formalisering toe wanneer dat nodig is. Het is geen toeval dat het woord disciplines doorkruist die ver uit elkaar liggen: van de natuurkunde tot de biologie, van de sociologie van Pierre Bourdieu (die in de jaren negentig met verrassende conceptuele nauwkeurigheid sprak over sociale velden) tot de cognitieve wetenschappen. Telkens verandert wat het veld vult, maar de logica die erachter schuilgaat, blijft hetzelfde.

In de biologische context is deze taalkundige persistentie allesbehalve onschuldig. Spreken van een biologisch veld betekent kiezen voor een woord dat niet meer belooft dan het kan waarmaken, maar dat het leven evenmin reduceert tot een opsomming van componenten. 'Veld' suggereert een verspreide, historisch gestabiliseerde werkelijkheid, die processen kan sturen zonder ze te beheersen. Het is een woord dat ruimte laat voor tijd, vorm en regulering, zonder te vervallen in de verleiding van een rigide mechanisme.

De taalkundige Émile Benveniste merkte in 1969 tijdens een college aan het Collège de France op dat sommige wetenschappelijke woorden blijven voortbestaan omdat *ze 'de ervaring ordenen nog voordat ze deze verklaren*'. 'Veld' is er een van. Het beschrijft niet alleen wat we weten, maar ook hoe we bereid zijn te zoeken. En misschien is dat de reden waarom, telkens wanneer de wetenschap geconfronteerd wordt met complexe verschijnselen – van embryonale ontwikkeling tot collectieve dynamieken – dat woord terugkeert, discreet maar onmisbaar.

In die zin is het veld niet alleen een concept: het is een taalkundig gebaar dat een methodologische keuze weerspiegelt. De voorkeur geven aan de term 'veld' betekent accepteren dat de biologische werkelijkheid zich niet volledig laat vangen in geïsoleerde entiteiten, maar een taal vereist die in staat is om relaties, verbanden en mogelijkheden bij elkaar te houden. Een woord dat zo lang standhoudt, doet dat misschien niet uit inertie, maar omdat het iets waars blijft zeggen.

Waarom juist een veld? Het juiste woord om het georganiseerde leven te beschrijven.

Toen de biologie in de loop van de twintigste eeuw te maken kreeg met verschijnselen die zich aan de som der delen onttrokken – de ontwikkeling van een vorm, de stabiliteit van een organisme, het regeneratievermogen – zocht ze vaak naar nieuwe metaforen. Maar het veld is geen toevallige metafoor: het is een concept dat de wetenschap elders al had uitgewerkt, en dat op maat leek te zijn gemaakt om gedistribueerde organisaties te beschrijven, zonder een commandocentrum, maar allesbehalve chaotisch.

Het veld is in de natuurkunde ontstaan om een concreet probleem op te lossen: uitleggen hoe het ene lichaam het andere op afstand kan beïnvloeden zonder een beroep te doen op mysterieuze krachten. Maar daarmee introduceert het een algemener idee: de werking gaat niet langer van het ene object naar het andere, maar verloopt via een continue ruimtelijke structuur, die bepaalde configuraties mogelijk maakt en andere niet. Het is deze logica — meer dan de wiskundige details — die het concept verrassend geschikt maakt voor de biologie.

Een ontwikkelingsbioloog die een embryo observeert, ziet geen reeks instructies die in volgorde worden uitgevoerd, maar een proces waarin de cellen 'weten' waar ze heen moeten en wat ze moeten worden, zonder dat ook maar één van hen de volledige kaart bezit. Het is een situatie die, meer dan men wil toegeven, doet denken aan die welke door een fysisch veld wordt beschreven: lokale omstandigheden die worden gestuurd door een globale organisatie.

Het cruciale punt is dat het veld het mogelijk maakt het organisme te beschouwen als een eenheid die zich uitstrekt in tijd en ruimte. In tegenstelling tot begrippen als 'programma' of 'machine', die te sterk verbonden zijn met een sequentiële en gecentraliseerde logica, suggereert het veld een opkomende orde, die in stand kan blijven zelfs wanneer sommige delen worden verstoord. Het is geen toeval dat in de eerste studies naar complexe systemen in Santa Fe en Los Alamos in de jaren tachtig de taal van de velden opnieuw opdook om robuuste collectieve dynamieken te beschrijven, waarin de vorm blijft bestaan ondanks de voortdurende vervanging van de componenten.

Er is ook een subtielere culturele reden. Het concept van het veld is intrinsiek relationeel: het beschrijft geen 'dingen', maar ordeningen, gradiënten, beperkingen. En juist dit lijkt te ontbreken wanneer men het levende uitsluitend in termen van moleculen probeert te beschrijven. Een organisme bestaat niet alleen uit wat het bevat, maar ook uit de manier waarop datgene wat het bevat bij elkaar wordt gehouden. Het veld wordt dan de benaming voor deze samenhang, voor deze dynamische coherentie.

In 1973 merkte een natuurkundige die zich met biologie bezighield tijdens een conferentie in Heidelberg over morfogenese op dat het veld een doorslaggevend voordeel had: *'Het zegt niet wie de leiding heeft, maar wat mogelijk is.'* Deze uitspraak maakt duidelijk waarom juist dit concept, meer dan andere, geschikt is om het levende te beschrijven. Het leven volgt geen bevelen, maar verkent gestabiliseerde mogelijkheden.

Spreken over een biologisch veld betekent in deze voorbereidende fase dus niet dat er een exotisch begrip wordt geïntroduceerd, maar dat wordt erkend dat de organisatie van het levende meer lijkt op een structuur van actieve mogelijkheden dan op een lineair mechanisme. Het veld is het concept dat vorm, stabiliteit en aanpassingsvermogen het best samenbrengt zonder het ene tot het andere te reduceren. En daarom komt de biologie, wanneer ze op zoek is naar een woord dat de complexiteit van het leven kan omvatten, er — opnieuw — op terug.

Wat een biologisch veld niet is.

Elk krachtig begrip loopt een risico: dat het te veel en verkeerd wordt gebruikt. Dat is gebeurd met de term ‘energie’, dat is gebeurd met ‘quantum’, en dat gebeurt onvermijdelijk ook met ‘veld’. In de biologie, waar de complexiteit van het levende eenvoudige verklaringen tart, kan het biologische veld een toevluchtsoord worden: suggestief, geruststellend, maar gevaarlijk dubbelzinnig. Duidelijkheid scheppen over wat een biologisch veld niet is, is geen defensieve exercitie, maar een daad van wetenschappelijke precisie.

Allereerst is een biologisch veld geen mysterieuze kracht die van buitenaf op het organisme inwerkt. Het is geen entiteit die het lichaam ‘omhult’ als een gekleurde aura, noch een onzichtbare aanwezigheid met eigen intenties. Het idee van een levenskracht die boven de materie zweeft, behoort tot een lange culturele traditie, die vanuit historisch oogpunt respectabel is, maar niet verward mag worden met een operationeel wetenschappelijk concept. Zoals de Franse fysioloog Claude Bernard al in 1865 opmerkte: *„Het aanroepen van een levenskracht verklaart de verschijnselen niet, maar schuift ze alleen maar voor zich uit.*”

Het biologische veld is evenmin een meetbare energetische substantie zoals een vloeistof, die naar believen kan worden opgeslagen of overgedragen. Hier ontstaat de misvatting vaak door het alledaagse taalgebruik van de wetenschap. De natuurkundige Richard Feynman waarschuwde de studenten in een beroemde lezing aan Caltech in 1961: *„Energie is geen ding, het is een getal dat constant blijft.*” Als we deze les toepassen op de biologie, betekent dit dat we het veld niet moeten voorstellen als een „iets” dat stroomt, zich „ ” of opraakt. Het veld is geen brandstof voor het leven: het is een manier van organisatie.

Een andere veelvoorkomende verwarring betreft de relatie met de kwantumfysica. Het biologische veld is geen vermomd kwantumveld, noch is het nodig om verstrengeling of golfinstortingen in te roepen om elke eigenschap van het levende te verklaren. In de jaren zeventig klaagde de natuurkundige Wolfgang Pauli – in een privébrief die nu bij CERN wordt bewaard – over het overmatig gebruik van de term ‘kwantum’ buiten het domein waar deze van toepassing is. Hij had gelijk: het beroep op kwantumfysica wordt pseudowetenschappelijk wanneer het argumenteren wordt vervangen door toespelingen.

Dit betekent niet dat de fysische grondslagen van het leven worden ontkend, maar wel dat wordt erkend dat het biologische veld op een ander beschrijvend niveau opereert, waar de stabiliteit van vormen, collectieve regulering en functionele samenhang van belang zijn. Het verwarren ervan met een direct kwantumfenomeen komt neer op het gebruik van een microscoop om je weg te vinden in een stad: een fascinerend instrument, maar ongeschikt voor dit doel.

Het is ook belangrijk om het biologische veld te onderscheiden van een simpele taalkundige metafoor. Het is geen elegante manier om ‘context’ of ‘interne omgeving’ te zeggen. Als dat zo was, zou het niets toevoegen aan het begrip van de verschijnselen. Om wetenschappelijke waarde te hebben, moet het veld waarneembare gevolgen inhouden: stabiliteit van vormen, herstelvermogen, grenzen aan mogelijke variaties. Wanneer het slechts een suggestief woord blijft, houdt het op een concept te zijn en wordt het retoriek.

Ten slotte is het biologische veld geen epistemologische snelkoppeling om experimenteel werk te vermijden. Het dient niet om kennislacunes op te vullen met vage beweringen. Integendeel, het is een veeleisend concept: het vraagt om modellen, voorspellingen en vergelijkingen met gegevens. Zoals de Britse bioloog Peter Medawar in 1967 opmerkte: *'Slechte verklaringen zijn die welke alles en dus niets verklaren.'*

Verduidelijken wat een biologisch vakgebied niet is, betekent paradoxaal genoeg juist de reikwijdte ervan versterken. Bevrijd van mystieke aanslag en taalkundig misbruik kan het vakgebied weer worden wat het belooft: een rigoureus conceptueel instrument om na te denken over de organisatie van het levende zonder de complexiteit ervan te verraden.

Van evenwicht naar teken: langzame verhalen over moeilijke ideeën.

De geschiedenis van de biologie verloopt niet alleen via plotselinge ontdekkingen, maar ook via onzekere woorden, begrippen die lange tijd op de drempel tussen het zeggen en het begrijpen blijven hangen. Ideeën die vaag lijken, soms verdacht, voordat ze onmisbaar worden. De biologie behoort tot deze traditie. Om het mogelijke lot ervan te begrijpen, is het de moeite waard om te kijken naar twee beroemde voorbeelden die decennia van ambiguïteit hebben doorgemaakt voordat ze een strikte plaats vonden: homeostase en epigenetica.

Toen Walter Bradford Cannon in 1926 aan Harvard de term 'homeostase' bedacht, was de bedoeling duidelijk, maar het terrein glad. Het beschrijven van het vermogen van organismen om relatief stabiele interne omstandigheden te handhaven, leek voor veel fysiologen een elegante manier om de onwetendheid over de werkelijke mechanismen te verhullen. In een recensie die in 1933 in *Science* verscheen, merkte een collega ironisch op dat homeostase *'het risico liep een nieuwe naam te worden voor een oud mysterie'*. Hij had niet helemaal ongelijk: jarenlang schommelde het concept tussen verklaring en beschrijving, tussen organiserend principe en louter empirische constatering.

Toch bleek homeostase na verloop van tijd juist vruchtbaar te zijn omdat het niet tot één enkel mechanisme kon worden herleid. Het was geen pomp, noch een specifiek circuit, maar een logica van gedistribueerde regulering. De kracht ervan lag in het verenigen van verschillende verschijnselen — van de bloedsuikerspiegel tot de lichaamstemperatuur — onder één gemeenschappelijk principe. Pas later, met de ontwikkeling van de cybernetica en feedbacksystemen, vond dat concept geschikte instrumenten om te worden geformaliseerd zonder aan algemeenheid in te boeten.

Een soortgelijk, maar nog hobbeliger lot was weggelegd voor *de epigenetica*. Toen Conrad Hal Waddington in de jaren veertig in Cambridge sprak over het *'epigenetisch* landschap' en heuvels en dalen tekende om de embryonale ontwikkeling weer te geven, beschuldigden veel genetici hem ervan metaforen te gebruiken in plaats van genen. Zijn taal leek meer op kunst dan op harde wetenschap. Toch bevatte die metafoor een doorslaggevende intuïtie: dat er tussen genotype en fenotype een reguleringsruimte bestond die niet tot de DNA-sequentie kon worden herleid.

Decennialang bleef de epigenetica een niemandsland. Te concreet voor de filosofie, te theoretisch voor de ontluikende moleculaire genetica. Pas aan het einde van de twintigste eeuw, met de ontdekking van de mechanismen van DNA-methylatie en histonmodificaties, werd de term 'gerehabiliteerd'. Maar tegen een prijs: het inperken van de betekenis ervan. Veel biologen gebruiken 'epigenetisch' tegenwoordig in technische, bijna chemische zin, waarbij ze de oorspronkelijke reikwijdte van Waddingtons idee uit het oog verliezen. Een paradoxaal lot: om aanvaardbaar te worden, moest het concept een deel van zijn ambitie inleveren.

De biologie bevindt zich in een vergelijkbare, maar niet identieke positie. Net als homeostase heeft zij betrekking op de algehele stabiliteit van het organisme; net als epigenetica raakt zij aan het probleem van vorm en regulering zonder deze te herleiden tot lokale instructies. Maar in tegenstelling tot beide is dit vakgebied niet ontstaan om een specifieke mechanistische leemte op te vullen. Het is veeleer ontstaan als een poging om een organisatorische dimensie te benoemen die naar voren komt wanneer lineaire verklaringen hun grenzen laten zien.

De geschiedenis maant tot voorzichtigheid en geduld. Grensbegrippen worden niet snel duidelijk. Ze doorlopen fasen van misbruik, afwijzing en geforceerde reductie. Een anekdote van wetenschapshistorica Evelyn Fox Keller herinnert eraan dat tijdens een seminar aan het MIT in de vroege jaren tachtig een onderzoeker epigenetica omschreef als *„een elegant woord voor wat we nog niet kunnen meten*". Vandaag de dag staat datzelfde woord centraal in de ontwikkelingsbiologie en de geneeskunde.

Het doorslaggevende verschil zit hem in de manier waarop deze begrippen worden behandeld. Wanneer ze worden gebruikt als retorische stopvoeren, worden ze kwetsbaar. Wanneer ze daarentegen worden beschouwd als open vraagstukken, die het onderzoek kunnen sturen zonder te pretenderen het af te sluiten, kunnen ze tot wasdom komen. Het biologische veld vraagt, net als de homeostase en de epigenetica vóór hem, om tijd, geschikte instrumenten en een strikte taalkundige discipline. Het belooft geen snelle oplossingen, maar een nieuwe grammatica om het levende te beschrijven.

Het vakgebied als structuur van mogelijkheden.

Er is een paradox die de studie van levende organismen altijd heeft begeleid: hun betrouwbare regelmaat gaat hand in hand met een verrassende veerkracht. Een embryo doorloopt herkenbare stadia, maar weet toch fouten te corrigeren; een weefsel behoudt zijn identiteit, maar kan zich hervormen; een organisme weerstaat verstoringen zonder verstijfd te raken. Het spreken over het biologische veld als structuur van mogelijkheden komt juist hier vandaan: uit de poging om te beschrijven hoe het leven zijn vorm behoudt zonder gevangen te zitten in een rigide schema.

Het idee is niet dat het organisme een vorm 'bevat' die al tot in detail vastligt, maar dat het opereert binnen een gestructureerde ruimte van mogelijkheden, waar sommige configuraties stabiel zijn, andere onwaarschijnlijk en weer andere simpelweg onmogelijk. Het veld legt in die zin geen specifieke resultaten op: het bakent af, geeft richting en maakt dingen aannemelijk. Het is eerder een grammatica dan een script.

Een voorval dat vaak wordt aangehaald in seminars over ontwikkelingsbiologie, en dat al in de jaren zestig enige weerklank vond, betreft de salamanders van het geslacht Ambystoma die in de laboratoria van de Universiteit van Indiana werden bestudeerd. Wanneer een ledemaat wordt geamputeerd, leidt de regeneratie niet tot een willekeurige celmassa, maar wordt er een poot gereconstrueerd die qua afmetingen en verhoudingen coherent is. Niet omdat elke cel afzonderlijk 'weet' wat ze moet doen, maar omdat het hele systeem opereert binnen een kader dat bepaalde formele oplossingen stabiliseert en andere uitsluit. Er groeit geen hand op de plaats van een poot, noch een oneindige poot. De vorm komt naar voren als een waarschijnlijk resultaat, niet als een centraal bevel.

Het begrip stabiliteit moet hier met de nodige voorzichtigheid worden opgevat. Het is geen onbeweeglijkheid. Het is veeleer dynamische robuustheid. Een organisme blijft zichzelf, niet omdat het niet verandert, maar omdat het verandert binnen grenzen die zijn organisatie in stand houden. In 1975 merkte de celbioloog Paul Weiss tijdens een conferentie in Woods Hole op met een opmerking die onder vakgenoten beroemd is gebleven: *„Het leven verdedigt geen toestand, het verdedigt een relatie.*" Het is een zin die de betekenis van het veld als structuur van mogelijkheden goed weergeeft: wat stabiel blijft, is niet de materie, maar de samenhang van de relaties.

Ook de biologische regulatie verliest, vanuit dit perspectief bekeken, het karakter van een 'cascade'-regeling. Er zit geen verborgen dirigent in de genen of in het embryonale brein. De regulatie vindt plaats omdat het veld bepaalde afwijkingen zelfcorrigerend maakt. Wanneer een onderdeel te veel afwijkt, hoeft het organisme niet te 'beslissen' wat het moet doen: het keert vanzelf terug naar een compatibele configuratie. Dit gedrag doet meer denken aan architectuur dan aan precisie-engineering. Net als bij de grote gotische kathedralen – Chartres wordt hierom vaak door kunsthistorici aangehaald – komt de stabiliteit voort uit de verdeling van de krachten, niet uit één enkele wonderbaarlijke pilaar.

Praten over het veld als een structuur van mogelijkheden helpt ook om een veelvoorkomend misverstand te vermijden: namelijk het verwarren van de vorm met een esthetisch of geometrisch resultaat. In de biologie is de vorm altijd functioneel, maar niet in de onmiddellijke utilitaire zin. Ze is functioneel omdat ze in de tijd houdbaar is, omdat ze energetische schommelingen, moleculaire ruis en omgevingsstress kan weerstaan. Het veld selecteert vormen die biologisch ‘staande blijven’, nog voordat ze in evolutionaire zin voordelig zijn.

In dit kader is stabiliteit geen rem op innovatie, maar juist de voorwaarde ervoor. Alleen een voldoende stabiel systeem kan zich variaties veroorloven zonder in te storten. Het veld verstikt het mogelijke niet: het organiseert het, maakt het bewoonbaar. Het is een minder mechanische en minder romantische visie op het leven, maar misschien wel realistischer: het leven als een open evenwicht tussen beperking en vrijheid.

VI. Informatie die vorm krijgt.

Terwijl het vorige hoofdstuk het idee van het biologische veld als organiserende realiteit introduceerde, zet dit zesde hoofdstuk een verdere en, in zekere zin, meer delicate stap: het verduidelijkt wat we werkelijk onder informatie verstaan wanneer we over het leven spreken. Dit is geen terminologisch detail. Het is het punt waarop veel wetenschappelijke metaforen — krachtig, maar vaak misleidend — hun grenzen laten zien.

In het dagelijks taalgebruik en in veel populairwetenschappelijke publicaties wordt biologische informatie nog steeds beschreven als een verzameling gegevens, instructies of codes: het DNA als software, de cel als computer, het organisme als geprogrammeerde machine. Deze metafoor heeft historisch gezien een groot nut gehad, maar vertoont vandaag de dag duidelijke barsten. Gegevens op zich doen niets. Ze kunnen worden gekopieerd, doorgegeven, opgeslagen. Het leven daarentegen organiseert zich, houdt zichzelf in stand, verandert. Dit hoofdstuk is bedoeld om dit cruciale verschil scherp in beeld te brengen.

De grondgedachte is slechts schijnbaar eenvoudig: biologische informatie is geen object, maar een relatie die op v e en stabiele wijze vorm krijgt in de materie. Ze bestuurt het leven niet van buitenaf, als een abstracte code, maar komt voort uit en werkt vanuit de vitale processen zelf. Het is informatie omdat ze het verschil maakt; ze is belichaamd omdat ze nooit los staat van de structuur die haar tot stand brengt.

In de algemene context van het boek fungeert dit hoofdstuk als een scharnier. Nadat in de voorgaande delen de beperkingen van het biochemisch reductionisme en het belang van coherentie en velden zijn aangetoond, wordt hier verduidelijkt wat er binnen die velden circuleert, zich stabiliseert en transformeert. Geen ongedifferentieerde energie, geen digitale instructies, maar informatieve configuraties die tegelijkertijd vorm, dynamiek en biologische betekenis zijn.

In de kritische traditie ten aanzien van de informatica-metafoor schaart de fysioloog Denis Noble, een van de hoofdrolspelers in het post-genomische debat, zich wanneer hij ondubbelzinnig stelt: „*Er bestaat geen enkel programma in het* DNA." Het genoom is vanuit dit perspectief geen op zichzelf staande handleiding, maar een hulpbron die pas betekenis krijgt binnen een netwerk van cellulaire, weefsel- en omgevingsinteracties.

Dit hoofdstuk loopt nog niet vooruit op de klinische of cognitieve implicaties die later zullen worden uitgewerkt. Het beperkt zich bewust tot het op orde brengen van een misbruikt begrip, door aan te tonen waarom spreken over informatie in de biologie neerkomt op het spreken over actieve vormen, over organisaties die zich in de tijd handhaven en die juist daarom kunnen evolueren, leren en soms uiteenvallen.

Opgroeien zonder instructies: het embryo als een veld dat zich organiseert.

Als we echt willen begrijpen wat het betekent om te zeggen dat het leven belichaamde informatie is, is er geen terrein dat meer inzicht biedt dan de embryonale ontwikkeling. Hier, in de eerste uren en dagen na de bevruchting, toont de biologie het duidelijkst een feit dat ongemakkelijk is voor elke mechanistische visie: de vorm wordt niet uitgevoerd, maar krijgt gestalte.

Het embryo volgt geen gedetailleerd ontwerp, zoals een huis dat op basis van een technische tekening wordt gebouwd. Het lijkt veeleer op een proces dat zich geleidelijk oriënteert, waarbij sommige mogelijkheden worden gestabiliseerd en andere vervallen. De cellen delen zich, migreren, veranderen van functie, maar doen dat zonder dat er een commandocentrum is dat hen zegt: 'word nu lever' of 'word nu netvlies'. Toch ontstaat er met verrassende betrouwbaarheid een samenhangend organisme.

Al in de jaren dertig van de twintigste eeuw toonde de Duitse embryoloog Hans Spemann, Nobelprijswinnaar in 1935, aan dat bepaalde delen van het embryo geen kant-en-klare vorm bevatten, maar organisatorische processen in het omringende weefsel in gang zetten. Ze geven geen gedetailleerde instructies door: ze creëren voorwaarden. Het is een subtiel maar doorslaggevend onderscheid. De informatie zit niet in het eindresultaat, maar in het vermogen om een collectief proces te sturen.

Vanuit dit perspectief is belichaamde informatie niet iets dat als een verzegelde boodschap 'in' een cel 'zit'. Het is een relatie die zich uitstrekt in de ruimte en de tijd van het embryo, waarbij chemische gradiënten, mechanische spanningen, delingsritmes en geometrische beperkingen een rol spelen. De vorm ontstaat omdat het systeem als geheel configuraties herkent en stabiliseert die verenigbaar zijn met zijn eigen samenhang.

De theoretisch bioloog Stuart Kauffman heeft, in zijn beschouwingen over morfogenese, dit punt verwoord met woorden die sterk aansluiten bij het veldconcept: „*Organismen worden niet volgens een ontwerp gebouwd; ze organiseren zichzelf binnen ruimtes van mogelijkheden.*" De embryonale ontwikkeling wordt zo het natuurlijke laboratorium waarin informatie kan worden waargenomen terwijl deze gestalte krijgt, zonder zich ooit los te maken van de materie die haar tot uitdrukking brengt.

Deze visie helpt ook te begrijpen waarom het embryo over een opmerkelijk regulerend vermogen beschikt. Als bepaalde cellen worden verwijderd of beschadigd, mislukt het proces niet nood : vaak reorganiseert het zich. Niet omdat het 'programma' redundant is, maar omdat de informatie verspreid is, belichaamd in het veld van relaties. De uiteindelijke vorm is geen vooraf vastgesteld doel, maar een dynamische attractor.

In die zin verduidelijkt de embryonale ontwikkeling een van de centrale punten van het hoofdstuk: biologische informatie gaat de vorm niet vooraf als een abstract idee, noch volgt ze deze als een loutere beschrijving. Ze valt samen met het proces zelf dat de vorm voortbrengt. Het embryo past geen informatie toe: het beleeft die.

Omdat het leven niet kan worden 'herstart' zoals een digitaal systeem.

Een van de hardnekkigste illusies van de hedendaagse biologie komt voort uit de, vaak impliciete, vergelijking met digitale technologieën. Een computer loopt vast, je start hem opnieuw op; een bestand raakt beschadigd, je herstelt het vanuit een eerdere kopie. Maar zo werkt het leven niet, en dit hoofdstuk — in het hart van de reflectie over belichaamde informatie — vindt in de onomkeerbare tijd zijn meest overtuigende bewijs.

Een levend organisme doorloopt de tijd niet als een neutraal medium waarover gegevens stromen. Het is de tijd zelf die in zijn structuur binnendringt, zich vastzet in de vorm, in de weefsels, in de ontwikkelingstrajecten. Elk beleefd moment verandert het informatieveld van het organisme en laat sporen achter die niet kunnen worden gewist zonder het systeem dat ze draagt te vernietigen. Biologische informatie is, juist omdat ze belichaamd is, altijd ook geschiedenis.

Dit is het punt waarop de informatica-metafoor definitief faalt. Een digitaal systeem kan terugkeren naar een eerdere toestand omdat de informatie losstaat van de drager. Een organisme daarentegen is zijn eigen informatie in de tijd. Er bestaat geen 'vroeger' dat elders bewaard wordt en van waaruit men opnieuw kan beginnen. Zelfs wanneer een wond geneest, keert men niet terug naar de oorspronkelijke toestand: men gaat verder, met een nieuwe configuratie.

Al in 1944 had Erwin Schrödinger in zijn beroemde werk '*What Is Life?*' een essentieel aspect van deze temporele asymmetrie onderkend, door over het leven te spreken als een systeem dat zich voedt met 'negatieve entropie'. Afgezien van de inmiddels gedateerde bewoordingen blijft de intuïtie krachtig: '*Een levend organisme handhaaft zijn orde door de wanorde in de omgeving te vergroten.*' Deze uitwisseling is niet omkeerbaar. Elke handeling om de vorm in stand te houden heeft een tijdsprijs die niet teniet kan worden gedaan.

Biologische informatie is dus niet alleen een ruimtelijke relatie, maar ook een tijdelijk proces dat sporen achterlaat. Denk maar aan de rijping van het zenuwstelsel, aan vroege inprenting, of zelfs alleen maar aan cellulaire veroudering. In al deze gevallen wordt de informatie niet 'uitgevoerd' en vervolgens opgeslagen: ze wordt in de materie opgenomen en verandert daarmee voor altijd de toekomstige mogelijkheden ervan. Opnieuw beginnen zou betekenen dat de geschiedenis wordt gewist, maar het wissen van de geschiedenis staat gelijk aan het wissen van het organisme.

Daarom kan het leven niet worden gekloond in de strikte zin van het woord, zelfs niet wanneer het DNA identiek is. Zoals de Franse bioloog Henri Atlan opmerkte toen hij nadacht over complexe systemen: '*De informatie die telt, is niet die welke zich herhaalt, maar die welke zich transformeert.*' En transformatie vindt per definitie slechts één keer plaats.

In dit licht is de onomkeerbaarheid van de tijd geen beperking van het leven, maar juist de voorwaarde waaronder het mogelijk is. Zonder tijd die in één richting stroomt, zou er geen ontwikkeling, geen leren en geen aanpassing zijn. Belichaamde informatie is altijd informatie die zich heeft voltrokken, niet louter bewaarde informatie. En juist daarom is elk organisme uniek: niet omdat het bijzondere gegevens bevat, maar omdat het een tijd heeft doorgemaakt die niemand anders ooit op dezelfde manier zal kunnen herbeleven.

Van de natuurkunde naar het bewustzijn: de conceptuele reis van de informatie.

Er zijn begrippen die niet tot één enkele discipline behoren, maar fungeren als epistemologische bruggen: ze maken dialoog mogelijk, herordenen problemen en veranderen de manier waarop vragen worden gesteld. Informatie is, in de context van de veldbiologie, daar een voorbeeld van. Niet omdat het alles verklaart – universele verklaringen zijn altijd verdacht – maar omdat het verschillende wetenschappen dwingt om met elkaar in gesprek te gaan over wat ze werkelijk bedoelen met ‘werkelijkheid’.

In de natuurkunde begon informatie serieus gewicht in de schaal te leggen toen men zich realiseerde dat het niet alleen een manier was om systemen te beschrijven, maar iets dat hun gedrag bepaalde. Aan het einde van de jaren tachtig werd er in de gangen van *het ‘Los Alamos National* Laboratory’ levendig gediscussieerd of informatie in alle opzichten een fysische grootheid was of slechts een handige abstractie. De natuurkundige Rolf Landauer zette met een beroemd geworden uitspraak de puntjes op de i: *‘Information is physical.*’ Hij bedoelde daarmee niet dat informatie een ‘ding’ was, maar dat het niet bestaat zonder een drager, zonder een proces, zonder een kost. Een les die de biologie vaak maar half heeft begrepen.

Wanneer we ons namelijk op het levende richten, is informatie niet langer neutraal. Ze beschrijft niet alleen wat er gebeurt: ze neemt deel aan wat er gebeurt. Hier komt de epistemologie om de hoek kijken. In de biologie betekent praten over informatie dat we ons afvragen wie interpreteert, hoe en op basis van welke beperkingen. Een chemisch signaal, een ruimtelijke verdeling, een ritmische variatie zijn op zichzelf geen informatie: ze worden dat pas binnen een systeem dat er operationele betekenis aan kan geven.

Dit is het raakvlak met de filosofie van de geest. In de jaren negentig wees de Amerikaanse filosoof John Searle er graag op dat het niet volstaat om symbolen te manipuleren om betekenis te verkrijgen. Informatie blijft stilzwijgend zonder een subject — of op zijn minst een systeem — dat haar belichaamt. De veldbiologie neemt deze opmerking serieus, maar radicaliseert haar: elk organisme is, in embryonale vorm, al een subject van betekenis, omdat het een centrum van informatie-integratie is.

Een anekdote die in Europese cybernetische kringen vaak wordt verteld, gaat over een informele bijeenkomst in Wenen tussen biologen en filosofen in de vroege jaren zeventig. Tijdens een koffiepauze vroeg iemand of het brein informatie 'opsloeg' zoals een bibliotheek. De neurobioloog Walter Freeman, bekend om zijn studies naar dynamische patronen in de hersenen, antwoordde glimlachend: *'Nee, het brein danst de informatie.'* Een onvolmaakte, maar verhelderende metafoor: informatie is geen mentaal object, het is een in de tijd gestructureerde gebeurtenis.

Vanuit dit perspectief wordt informatie het raakvlak tussen drie tradities: de natuurkunde, die informatie ziet als beperking en mogelijkheid; de biologie, die informatie ervaart als een in processen gestabiliseerde vorm; en de filosofie van de geest, die informatie onderzoekt als voorwaarde voor betekenis.

Het is geen toeval dat uiteenlopende denkers als Gilbert Simondon in Frankrijk en Thomas Metzinger in Duitsland – vanuit tegengestelde invalshoeken – hebben benadrukt dat we de geest niet kunnen begrijpen zonder een theorie over de processen die haar voortbrengen. Informatie, niet opgevat als inhoud maar als operationele relatie, stelt ons in staat twee valkuilen te vermijden: materieel reductionisme en immaterieel mysterie.

Vanuit epistemologisch oogpunt betekent dit ook dat we een verandering in de status van de wetenschappelijke verklaring moeten erkennen. We verklaren het leven niet langer door te zeggen 'waaruit het bestaat', maar door te beschrijven hoe het zich organiseert en zijn eigen interne betekenis in stand houdt. Informatie sluit het discours niet af: ze opent het. Ze fungeert als een onvolmaakte, maar onmisbare lingua franca tussen disciplines die anders niet met elkaar zouden kunnen communiceren.

Uiteindelijk stelt de veldbiologie eerder een culturele dan een wetenschappelijke uitdaging voor: dat informatie het concept kan zijn waarmee we natuur, leven en geest samen kunnen heroverwegen, zonder ze tot elkaar te reduceren. Geen nieuw dogma, maar een gedeelde ruimte voor onderzoek.

Wie kijkt naar wie? De waarnemer tussen laboratorium en het geleefde leven.

Elke biologie begint met een blik. Een ingeschakelde microscoop, een open notitieboekje, een goed geformuleerde vraag. Maar wanneer het voorwerp van die blik een levend organisme is, gebeurt er iets bijzonders: we staan tegenover systemen die niet alleen worden geobserveerd, maar die, op hun eigen manier, zichzelf observeren. Hier komt een van de vruchtbaarste spanningen van het concept van 'belichaamde informatie' naar voren: die tussen de externe waarneming van de wetenschap en de interne zelfreferentie van het leven.

In het laboratorium werkt de wetenschappelijke waarnemer door middel van scheiding. Hij isoleert variabelen, controleert omstandigheden, vertaalt processen in metingen. Het is een krachtige benadering, die buitengewone resultaten heeft opgeleverd. Maar, zoals Claude Bernard al opmerkte in het Parijs van het midden van de negentiende eeuw: *'Het leven ontglipt je zodra je het te veel ontleedt.'* Bernard trok het experiment niet in twijfel, maar herinnerde eraan dat het organisme reageert op het feit zelf dat het wordt geobserveerd, omdat het een systeem is dat van binnenuit wordt gereguleerd.

Hier komt een cruciaal onderscheid om de hoek kijken. Wetenschappelijke observatie is hetero-gerelateerd: het validiteitscriterium ligt buiten het geobserveerde systeem. Biologische zelfreferentie is daarentegen constitutief: een organisme leeft omdat het een voortdurende relatie met zichzelf onderhoudt en zijn interne informatie bijwerkt met het oog op overleving. Het 'weet' niet dat het wordt geobserveerd, maar observeert zichzelf voortdurend, in de operationele betekenis van het woord.

In de jaren zestig, in een Chili dat door sterke sociale spanningen werd geteisterd, kwamen de biologen Humberto Maturana en Francisco Varela tot dit inzicht door de waarneming in zenuwstelsels te bestuderen. Hun idee van autopoiesis — officieel gepresenteerd in 1972 — kwam ook voort uit een verrassend empirisch gegeven: het zenuwstelsel registreert de wereld niet zoals die is, maar produceert voortdurend een interne samenhang. Zoals Maturana tijdens een lezing in Santiago zei, met een zin *die* beroemd is gebleven: „*Alles wat gezegd wordt, wordt gezegd door een waarnemer.*" Maar bij levende wezens maakt die waarnemer al deel uit van het systeem.

Dit vermogen tot zelfreferentie was al in een verrassend moderne vorm intuïtief ingezien door de Baltische bioloog Jakob von Uexküll aan het begin van de twintigste eeuw. Door eenvoudige dieren te bestuderen introduceerde hij het concept van de Umwelt: elk organisme leeft in een betekenisvolle wereld die niet samenvalt met die van de menselijke waarnemer. Er bestaat niet één enkele biologische werkelijkheid, maar een veelheid aan werelden die op het organisme zijn gecentreerd.

Vanuit het perspectief van de veldbiologie heeft dit een subtiel maar doorslaggevend epistemologisch gevolg: de wetenschappelijke waarnemer beschrijft informatievelden, terwijl het organisme deze bewoont en genereert. De twee perspectieven staan niet op gespannen voet met elkaar, maar zijn niet met elkaar te vergelijken. Het door elkaar halen ervan leidt tot conceptuele fouten: ofwel wordt het organisme gereduceerd tot een reactieve machine, ofwel wordt aan de wetenschap een subjectiviteit toegeschreven die haar niet toekomt.

Het leven, als belichaamde informatie, is altijd op zichzelf gericht, zelfs in zijn eenvoudigste vormen. Een bacterie die haar eigen stofwisseling regelt, 'weet' niet in de menselijke betekenis van het woord, maar maakt onderscheidingen die voor haar het verschil maken. Dit is de kleinste gemene deler tussen biologie en geest: niet het reflectieve bewustzijn, maar het vermogen om informatie te relateren aan een operationele identiteit. In die zin is de waarnemer geen indringer in het biologische discours, maar een referentiepunt. De wetenschap observeert het leven; het leven houdt zichzelf in stand door zichzelf te observeren. Tussen deze twee niveaus speelt zich een groot deel van de moeilijkheid – en de fascinatie – af van een biologie die werkelijk verder wil gaan dan het reductionisme.

Wanneer informatie de manier van kennen verandert.

Er was een moment, in de tweede helft van de twintigste eeuw, waarop de wetenschap een ogenschijnlijk onschuldig woord – informatie – begon te gebruiken om iets radicaal nieuws over de wereld te zeggen. Het ging niet langer alleen om meten, wegen en kwantificeren. Het ging erom te begrijpen hoe orde in stand wordt gehouden, wordt overgedragen en vorm krijgt, zelfs tegen de natuurlijke neiging tot wanorde in. Sindsdien is de epistemologie – de manier waarop de wetenschap denkt over wat zij weet – niet meer dezelfde geweest.

Het verhaal begint op een onverwachte plek: de thermodynamica. In de jaren veertig, terwijl Europa moeizaam uit de oorlog kwam, begonnen natuurkundigen als Leo Szilard en Léon Brillouin zich af te vragen hoe een oud paradox kon bestaan: hoe kan een systeem orde produceren zonder de tweede wet van de thermodynamica te schenden? De beroemde 'demon van Maxwell', die al in de negentiende eeuw werd genoemd, kwam nu in een nieuw licht te staan. Szilard stelde dat het proces van kennen – onderscheiden, meten, selecteren – energie kost. Informatie deed zo zijn intrede in de natuurkunde, niet als metafoor, maar als epistemische grootheid.

Enkele jaren later, in 1948, publiceerde Claude Shannon, die bij Bell Labs in New Jersey werkte, '*A Mathematical Theory of Communication*'. Zijn doel was technisch: de efficiëntie van de telecommunicatie verbeteren. Maar de gevolgen waren filosofisch. Door informatie te definiëren in termen van onzekerheidsvermindering, maakte Shannon een scherp onderscheid tussen informatie en betekenis. Een methodologische keuze, geen ontologische. Toch zou die scheiding decennialang van invloed zijn op de manier waarop de wetenschap sprak over kennis, geest en leven.

In diezelfde jaren vroeg Alan Turing zich in Cambridge af wat 'denken' precies inhoudt. Zijn beroemde test definieerde intelligentie niet op basis van subjectieve ervaring, maar op basis van de coherente bewerking van symbolische informatie. Zo ontstond een computationele visie op de geest die de filosofie en de cognitieve wetenschappen gedurende een groot deel van de tweede helft van de eeuw zou domineren. De epistemologie verschoof: kennis was niet langer het weerspiegelen van de wereld, maar het volgens regels transformeren v e informatie. En toch klopte er iets niet. In 1944 stelde Erwin Schrödinger in een klein boekje dat hij tijdens de oorlog in Dublin schreef, een vraag die beroemd zou worden: Wat is het leven? Zijn antwoord was verrassend: een organisme is een systeem dat zich voedt met 'negatieve entropie'. Vandaag zouden we zeggen: het behoudt zijn vorm dankzij geordende informatiestromen. Schrödinger sprak niet over genen als codes, maar over structurele stabiliteit in de tijd, waarmee hij een doorbraak creëerde tussen natuurkunde, biologie en epistemologie.

In de jaren vijftig en zestig werd deze doorbraak verder verbreed door de cybernetica. In New York, tijdens de beroemde *Macy Conferences*, bespraken figuren als Norbert Wiener, Gregory Bateson en Margaret Mead onderwerpen als feedback, regulering en leren. Hier veranderde de epistemologie van koers. Het volstaat niet langer om te vragen of een beschrijving waar of onwaar is. Men moet zich afvragen: voor wie is ze informatief? In welke context? Ten opzichte van welke interne organisatie? Deze vragen zouden ook centraal komen te staan in de filosofie van de geest van de jaren zeventig en tachtig, toen het functionalisme van Hilary Putnam zijn grenzen begon te vertonen en de weg vrijmaakte voor meer belichaamde en gesitueerde opvattingen over cognitie. Een anekdote, verteld door een Nederlandse wetenschapsfilosoof die in de jaren tachtig zowel neurobiologische laboratoria als seminars in de analytische filosofie bezocht, geeft de sfeer van die tijd goed weer. „We hadden het allemaal over informatie," herinnerde hij zich, *„maar we hadden het niet meer over hetzelfde*." Voor natuurkundigen was het een maat; voor biologen een organisatorische functie; voor filosofen een kwestie van betekenis. Juist deze dubbelzinnigheid maakte van informatie een epistemologisch vruchtbaar begrip.

In de context van de veldbiologie suggereert dit verhaal een duidelijke conclusie: informatie is geen neutrale tussenpersoon tussen subject en object, maar een principe dat beide opnieuw definieert. We kennen niet langer een wereld die bestaat uit dingen, maar uit informatieprocessen die zich stabiliseren in vormen. Het leven 'bevat' in dit kader geen informatie: het is informatie die een manier heeft gevonden om in de materie voort te bestaan.

Omdat het leven niet werkt als een computer.

Er is een beeld dat de biologie van de tweede helft van de twintigste eeuw diepgaand heeft getekend: dat van het organisme als een machine die informatie verwerkt, van het DNA als software, van de cellen als geavanceerde hardware. Een krachtige, verleidelijke metafoor, die op technisch vlak uiterst productief is. Maar, zoals zo vaak gebeurt, dreigt wat in het begin helpt om te begrijpen, na verloop van tijd een vervormende filter te worden.

De informatica-metafoor is ontstaan in een specifieke historische context. We bevinden ons in de jaren vijftig en zestig, toen de eerste computers hele kamers in beslag namen — zoals de IBM 7090 die bij het MIT was geïnstalleerd — en de cybernetica een gemeenschappelijke taal beloofde voor machines, hersenen en de samenleving. Spreken over 'informatie' in de biologie betekende toen een stap in de toekomst zetten, zich bevrijden van het vitalisme en de filosofische vaagheid. Maar de prijs die daarvoor betaald moest worden, was hoog: informatie werd geleidelijk gereduceerd tot gegevens, tot een discrete reeks, tot een uit te voeren instructie.

Het probleem is dat gegevens niet leven. Het zijn abstracte, onderling uitwisselbare entiteiten, die onafhankelijk van de context identiek blijven aan zichzelf. Een bestand blijft hetzelfde op een computer in Tokio of in Turijn. Een organisme daarentegen niet. Dezelfde 'informatie' heeft verschillende effecten, afhankelijk van de toestand van het systeem dat haar ontvangt, van zijn geschiedenis en van zijn omgeving. Informatie en gegevens door elkaar halen betekent deze fundamentele dimensie negeren: de afhankelijkheid van de context en de vorm.

In de jaren negentig vertelde de Britse fysioloog Denis Noble, die in Oxford aan wiskundige modellen van het hart werkte, vaak een merkwaardig voorval. Tijdens een conferentie vroeg een informaticus hem: *„Waar is het programma voor de hartslag?*". Noble antwoordde met een verlegen pauze en zei toen: *„Er bestaat geen programma. Het hart klopt omdat het op een bepaalde manier is opgebouwd.*" Niet om een code uit te voeren, maar vanwege een gedistribueerde dynamiek waarbij cellen, weefsels, elektrische velden en mechanische beperkingen betrokken zijn. De informatie staat in dit geval nergens opgeschreven: ze komt voort uit de organisatie.

De informatica-metafoor, toegepast op het leven, introduceert ook nog een andere misvatting: het idee dat informatie voorafgaat aan materie en deze van buitenaf bestuurt. Alsof het DNA een tekst is om te lezen en het lichaam een biologische printer. Maar deze visie houdt geen stand bij nader onderzoek. Al in de jaren zeventig toonden studies in de experimentele embryologie – zoals die in Napels door Giuseppe Levi en zijn school – aan dat de vorm van een organisme afhangt van ruimtelijke en temporele interacties, niet van een eenvoudige lineaire uitvoering van instructies.

Een gegeven is per definitie passief. Biologische informatie is daarentegen actief, performatief. Ze beschrijft niet wat er gebeurt: ze zorgt ervoor dat het gebeurt. Hier loopt de informatica-metafoor vast, want in computers is de betekenis irrelevant. Een reeks bits functioneert onafhankelijk van wat deze 'betekent'. Bij organismen is dat niet het geval. Zoals de Chileense bioloog Humberto Maturana in de jaren tachtig in Santiago opmerkte: *„Wat telt, is niet het signaal op zich, maar hoe het systeem reageert*".

Een anekdote, verzameld door een Franse bioloog die in de jaren 2000 in een genomicslaboratorium in Lyon werkte, is verhelderend. Ze vertelt hoe twee cellen met hetzelfde genetisch materiaal tegengesteld reageerden op dezelfde chemische prikkel. „*In eerste instantie dachten we dat het om een* fout ging", zei ze, „*maar toen begrepen we dat we de informatie als een gegeven behandelden, en dat de cellen ons vertelden dat dat niet zo was*". Er zat geen bug in het systeem: er was een levend organisme dat de informatie interpreteerde.

Kritiek op de informatica-metafoor betekent niet dat we technologie of computationele modellen afwijzen. Het betekent dat we ze op hun juiste plaats zetten. Een model kan simuleren, beschrijven, benaderen. Maar het leven 'verwerkt' informatie niet zoals een machine dat doet: het belichaamt die, zet die om in structuur, gebaar, ritme. Alles tot gegevens herleiden betekent verliezen wat een organisme levend maakt: zijn vermogen om betekenis te geven, samenhang te behouden, creatief te reageren.

Vanuit dit perspectief stelt de veldbiologie een andere kijk voor. Informatie is geen reeks die moet worden ontcijferd, maar een relatie die gestalte krijgt. Geen boodschap die zich voortbeweegt, maar een structuur die zich stabiliseert. Het loslaten van de informatica-metafoor is geen stap achteruit, maar een daad van epistemologische volwassenheid: erkennen dat het leven geen verkeerd begrepen computer is, maar een fenomeen dat om nieuwe concepten vraagt.

Omdat een algoritme niet weet dat het leeft.

Elk tijdperk beschouwt het leven met de middelen die het tot zijn beschikking heeft. In de zeventiende eeuw was dat de klok, in de twintigste eeuw de thermodynamische machine, vandaag de dag is het de computer. Het is dan ook niet verwonderlijk dat, in het tijdperk van kunstmatige intelligentie, het organisme vaak wordt beschreven als een bijzonder geavanceerd reken systeem. Maar de vergelijking, hoe suggestief ook, vertoont al snel barsten. Want de informatie die een machine berekent, is niet dezelfde informatie die een organisme beleeft.

In 1956, tijdens het beroemde „*Dartmouth Summer Research Project on Artificial* Intelligence”, stelden John McCarthy en Marvin Minsky zich machines voor die in principe alles konden doen wat een menselijke geest doet. Het optimisme was aanstekelijk. In diezelfde decennia sprak men in de laboratoria voor moleculaire biologie over het ‘lezen’, ‘transcriberen’ en ‘vertalen’ van de genetische code. De levende wereld leek eindelijk te ontcijferen te zijn als een formele taal.

Toch, zeventig jaar later, laat de vergelijking tussen kunstmatige intelligentie en biologische intelligentie een radicaal verschil zien dat verder gaat dan rekenkracht. KI manipuleert symbolen, ook al doet ze dat op verrassend effectieve wijze. Het organisme daarentegen is betrokken bij wat het waarneemt. Informatie is voor een levend wezen nooit neutraal: ze heeft een vitale waarde, stuurt het handelen en verandert de vorm.

Een anekdote, verteld door een Italiaanse onderzoeker die lange tijd in Milaan en Boston op het gebied *van ‘machine* learning’ heeft gewerkt, is veelzeggend. Tijdens een test met kunstmatig zicht herkende een systeem een menselijk gezicht perfect, zelfs wanneer het beeld vervormd of onvolledig was. ‘*Beter dan* wij’, merkte iemand op. De onderzoeker antwoordde: *‘Ja, maar het weet niet wat het betekent om die blik te ontmoeten.*’ De machine classificeerde; de mens ging een relatie aan.

Daar zit hem de kern. De berekende informatie staat los van het systeem dat haar verwerkt: ze kan worden overgedragen, gekopieerd of gewist zonder ontologische gevolgen. Een algoritme lijdt geen schade als het gegevens verliest. Biologische informatie is daarentegen intrinsiek: ze valt samen met de toestand van het organisme zelf. Wanneer een dier gevaar waarneemt, ‘komt’ de informatie niet simpelweg binnen: ze vertaalt zich in houding, spierspanning, hormonale veranderingen. Het is informatie die gestalte krijgt.

Al in de jaren tachtig benadrukte neurowetenschapper Gerald Edelman, Nobelprijswinnaar voor de geneeskunde in 1972, dit punt tijdens zijn colleges in La Jolla: het brein werkt niet als een computer omdat het verwerking en waarde nooit van elkaar scheidt. Elke cognitieve handeling is selectief, gesitueerd en verbonden met de individuele geschiedenis van het organisme. Een kunstmatige intelligentie kan een functie optimaliseren; een levend wezen moet blijven bestaan.

Zelfs wanneer AI adaptief gedrag nabootst — zoals in de systemen voor *'reinforcement* learning' *die* sinds de jaren 2010 zijn ontwikkeld — blijft er een doorslaggevend verschil bestaan. De 'beloning' van een machine is een numerieke parameter. Voor een organisme staat de voortzetting van zijn eigen levensvorm op het spel. Informatie is hier niet zomaar een input onder vele andere: het is wat de samenhang van het biologische veld in stand houdt.

Een weinig bekende, maar veelzeggende anekdote dateert uit een interdisciplinaire workshop die in de vroege jaren 2000 in Santa Fe werd gehouden. Een evolutionair bioloog merkte op dat, als een robot valt, hij weer opstaat omdat hij daarvoor geprogrammeerd is; als een kind valt, staat het weer op omdat het heeft geleerd wat vallen betekent. Het is niet alleen een verschil in complexiteit, maar ook in de aard van de betrokken informatie. In het eerste geval gaat het om berekening; in het tweede om ervaring die in het lichaam is verankerd.

De veldbiologie biedt hier een doorslaggevende interpretatiesleutel. Biologische intelligentie bevindt zich niet in een controlecentrum, noch in een verborgen algoritme, maar in de globale samenhang van het systeem. Informatie is de manier waarop het veld zich organiseert en in de tijd in stand houdt. Daarom is het onlosmakelijk verbonden met materie, energie en vorm. Een machine kan intelligent gedrag simuleren; een organisme is dat gedrag, in de volle en risicovolle betekenis van het woord.

Het erkennen van dit verschil betekent niet dat kunstmatige intelligentie wordt gebagatelliseerd, maar dat deze wordt bevrijd van ongepaste verwachtingen. En bovenal betekent het dat het leven zijn eigenheid terugkrijgt: niet als biologische hardware die evolutionaire software uitvoert, maar als een proces van geleefde, belichaamde, onomkeerbare informatie. Een subtiel, maar doorslaggevend verschil dat de grens markeert tussen wat berekent en wat leeft.

Van bug tot verandering: twee tegengestelde lotgevallen van de fout.

In de taal van de informatica is de fout een indringer. Een bug die moet worden opgespoord, geïsoleerd en gecorrigeerd. In de biologie gebeurt precies het tegenovergestelde: de fout is geen vijand van het leven, maar een van de diepste drijfveren ervan. Dit ogenschijnlijk subtiele verschil illustreert op voorbeeldige wijze wat het betekent om te zeggen dat het leven belichaamde informatie is en niet louter gegevensverwerking.

Toen het team van Grace Hopper in 1947 een mot vond die vastzat in een relais van de Mark II-computer in Harvard, werd dit voorval – dat vandaag de dag bewaard wordt in het Smithsonian – de grondleggende anekdote voor de term *'bug'*. De fout was iets externs, iets toevalligs, dat verwijderd moest worden om de machine weer correct te laten functioneren. Zodra de oorzaak was weggenomen, werd het systeem weer precies zoals het was. Geen spoor, geen herinnering, geen transformatie.

Bij levende organismen gebeurt het tegenovergestelde. Een genetische fout, een afwijking in de ontwikkeling, een 'verkeerde' fysiologische reactie worden niet zomaar gewist: ze worden vastgelegd in de geschiedenis van het systeem. Ze kunnen worden geabsorbeerd, gecompenseerd of onverwachte wegen openen. In 1943 constateerde Conrad Waddington in zijn experimenten in Cambridge hoe embryo's die aan thermische stress werden blootgesteld nieuwe morfologische configuraties ontwikkelden, waarvan sommige zich in de loop van de tijd stabiliseerden. Het was geen storing die moest worden verholpen, maar een afwijking die het veld van mogelijkheden herdefinieerde.

Hier komt een cruciaal verschil naar voren tussen berekende informatie en beleefde informatie. In een machine is de fout een discrepantie tussen de verwachte en de werkelijke toestand. In het organisme is de fout een gebeurtenis, iets dat met het systeem en in het systeem plaatsvindt en de interne samenhang ervan verandert. Het leven keert nooit zomaar terug naar de vorige toestand: het verwerkt wat er is gebeurd.

Een Franse arts vertelde hoe een ernstige belastingfout tijdens de revalidatie van een patiënt – een voortijdige beweging, theoretisch tegen de regels – een onverwachte reorganisatie van de houding in gang had gezet. Het lichaam had een 'fout' gemaakt, maar die fout had het zenuwstelsel gedwongen een stabielere oplossing te vinden. In een besturingsalgoritme zou dezelfde fout een alarm hebben veroorzaakt; in een organisme had het geleid tot leren.

Dit komt doordat, in de veldbiologie, informatie geen boodschap is die ongeschonden van het ene punt naar het andere gaat, maar een relatie die zich herstructureert. De fout onderbreekt de informatiestroom niet: hij leidt deze om, stelt deze op de proef en verrijkt deze soms. Zoals Georges Canguilhem schreef in „*Het normale en het* pathologische" (1966), is het leven geen passieve aanpassing aan een norm, maar het vermogen om nieuwe normen in te voeren. En vaak is het juist de fout die deze uitvinding noodzakelijk maakt.

Zelfs in de meest geavanceerde technologieën op het gebied van kunstmatige intelligentie blijft de fout iets dat in wezen omkeerbaar is. Een model wordt opnieuw getraind, de gewichten worden bijgewerkt, de verliesfunctie wordt geminimaliseerd. Niets van wat er is gebeurd 'laat littekens achter'. In organismen daarentegen laat elke significante fout een spoor na: een epigenetisch spoor, een immuungeheugen, een gedragsverandering. Het levende wezen corrigeert niet simpelweg: het transformeert zichzelf.

In die zin is de biologische fout niet het tegenovergestelde van informatie, maar een van de manieren waarop informatie ontstaat. Het is het moment waarop het veld tijdelijk zijn samenhang verliest en juist daardoor gedwongen wordt zich op een complexer niveau te reorganiseren. Machines streven naar functionele perfectie; het leven streeft naar continuïteit. En die continuïteit verloopt, paradoxaal genoeg, vaak via de fout.

De onvolledige code: epigenetica, ruimte en tijd in de veldbiologie.

Al meer dan een halve eeuw hebben we het leven beschreven als een verhaal van letters: A, T, C, G. Een elegant alfabet, gegraveerd in de dubbele helix van het DNA, dat — zo werd gezegd — de vorm van een blad, de hartslag en zelfs een karaktereigenschap kon verklaren. Het is een krachtig verhaal, ontstaan in de laboratoria van Cambridge in de jaren vijftig en al snel uitgegroeid tot een stichtingsmythe van de moderne biologie. Maar zoals zo vaak gebeurt met succesvolle mythen, begonnen er na verloop van tijd barsten te ontstaan.

Al in de jaren zeventig deed in Woods Hole, tijdens de beroemde *zomercursussen* die werden bijgewoond door biologen, natuurkundigen en wetenschapsfilosofen, een grap de ronde die werd toegeschreven aan een oudere onderzoeker: *„DNA is als een ingrediëntenlijst. Maar waar zijn het recept, de keuken en de kok*?". Het was natuurlijk een provocatie. Maar het liep vooruit op een reëel probleem: het genoom alleen verklaart niet hoe informatie een organisme wordt.

Het idee dat DNA een compleet 'programma' bevat, is tegenwoordig nauwelijks nog houdbaar. Niet omdat genen er niet toe doen – dat doen ze zeker wel – maar omdat hun betekenis afhangt van de context. Een gen kan worden uitgeschakeld, versterkt of gemoduleerd. Het kan in het ene weefsel actief zijn en in het andere inactief blijven. Dezelfde genetische sequentie leidt onder verschillende omstandigheden tot verschillende resultaten.

Hier komt de epigenetica om de hoek kijken, een term die al in 1942 door Conrad Waddington in Edinburgh werd bedacht, lang voordat het in de mode was. Recentere experimenten hebben zijn intuïtie bijna vanzelfsprekend gemaakt. In de jaren 2000 hebben studies bij eeneiige tweelingen — die genetisch identiek zijn — aangetoond dat, ho , hun epigenetische profielen in de loop van de tijd uiteenlopen. DNA-methylaties, histonmodificaties, microRNA: kleine chemische tekens die de letters van de code niet veranderen, maar wel de manier waarop deze wordt gelezen. Het leven, zouden we kunnen zeggen, maakt aantekeningen in de marge van de genetische tekst.

Er is dan nog een nog radicaler aspect: biologische informatie is ruimtelijk. Ze zit niet alleen in de sequentie, maar ook in de rangschikking. Een embryo groeit niet als een 3D-printer die lineaire instructies uitvoert; het groeit als een veld van relaties. De cellen 'weten' waar ze zich bevinden, wie er naast hen staat, welke vorm er ontstaat.

In de jaren vijftig stelde de Britse bioloog Lewis Wolpert het concept van *'positionele informatie'* voor: cellen lezen chemische gradiënten en activeren, op basis van hun positie, verschillende programma's. Een eenvoudig idee, ontstaan door het observeren van de ontwikkeling van insecten, dat echter het idee van een gecentraliseerde controle onderuit haalde. De vorm wordt niet van bovenaf opgelegd; ze komt voort uit een gedistribueerde kaart.

Een anekdote die vaak in de gangen van de Universiteit van Cambridge wordt verteld, gaat over een didactisch experiment: studenten wordt gevraagd hoe een cel in de hand weet dat ze een 'hand' is en geen 'lever'. Het instinctieve antwoord is: *'Omdat het DNA dat zegt'*. Maar het DNA van een cel in de hand en een cel in de lever is hetzelfde. Het verschil zit hem in de ruimte, in de interacties, in de lokale geschiedenis. De informatie is hier topologisch.

Wat het beeld nog ingewikkelder maakt, is de dynamische dimensie. Biologische informatie is niet statisch: ze voltrekt zich in de tijd. Oscillaties, ritmes, cycli. Van de pulsatie van de genen van de circadiane klok, die in de jaren negentig bij onderzoek naar de Drosophila werden ontdekt, tot de golven van elektrische activiteit in zich ontwikkelende weefsels: het leven organiseert zich als een tijdelijk proces.

Een fascinerend voorbeeld komt uit de regeneratie. In de jaren zestig werd in laboratoria in Chicago waargenomen hoe platwormen vanuit een fragment een heel organisme konden regenereren. Het volstaat niet te zeggen dat „het DNA weet wat het moet doen“. De echte vraag is: hoe weet het fragment of het een kop of een staart moet regenereren ? Recentere studies suggereren dat bio-elektrische signalen en dynamische membraanpatronen een cruciale rol spelen. Het is informatie die stroomt, die zich stabiliseert, die ook verstoord kan worden. Hier vindt de veldbiologie een van haar sterke punten: het organisme als een gestabiliseerde informatiestructuur, in stand gehouden door continue stromen. Geen object, maar een gebeurtenis die voortduurt.

Zeggen dat het leven „verder gaat dan het DNA“ betekent niet dat we de wetenschap inruilen voor de metafoor. Het betekent erkennen dat biologische informatie belichaamd is: ze krijgt vorm in de ruimte, in de tijd, in georganiseerde materie. Het is geen bestand om te lezen, maar een relatie om in stand te houden.

In 2001, bij de publicatie van het eerste ontwerp van het menselijk genoom, sprak iemand over het 'boek des levens'. Jaren later gaf een van de hoofdrolspelers van het project in een interview met de New York Times met enige ironie toe: *'We hebben het woordenboek, maar niet de grammatica'*. Misschien kunnen we daar vandaag aan toevoegen: en evenmin de prosodie, het ritme, de indeling van de zinnen op de pagina.

De biologie van de velden stelt juist deze verandering van perspectief voor. Informatie niet als bevel, maar als actieve configuratie. Niet als lineaire oorzaak, maar als samenhang die in stand wordt gehouden. In dit perspectief blijft het DNA fundamenteel, maar is het niet langer de absolute heerser. Het wordt een instrument binnen een groter orkest, waar ruimte, tijd en relaties de muziek maken.

Het geheugen zonder archief: hoe cellen zich herinneren wie ze zijn.

Als we het over geheugen hebben, denken we meteen aan de hersenen, aan jeugdherinneringen, aan een vergeelde foto. Toch is het geheugen veel ouder dan de geest. Het bestond al vóór de neuronen, vóór de zenuwstelsels, misschien zelfs nog voordat iemand het bij die naam kon noemen. De veldbiologie nodigt uit om het leven te beschouwen als een in de tijd gestabiliseerde informatie e structuur, en in dit kader lijkt het niet-genetische geheugen een van de meest onthullende verschijnselen ervan.

Cellen onthouden. Niet in metaforische zin, maar op een functionele manier: ze bewaren sporen van vroegere toestanden die hun toekomstig gedrag beïnvloeden, zonder dat het DNA wordt gewijzigd. Het is een belichaamd, verspreid en vaak stil geheugen. Een geheugen dat niet hoeft te worden vastgelegd om te werken.

In de jaren tachtig merkten enkele onderzoekers in de laboratoria van het Pasteur-instituut in Parijs iets merkwaardigs op bij het bestuderen van celculturen: cellen die tijdelijk aan stress waren blootgesteld — een temperatuurschommeling, een tekort aan voedingsstoffen — reageerden anders op soortgelijke stress die dagen later werd toegepast, zelfs wanneer de oorspronkelijke omstandigheden weer normaal waren geworden. Er was geen detecteerbare genetische mutatie, en toch was er iets achtergebleven. Een soort cellulaire 'ervaring'.

Tegenwoordig weten we dat dit geheugen op veel plaatsen kan zitten: in de structuur van eiwitten die actief of inactief blijven, in de organisatie van het cytoskelet, in de samenstelling van de extracellulaire matrix, zelfs in de biofysische patronen die door weefsels lopen. De cel begint nooit echt helemaal opnieuw. Elke toestand laat een spoor achter.

Een fascinerend voorbeeld komt uit de celdifferentiatie. Wanneer een stamcel bijvoorbeeld een spiercel wordt, komt ze in een stabiele toestand terecht die de neiging heeft om te blijven bestaan. Zelfs als ze uit haar oorspronkelijke context wordt gehaald, 'herinnert' ze zich vaak dat ze spier is. Dit identiteitsgeheugen is niet alleen genetisch: het is een alomvattende configuratie die vorm, mechanische spanningen en eiwitnetwerken omvat. De veldbiologie zou zeggen: een samenhang die zich heeft gestabiliseerd.

Er is een weinig bekend maar leerzaam hoofdstuk in dit verhaal dat betrekking heeft op *prionen*. Prionen, die in de jaren tachtig werden ontdekt door Stanley Prusiner – die hiervoor in 1997 de Nobelprijs ontving –, zijn eiwitten die in meerdere stabiele conformaties kunnen voorkomen. Het verrassende is dat een eiwit zijn eigen vorm aan andere identieke eiwitten kan 'aanleren', zonder dat daar een gen aan te pas komt.

Bij gisten zijn sommige prionconformaties niet pathologisch maar functioneel: ze fungeren als een moleculair geheugen dat het celgedrag gedurende vele generaties beïnvloedt. Het is een radicaal voorbeeld van informatie zonder code: de vorm zelf is het geheugen.

Het niet-genetisch geheugen wordt nog duidelijker op weefselniveau. Wie in de reconstructieve chirurgie werkt, weet dit maar al te goed: littekenweefsel 'gedraagt zich' anders dan gezond weefsel, zelfs jaren later. Het is niet alleen een kwestie van verschillende cellen, maar van een mechanische en structurele geschiedenis die in het levende weefsel is ingeprent. In de jaren negentig toonden enkele studies over weefselengineering in Boston aan dat cellen die op stijve of elastische dragers werden gekweekt, een verschillende ontwikkeling doormaakten. Maar de meest interessante ontdekking kwam daarna: zelfs wanneer ze op een nieuwe drager werden overgebracht, behielden de cellen nog een tijdlang de 'herinnering' aan de eerdere stijfheid. Alsof het mechanische verleden bleef spreken.

Dit soort geheugen daagt de informatica-metafoor uit. Er is geen bestand dat ergens is opgeslagen. Er is veeleer een ingebedde geschiedenis, vergelijkbaar met het spoor dat een pad in het bos achterlaat: hoe vaker het wordt bewandeld, hoe duidelijker het wordt.

Dit idee van een wijdverspreid geheugen heeft diepgaande filosofische implicaties. Henri Bergson maakte in zijn colleges aan het Collège de France onderscheid tussen het geheugen als 'opslagplaats' en het geheugen als 'duur'. Het leven bewaart volgens Bergson het verleden niet als een archief, maar draagt het met zich mee als een voortdurende impuls. In de biologie lijkt het niet-genetisch geheugen deze intuïtie gestalte te geven. Ook Paul Ricoeur benadrukte, vele decennia later, toen hij het had over persoonlijke identiteit, dat herinneren niet betekent het verleden te reproduceren, maar er een spoor van te behouden dat in het heden werkzaam is. Cellen doen op hun eigen manier iets soortgelijks: ze 'herinneren' zich niet wat geweest is, maar verwerken het in wat ze zijn.

Vanuit dit perspectief verschijnt het organisme als een veld van gelaagde herinneringen. Elk niveau – moleculair, cellulair, weefselniveau – bewaart sporen die de toekomst sturen. Het geheugen is geen toevoeging aan het leven; het is een van de voorwaarden ervan.

Zo bezien betekent herinneren niet hetzelfde blijven, maar coherent blijven. De veldbiologie beschrijft het organisme als een gestabiliseerde informatiestructuur, en het niet-genetisch geheugen is een van de mechanismen die deze stabiliteit te midden van verandering mogelijk maken.

Een Italiaanse bioloog vatte het concept tijdens een informele toespraak op een congres in Padua in de vroege jaren 2000 samen met een zin die onder studenten beroemd is gebleven: „*Cellen weten niet waar ze vandaan komen, maar ze vergeten het niet*." Het is natuurlijk een grapje. Maar het raakt een essentieel punt: het leven verloopt niet in geïsoleerde momenten. Elk moment is doordrongen van wat eraan voorafging.

Veroudering als een opeenstapeling van biologische herinneringen.

Er is een geruststellend idee dat al decennia lang onze manier van denken over biologie begeleidt: als het DNA intact blijft, is de identiteit van de cel veilig. Toch ondermijnt veroudering deze zekerheid. Genetisch identieke organismen – denk aan eeneiige tweelingen – kunnen op verrassend verschillende manieren verouderen. De veldbiologie biedt een krachtige interpretatie: cellen verouderen niet alleen omdat ze kapotgaan, maar omdat ze zich herinneren. En ze herinneren zich niet altijd even goed.

Vanuit dit perspectief is het organisme een gestabiliseerde informatiestructuur die de tijd doorkruist. Veroudering is niet alleen slijtage, maar de opeenstapeling van vroegere toestanden die operationeel blijven: functionele herinneringen die aanpassing mogelijk maken en disfunctionele herinneringen die het systeem na verloop van tijd verstijven totdat senescentie intreedt.

In 2013 toonde een onderzoeker tijdens een conferentie over levensduur in Cold Spring Harbor, een van de symbolische locaties van de moleculaire biologie, een reeks beelden van celkernen en e n afkomstig uit jong en oud weefsel. De verschillen zaten niet in de DNA-sequentie, maar in de architectuur: gefragmenteerd heterochromatine, een minder stabiele nucleaire lamina, vage grenzen. Het was alsof je naar een bibliotheek keek waar de boeken hetzelfde zijn, maar de boekenplanken vervormd zijn.

Dit verlies aan structurele orde is een vorm van geheugen. Elke celdeling, elke ontstekingsstress, elke metabole onbalans laat een spoor achter in de interne organisatie van de cel. Na verloop van tijd stapelen deze sporen zich op. De cel ‘weet’ dat ze oud is omdat het voor haar moeilijker is geworden om de informatiecoherentie te behouden.

Een sprekend voorbeeld is de nucleaire lamina, het netwerk van eiwitten dat de celkern ondersteunt. Bij progeria — een zeldzame ziekte die gepaard gaat met vroegtijdige veroudering en die in 1886 voor het eerst werd beschreven door Jonathan Hutchinson in Londen — is het DNA vrijwel normaal, maar is de structuur die het organiseert aangetast. Het resultaat is versnelde veroudering: een dramatisch bewijs dat het geheugen van de leeftijd architectonisch kan zijn, en niet genetisch.

Veel cellulaire herinneringen ontstaan als overlevingsstrategieën. Een cel die herhaaldelijk te maken heeft gehad met oxidatieve stress leert zich te verdedigen: ze activeert reactieprogramma's, past het metabolisme aan en vertraagt de celdeling. Op korte termijn is dat een verstandige keuze. Op lange termijn kan het echter een veroordeling worden.

Dit is wat er gebeurt bij replicatieve senescentie, die al in de jaren zestig door Leonard Hayflick in Philadelphia werd waargenomen. Cellen stoppen met delen, niet omdat het DNA onherstelbaar beschadigd is, maar omdat ze hebben 'besloten' om te stoppen. Deze beslissing is een herinnering: de herinnering aan een risico uit het verleden dat het heden blijft beïnvloeden.

Het probleem is dat senescente cellen niet stil blijven. Ze scheiden ontstekingssignalen af die het biologische veld van het weefsel veranderen. Het is een domino-effect: de herinnering van één cel wordt de omgeving van vele andere. Veroudering is dan ook nie f de som van oude cellen, maar de verspreiding van disfunctionele herinneringen in een gedeeld veld.

Een van de meest besproken experimenten van de afgelopen twintig jaar vond plaats aan de Universiteit van Californië in Berkeley. In 2005 bestudeerden Irina en Michael Conboy heterochrone parabiosis: ze koppelden de bloedsomloop van jonge en oude muizen aan elkaar. Het weefsel van de oude muizen vertoonde tekenen van verjonging. Het DNA was niet veranderd. Wat wel was veranderd, was de informatieve context.

De meest interessante interpretatie, vanuit het perspectief van de veldbiologie, is dat de oudere cellen niet waren 'vergeten' hoe ze moesten functioneren, maar gevangen zaten in een verarmd veld. Eenmaal geplaatst in een omgeving die rijk was aan coherente signalen, werden sommige herinneringen aan de ouderdom omkeerbaar. Niet allemaal, natuurlijk. Maar genoeg om te suggereren dat veroudering geen eenrichtingsverkeer is. Een regeneratieve bioloog merkte tijdens een informeel bezoek aan het laboratorium in Berkeley iets op dat in de aantekeningen van veel studenten is blijven staan: *„We hebben geen oude cellen, we hebben cellen die in een oude wereld leven.*" Het is een provocatie, maar het raakt een cruciaal punt.

De laatste jaren wordt er veel gesproken over epigenetische klokken, zoals die welke Steve Horvath in 2013 voorstelde. Ze meten de biologische leeftijd aan de hand van DNA-methylatiepatronen. Maar meer nog dan klokken zijn het geheugenregistratoren: ze lezen af hoe de door het organisme beleefde geschiedenis in zijn regulatiesystemen is ingeprent.

Iemand die lange tijd in omstandigheden van chronische stress heeft geleefd, kan een biologische leeftijd vertonen die hoger is dan zijn of haar kalenderleeftijd. Niet omdat de genen zijn veranderd, maar omdat het informatieveld van het organisme die ervaring heeft opgenomen. Leeftijd is in die zin niet alleen de tijd die verstrijkt, maar ook de manier waarop die wordt vastgehouden.

Hier is de dialoog met de cultuur onvermijdelijk. Marcel Proust schreef dat de ware verloren tijd die is die geen sporen achterlaat. In de biologie gebeurt het tegenovergestelde: de tijd die te veel sporen achterlaat, kan een last worden. Veroudering is een geheugen dat niet langer plastisch is. Als het leven belichaamde informatie is, dan is veroudering een narratieve crisis. Het organisme heeft moeite om zijn verleden op een samenhangende manier te integreren. De cellulaire herinneringen worden niet meer herwerkt, maar stapelen zich op als hoofdstukken die niet herschreven worden.

In dit licht lijkt veroudering minder een mislukking en meer een starheid: de moeilijkheid om het eigen biologische verhaal bij te werken. De veldbiologie belooft geen eeuwige jeugd, maar biedt een andere kijk: ouderdom begrijpen als een emergente eigenschap van het gedistribueerde geheugen van het organisme.

Het immuunsysteem vergeet niet...

Lange tijd hebben we het immuunsysteem beschreven als een overzichtelijke bibliotheek: planken vol antilichamen, elk voorzien van het label met de naam van een tegengekomen ziekteverwekker. Een handige, doeltreffende metafoor, maar steeds ontoereikender. Tegenwoordig weten we dat immuniteit zich niet beperkt tot het bewaren van moleculaire 'kopieën' uit het verleden. Het onthoudt veeleer door zichzelf te veranderen.

Vanuit het perspectief van de veldbiologie is het immuungeheugen geen opgeslagen bestand, maar een blijvende reorganisatie van het cellulaire veld van het organisme. Na een infectie blijven er niet alleen specifieke antilichamen of lymfocyten over: er blijft een nieuwe manier van functioneren van het immuunsysteem over, een configuratie die toekomstige reacties stuurt.

In 1957 formuleerde Frank Macfarlane Burnet, die in Melbourne werkte, de theorie van de klonale selectie. Het was een doorbraak: het immuunsysteem maakt geen antilichamen 'op aanvraag', maar selecteert cellen die daar al toe in staat zijn. Voor dit werk ontving Burnet in 1960 de Nobelprijs. Maar, zoals zo vaak gebeurt, werd een briljante theorie uiteindelijk een interpretatieve kooi.

Klonale selectie verklaart de specificiteit goed, maar minder de systemische duur van het immuungeheugen. Waarom veranderen na een infectie ook cellen die nog nooit rechtstreeks met het antigeen in aanraking zijn gekomen? Waarom reageren weefsels anders, sneller en gecoördineerder? Het antwoord dat de afgelopen jaren naar voren is gekomen, is duidelijk: het immuungeheugen is verspreid. Het omvat het beenmerg, de lymfeklieren, de perifere weefsels, maar ook het celmetabolisme, de basale ontstekingsstatus en de communicatie tussen immuun- en niet-immuuncellen. Het is het hele systeem dat zich herconfigureert.

Decennialang werd herhaald dat alleen de adaptieve immuniteit over een geheugen beschikt. Maar in de vroege jaren 2000 begon deze zekerheid te wankelen. In Nijmegen, Nederland, constateerden Mihai Netea en zijn team dat bepaalde cellen van de aangeboren immuniteit – zoals monocyten – sterker reageerden op opeenvolgende infecties, zelfs als deze anders waren dan de eerste. Zo ontstond het concept van '*trained immunity*'. Het ging niet om antilichamen of specifieke receptoren, maar om een stabiele verandering in het celgedrag. Een gewijzigd metabolisme, beter toegankelijk chromatine, andere activeringsdrempels. Met andere woorden: een geheugen zonder archief, een vaardigheid die is ingebed in de manier waarop de cel functioneert.

Tijdens een seminar in Bonn in 2016 vertelde een clinicus over oudere patiënten die beter reageerden op infecties na een 'niet-specifiek' vaccin zoals het BCG-vaccin. Het was geen tovenarij, maar een reorganisatie van het immuunsysteem. Het systeem bleef, eenmaal 'getraind', waakzamer.

Een ander fundamenteel stukje van de puzzel komt voort uit de ontdekking van weefselresidente T-cellen (Trm). In tegenstelling tot de lymfocyten die in het bloed circuleren, blijven deze cellen op de plaatsen waar de infectie heeft plaatsgevonden: huid, longen, darmen. Ze zijn grondig bestudeerd na de griepepidemieën van de vroege jaren 2000, met name in de laboratoria van La Jolla, in Californië.

De Trm-cellen behouden niet alleen een antigene specificiteit: ze behouden ook een herinnering aan de plaats. Ze worden gevormd door de weefselmicro-omgeving, door lokale signalen en door de ontstekingsgeschiedenis van dat gebied. Wanneer de ziekteverwekker terugkeert, is de reactie niet alleen sneller: ze is ook meer contextueel, meer 'gesitueerd'. Hier vindt de veldbiologie een concreet voorbeeld: het immuungeheugen is niet abstract, maar ruimtelijk. Het lichaam onthoudt waar het gewond is geraakt.

Dan is er nog een stille hoofdrolspeler: de microbiota. Studies die sinds de jaren 2010 zijn uitgevoerd, onder meer door Harvard en het INSERM in Parijs, tonen aan dat het microbiële evenwicht in de darmen het immuunsysteem ingrijpend beïnvloedt. Het stimuleert het niet alleen, maar 'traint' het ook. Een darm die lange tijd met een bepaalde microbiële gemeenschap heeft samengeleefd, ontwikkelt een actieve tolerantie, een 'herinnering aan het samenleven'. Wanneer deze gemeenschap wordt verstoord — door antibiotica, extreme diëten of langdurige stress — verliest het immuunveld zijn samenhang. De reacties worden overdreven of ineffectief. Niet omdat er informatie ontbreekt, maar omdat het relationele geheugen is onderbroken. Een gastro-enteroloog uit Milaan vertelde tijdens een informele bijeenkomst over patiënten die „niet meer reageerden zoals voorheen" na herhaalde antibioticabehandelingen. Het was geen verlies van afweer, maar een verlies van een gedeelde geschiedenis.

Ook het succes van vaccins komt, vanuit dit perspectief bekeken, in een ander licht te staan. Vaccineren betekent niet alleen het opwekken van antistoffen, maar ook het aanbrengen van een nieuwe configuratie in het immuunsysteem. Sommige vaccins werken beter dan andere, niet vanwege de omvang van de reactie, maar vanwege de kwaliteit van de reorganisatie die ze teweegbrengen. Dit werd duidelijk tijdens de COVID-19-pandemie, toen werd vastgesteld dat bescherming niet altijd samenviel met de antilichaamtiter. Er speelden weefselgeheugens, getrainde aangeboren reacties en onderliggende ontstekingsprocessen een rol. Het immuunsysteem toonde zich eens te meer als een veld dat zijn vorm behoudt, niet als een biologische harde schijf.

Zo bezien is het immuungeheugen een daad van samenhang in de tijd. Het systeem bewaart het verleden niet uit nostalgie, maar om zichzelf te blijven in het licht van verandering. Wanneer deze samenhang verstijft, ontstaan auto-immuunziekten. Wanneer deze samenhang verdwijnt, nemen infecties toe. In beide gevallen is het probleem niet het gebrek aan informatie, maar de slechte ver f integratie ervan. Het immuunsysteem is, zoals Elias Canetti schreef toen hij het over de massa's had, 'geheugen in beweging'. Het verzamelt niet, maar transformeert. En in deze voortdurende transformatie belichaamt het misschien wel een van de duidelijkste voorbeelden van wat leven betekent als informatie die vorm krijgt.

Het geheugen van de levenden, van het cytoplasma tot de bossen

Er is een ogenschijnlijk eenvoudig idee dat een cel en een bos met elkaar verbindt: geen van beide reageert op het heden alsof het een tabula rasa is. Elke reactie, elke aanpassing, elke crisis draagt een geschiedenis met zich mee. In de veldbiologie is deze geschiedenis geen verborgen archief, maar een gestabiliseerde informatiestructuur die bepaalt wat mogelijk is en wat niet langer mogelijk is.

In de ecologie wordt steeds vaker gesproken over *'legacy* effects', erfeniseffecten. Het is de manier waarop het verleden — bosbranden, droogte, landbouw, uitgestorven soorten — het heden blijft beïnvloeden. Niet als een bewuste herinnering, maar als een configuratie van het ecologische veld die sommige uitkomsten waarschijnlijk maakt en andere bijna onbereikbaar. Precies zoals dat gebeurt in het celgeheugen.

In de jaren tachtig introduceerde de Canadese bioloog C.S. Holling het concept van ecologische veerkracht door boreale bossen en populaties van bladetende insecten te bestuderen. Zijn inzicht ging tegen de stroom in: een ecosysteem is niet gezond omdat het stabiel is, maar omdat het verstoringen kan opvangen zonder zijn functionele identiteit te verliezen.

Maar Holling merkte iets subtielers op. Twee ogenschijnlijk vergelijkbare ecosystemen, getroffen door dezelfde verstoring, reageerden tegengesteld. Het ene herstelde zich, het andere stortte in. Het verschil zat niet in de gebeurtenis zelf, maar in het ecologisch geheugen: in de reeks eerdere toestanden die het systeem hadden gevormd.

Een meer dat bijvoorbeeld al periodes van eutrofiëring heeft doorgemaakt, kan gemakkelijker „terugvallen“ in een aangetaste toestand. De sedimenten, beladen met fosfor dat zich in de loop der jaren heeft opgehoopt, fungeren als een chemisch en biologisch geheugen dat standhoudt, zelfs wanneer de omstandigheden aan het oppervlak verbeteren. Het meer herinnert zich.

In de jaren negentig toonden studies in de Caribische Zee aan dat veel koraalriffen, na verblekingsgebeurtenissen en overbevissing, niet meer terugkeerden naar hun oorspronkelijke toestand. In plaats van koralen groeiden er draadalgen. Dit was geen overgangsfase: het was een nieuw, stabiel regime.

Ecologen spraken van ‘stable states’. In termen van veldbiologie zouden we kunnen zeggen dat het ecosysteemveld van vorm was veranderd. De herinnering aan eerdere verstoringen — het verdwijnen van herbivoren, een toename van voedingsstoffen, thermische stress — had de fundamentele relaties herschikt. Terugkeren naar de oude toestand was in theorie niet onmogelijk, maar in de praktijk onwaarschijnlijk.

Hetzelfde fenomeen is waarneembaar in woestijnen die zich uitbreiden na intensieve begrazing. Zodra de vegetatiebedekking en de bodemstructuur verloren zijn gegaan, komt het ecosysteem in een toestand terecht die de droogte ‘onthoudt’, zelfs wanneer de regen terugkeert. De verdichte bodem, verarmd aan micro-organismen en zaden, is een belichaamde herinnering aan de achteruitgang.

Er zijn maar weinig plekken die dit idee beter illustreren dan de bodem. Een theelepel vruchtbare aarde bevat miljarden organismen, maar bovenal verhalen over gebruik, teelt, bemesting en verwaarlozing. Agronomen en bodemkundigen weten het maar al te goed: een akker reageert niet onmiddellijk op een verandering in beheer.

In de jaren 2000 toonden studies op het platteland van Oost-Duitsland, op voormalige collectieve landbouwgronden, aan dat sommige bodems zelfs na twintig jaar biologische landbouw nog steeds de 'sporen' van de eerdere intensieve chemische landbouw bewaarden. Het ging niet alleen om residuen: de structuur en de micro , de dynamiek van de humus en het vermogen om water vast te houden waren veranderd. De bodem herinnerde zich zijn industriële verleden.

Hier is de parallel met het cellulaire geheugen duidelijk. Net zoals een cel die herhaaldelijk stress heeft ondergaan haar functionele structuur blijvend verandert, zo draagt een ecosysteem de ervaringen die het hebben gevormd in zich.

Een bijzonder sprekend voorbeeld komt uit de mediterrane en Californische bossen. Eeuwenlang maakten branden met een lage intensiteit deel uit van hun levenscyclus. Maar in de twintigste eeuw heeft het beleid van totale brandbestrijding deze dynamiek verstoord. Toen de branden – onvermijdelijk – terugkeerden, deden ze dat op verwoestende wijze. Bossen 'die het vuur waren vergeten' brandden met een ongekende hevigheid. Ecologen spreken tegenwoordig van '*fire memory*': de frequentie en het soort branden uit het verleden bepalen de toekomstige reactie van het ecosysteem.

In 2018, na de Camp Fire in Californië, vertelde een boswachter dat sommige gebieden geen tekenen van spontane regeneratie vertoonden. Niet omdat er geen zaden waren, maar omdat de bodem en de vegetatiesamenstelling de herinnering aan de natuurlijke brandcyclus waren kwijtgeraakt. Het bos was uit balans geraakt.

Niet elk geheugen is een voordeel. Net zoals er in cellen disfunctionele herinneringen bestaan, kan ook in ecosystemen het verleden een last worden. Overbevissing, versnippering en vervuiling laten sporen na die het aanpassingsvermogen verminderen. De ineenstorting van de kabeljauwvisserij in Newfoundland, in de vroege jaren negentig, wordt vaak als voorbeeld aangehaald. Ondanks de bijna volledige stopzetting van de visserij zijn de populaties nooit meer teruggekeerd naar het vroegere niveau. Het systeem had een drempel overschreden: nieuwe soorten hadden de vrijgekomen niches ingenomen, het trofische netwerk had zich opnieuw gevormd. Het ecosysteem herinnerde zich de afwezigheid van de kabeljauw. In termen van veldbiologie zouden we kunnen zeggen dat het systeem een deel van zijn historische samenhang had verloren.

Wat naar voren komt als we naar ecosystemen kijken, is een krachtige les: informatie zit niet in de elementen zelf, maar in de relaties die in de tijd standhouden. Het ecologisch geheugen is niet te herleiden tot één enkel organisme, maar tot de manier waarop stromen van energie, materie en signalen zich hebben gestabiliseerd.

Net als in de cel betekent herinneren ook in het ecosysteem georiënteerd zijn. Niet op het verleden, maar op een toekomst die wordt begrensd door wat men is geweest. Het leven reageert op elke schaal niet zomaar: het reageert vanuit zijn eigen belichaamde geschiedenis.

De stenen die herinneren: wanneer materie haar eigen geschiedenis bewaart.

Iedereen die het marmer van een antieke sculptuur heeft gestreeld of een gerestaureerd fresco van dichtbij heeft bekeken, weet dat materie nooit neutraal is. Ze draagt sporen, littekens, gelaagdheden. Het beperkt zich niet tot 'in de ruimte staan': het vertelt een verhaal. Juist in dit bijna tastbare bewijs bieden kunst en architectuur een krachtige culturele metafoor voor het biologisch geheugen, niet opgevat als een gegevensarchief, maar als informatie die vorm aanneemt en voortleeft in de materie.

In de taal van de veldbiologie is een organisme een gestabiliseerde informatiestructuur. In de kunst zouden we iets soortgelijks kunnen zeggen: een vorm is nooit het onmiddellijke resultaat van een idee, maar het resultaat van een langdurige en vaak conflictueuze dialoog tussen ontwerp, materiaal, tijd en gebeurtenissen.

Michelangelo wist dit maar al te goed. Toen hij sprak over het 'bevrijden van de figuur' uit het blok marmer, gebruikte hij niet zomaar een poëtische metafoor. Het marmer uit Carrara, dat al door de Romeinen was gewonnen, vertoonde aders, microscheurtjes en interne spanningen. Het was geen onverschillig materiaal. Kunsthistorici herinneren eraan hoe Michelangelo tijdens de bewerking van de Mozes (begonnen in 1513) het ontwerp meerdere malen aanpaste, juist als reactie op de beperkingen die het blok oplegde. Het materiaal 'herinnerde' zich zijn eigen geologische en technische geschiedenis, en die informatie bepaalde de uiteindelijke vorm. Niet anders dan wat er in een organisme gebeurt, waar de structurele geschiedenis bepaalt wat er naar voren kan komen.

Als je door Rome, Istanbul of Jeruzalem wandelt, kom je voortdurend gebouwen tegen die ware materiële palimpsesten zijn. Kerken gebouwd op tempels, moskeeën waarin basilieken zijn opgenomen, middeleeuwse muren die op Romeinse funderingen zijn geënt. Architectuur wist niet uit: ze legt lagen aan.

Een symbolisch voorbeeld is Santa Maria sopra Minerva in Rome. De naam zelf is al een verklaring van herinnering: een gotische kerk die rust op een oude tempel gewijd aan de godin Minerva. De funderingen zijn niet alleen een fysieke steun, maar een informatievoortbestaan dat de eeuwen doorkruist.

In de biologie zouden we zeggen dat de huidige vorm niet begrepen kan worden zonder de eerdere configuratie van het veld. In de architectuur gebeurt hetzelfde: elke ingreep gaat een dialoog aan met een ingebedde herinnering die zich verzet tegen de pure ontwerpwil.

In de twintigste eeuw heeft het debat over restauratie deze intuïtie expliciet gemaakt. Cesare Brandi benadrukte in zijn „*Teoria del* restauro“ (1963) een cruciaal punt: restaureren betekent niet dat een werk in een hypothetische oorspronkelijke staat wordt teruggebracht, maar dat de materiële geschiedenis ervan wordt erkend en gerespecteerd.

Een restaurateur vertelde tijdens de werkzaamheden aan de fresco's van Giotto in Assisi na de aardbeving van 1997 dat sommige scheuren niet moesten worden 'gecorrigeerd', maar begrepen. Ze waren het resultaat van eeuwenlange verzakkingen, trillingen en eerdere ingrepen. Ze wegwerken zou betekenen dat informatie verloren zou gaan. De parallel met de biologie is duidelijk: ingrijpen in een organisme zonder rekening te houden met zijn structureel geheugen komt neer op het negeren van het veld dat het bijeenhoudt.

Er is een term die restaurateurs en kunsthistorici na aan het hart ligt: patina. Het is geen vuil, het is geen verval. Het is het teken van de tijd dat een vorm stabiliseert en haar maakt tot wat ze is. Walter Benjamin wees er, toen hij het over het kunstwerk had, op dat de aura ook voortkomt uit deze tijdelijke onherhaalbaarheid.

De patina is belichaamde informatie: ze vertelt over de blootstelling aan licht, lucht en menselijk contact. Denk aan de versleten treden van middeleeuwse kathedralen, uitgesleten door het passeren van miljoenen voeten. Die vorm is niet ontworpen: ze is ontstaan. Het is zichtbaar gemaakt geheugen. Op dezelfde manier is in de veldbiologie de levende vorm niet louter de uitvoering van een code, maar het resultaat van een geschiedenis van interacties die blijvende sporen achterlaat.

Een Japanse architect, Tadao Ando, vertelde in een interview uit de jaren negentig hoe gewapend beton, een ogenschijnlijk anoniem materiaal, verschillend reageert afhankelijk van de vochtigheid, de temperatuur en de uithardingstijd. „*Je bouwt niet alleen met het ontwerp*," zei hij, „*je bouwt met het geheugen van het materiaal*". Deze weerstand is geen gebrek: het is een vorm van dialoog. Net als in organismen is materie geen passieve drager van informatie, maar een actief onderdeel van de stabilisatie ervan.

Kunst, architectuur en restauratie leren ons dat het geheugen niet iets is dat achteraf wordt toegevoegd. Het is wat de vorm mogelijk maakt. Materie die zich herinnert, is geen nostalgie: het is structuur.

Vanuit dit perspectief lijkt het leven minder op een machine die instructies uitvoert en meer op een werk dat voortdurend herschreven wordt, waarbij elke huidige toestand onlosmakelijk verbonden is met de eigen, ingebedde geschiedenis. Net als een sculptuur, een gebouw of een fresco die blijven voortleven omdat ze nooit zijn vergeten wat ze ooit waren.

Filosofische implicaties van de biologische ruimte.

Als biologische informatie afhankelijk is van de ruimte, dan is één gevolg onvermijdelijk: het leven is nooit abstract. Het bestaat niet als een algemene formule, als een algoritme dat overal op dezelfde manier kan worden gerepliceerd. Het leven vindt altijd ergens plaats, en dat 'ergens' is geen louter neutra e container, maar een actief onderdeel van het levensproces. Dit ogenschijnlijk eenvoudige idee heeft diepgaande filosofische implicaties, die enkele van de meest diepgewortelde gewoonten van het moderne wetenschappelijke denken kunnen doorbreken.

Eeuwenlang heeft de wetenschap gezocht naar universele wetten door deze los te koppelen van de context. Dat werkte goed voor planeten en ideale gassen. Maar zodra we het domein van het levende betreden, is de ruimte niet langer slechts een achtergrond, maar wordt ze mede-auteur. Jakob von Uexküll, een Ests-Duitse bioloog en filosoof, had dit al in de eerste decennia van de twintigste eeuw aangevoeld toen hij sprak over de 'Umwelt': elk organisme leeft in een eigen wereld, gestructureerd door zijn waarnemings- en handelingsmogelijkheden.

Overgebracht naar de binnenkant van het organisme wordt deze intuïtie nog radicaler. Als informatie vorm krijgt door ruimtelijke relaties — tussen moleculen, structuren, interactievelden — dan kunnen we het leven niet langer zien als iets dat in de ruimte staat, maar als iets dat ruimte voortbrengt. Elke cel, elk weefsel, elk organisme bouwt zijn eigen interne ruimte op, onderhoudt deze, verdedigt deze en reorganiseert deze. De veldbiologie suggereert dat leven letterlijk betekent: een samenhangende ruimte bijeenhouden.

Dit perspectief brengt de biologie dichter bij een filosofische traditie die vaak aan de rand van het wetenschappelijke discours wordt gehouden. Maurice Merleau-Ponty sprak over het lichaam niet als een object in de ruimte, maar als de bron van de beleefde ruimte. Het lichaam, zo schreef hij, bevindt zich niet 'in' een plaats: het is wat een plaats mogelijk maakt. Toegepast op de biologie zet dit idee het standpunt op zijn kop: het organisme neemt geen ruimte in, maar geeft er structuur aan.

De implicaties zijn niet alleen theoretisch. Als het leven niet los te zien is van zijn plaats, dan verandert ook het karakter van wetenschappelijk onderzoek. Een anekdote die een Franse celbiologe vertelde tijdens een seminar in Lyon in 2018 is verhelderend. Bij het bestuderen van in vitro gekweekte kankercellen merkte ze op dat bepaalde 'agressieve' gedragingen verdwenen wanneer dezelfde cellen opnieuw werden ingebracht in een driedimensionaal weefsel dat meer leek op het oorspronkelijke. *' waren de cellen niet* veranderd', zei ze, *'hun plaats was veranderd'*. De ruimte verklaarde in dat geval het leven niet: ze transformeerde het.

Hieruit vloeit een nieuwe conceptuele verantwoordelijkheid voort. Een organisme loskoppelen van zijn context – of dat nu een ecosysteem, een weefsel of een micro-ecologische niche is

– is nooit een onschuldige handeling. Het betekent dat de informatie die dat organisme belichaamt, wordt gewijzigd. In die zin staat de veldbiologie in dialoog met de diepe ecologie, maar ook met de wetenschapsethiek: als de plaats deel uitmaakt van het leven, dan komt ingrijpen in de plaats neer op ingrijpen in de biologische identiteit.

Het is geen toeval dat sommige hedendaagse crises – van het verlies aan biodiversiteit tot milieugerelateerde chronische ziekten – kunnen worden geïnterpreteerd als crises van ontworteling. Organismen die uit hun betekenisvolle ruimtes zijn gerukt, gedwongen om te functioneren in velden die ze niet meer herkennen. Het leven, beroofd van zijn plaats, houdt niet onmiddellijk op te bestaan, maar verliest zijn samenhang. En het verlies van samenhang is, zoals we in de volgende hoofdstukken zullen zien, vaak de eerste stap naar disharmonie.

Als we de biologische ruimte in deze termen beschouwen, betekent dit dat we moeten accepteren dat het leven niet volledig verplaatsbaar is, noch volledig te standaardiseren. Het is een gesitueerde gebeurtenis, een lokaal evenwicht, een vorm die net zozeer een 'waar' nodig heeft als een 'hoe'. In een tijdperk dat droomt van totale delokalisatie – van processen, lichamen, zelfs van het bewustzijn – klinkt dit besef bijna als een oproep tot voorzichtigheid. Of misschien als een terugkeer naar een oude wijsheid: wat leeft, kan niet worden gescheiden van de plek die het mogelijk maakt.

Belichaamde biografie: een lichaam bewonen, iemand worden.

Er bestaat een geruststellend, zeer modern idee dat de persoonlijke identiteit 'in' ons zou zitten: in de genen, in de hersenen, misschien in een of ander diep en stabiel circuit. De biologie van de velden ondermijnt deze zekerheid. Als het leven e e informatie is die vorm krijgt in de ruimte, dan is ook de identiteit geen geïsoleerde kern, maar een gesitueerd proces, dat zich in de loop van de tijd stabiliseert via omgevingen, houdingen, herhaalde gebaren, gewoontes. Met andere woorden: ieder van ons is, biologisch gezien, een 'ruimtelijke biografie'.

Het lichaam is niet alleen wat ons door het leven begeleidt; het is de plek waar het leven sporen achterlaat. Niet in figuurlijke zin, maar letterlijk. De manier waarop we zitten, lopen, werken, slapen; de ruimtes die we dagelijks bezoeken; de ritmes die we ons zenuw- en hormoonsysteem opleggen: dit alles draagt bij aan het organiseren van relatief stabiele informatievelden, die uiteindelijk op ons gaan 'lijken'. Identiteit is, vanuit dit perspectief bekeken, geen intern programma, maar een samenhangende configuratie die in de loop van de tijd in stand wordt gehouden.

De socioloog Pierre Bourdieu sprak van 'habitus' om te beschrijven hoe sociale structuren lichamelijke houdingen worden: de manier waarop we staan, een ruimte innemen, onze stem gebruiken. Het was een sociologische intuïtie, maar vandaag de dag kunnen we deze ook vanuit biologisch perspectief interpreteren. De habitus wordt niet alleen aangeleerd: hij wordt verinnerlijkt. Hij wordt spierspanning, houdingspatroon, ademhalingsregeling. In die zin is het lichaam een levend archief dat geen gegevens bewaart, maar herhaalde ruimtelijke relaties.

Voorbeelden zijn er te over. Denk maar aan astronauten die terugkeren van *het Internationaal Ruimtestation*. Onderzoek door de NASA en de ESA heeft aangetoond dat na maanden in microzwaartekracht niet alleen de botten of spieren veranderen, maar ook de zelfperceptie in de ruimte. Lopen, stilstaan, zich oriënteren worden handelingen die opnieuw moeten worden aangeleerd. Niet omdat de hersenen het 'vergeten' zijn, maar omdat het lichamelijke referentiekader zich opnieuw heeft gevormd. De motorische identiteit – een stil maar doorslaggevend onderdeel van wie we zijn – hangt af van de plek waar het lichaam zich heeft bevonden.

Dit geldt ook in een meer alledaagse en minder extreme zin. Een docente hedendaagse dans vertelde in een interview uit 2016 hoe ze, na twintig jaar beoefening, zichzelf meer herkende aan de kwaliteit van de beweging dan aan de stem f aan haar gedachten. „*Ik weet wie ik ben aan de manier waarop ik een kamer* binnenkom", zei ze. Dit is geen poëtische pose: het is de beschrijving van een identiteit die zich in de lichamelijke ruimte heeft gestabiliseerd, door middel van duizenden herhaalde micro-handelingen.

De biologie van velden nodigt ons uit om deze observaties serieus te nemen. Als de informatie waaruit we bestaan afhankelijk is van ruimtelijke configuraties, dan is het veranderen van omgeving, houding of ritme nooit neutraal. Verhuizen, van baan veranderen, leven in benauwde of hyperstimulerende ruimtes, betekent niet alleen dat we ons psychologisch aanpassen: het betekent dat we langzaam het informatieveld dat ons bij elkaar houdt, opnieuw vormgeven. Daarom lijken sommige transformaties ons 'in iemand anders te veranderen', zelfs als onze overtuigingen hetzelfde blijven.

Vanuit dit perspectief is persoonlijke identiteit niet iets dat we bezitten, maar iets dat we in stand houden. Het is een dynamisch evenwicht tussen lichaam en ruimte, tussen herhaling en variatie. En zoals elk biologisch evenwicht kan het sterker worden, verzwakken of zijn samenhang verliezen. Niet vanwege een intern defect, maar omdat de plek waar we leven – fysiek, sociaal, symbolisch – de vorm die we zijn geworden niet langer ondersteunt.

Technologie en de herdefiniëring van leefruimten.

Gedurende het grootste deel van de menselijke geschiedenis waren de leefruimten – de plekken waar het leven zich organiseert, ontwikkelt en herkent – eerder gegeven dan gekozen. Bossen, vlaktes, steden die langzaam rond rivieren en handelsroutes zijn gegroeid. Tegenwoordig gebeurt steeds vaker het tegenovergestelde: eerst ontwerpen we de plek, daarna vullen we die met leven. En deze stille omkering herdefinieert de biologische velden waarbinnen organismen, menselijk en niet-menselijk, hun informatie stabiliseren.

Biotechnologieën, kunstmatige omgevingen en gedigitaliseerde ruimtes zijn niet louter externe instrumenten. Ze fungeren als nieuwe relatievelden, die in staat zijn om biologische ritmes en , perceptie, identiteit en zelfs evolutionaire trajecten te beïnvloeden. We hebben hier niet te maken met een technologische ‘inmenging’ in het natuurlijke leven, maar met de opkomst van hybride ecosystemen, waarin vitale informatie zich verankert in ontworpen ruimtes.

Een sprekend voorbeeld is Biosphere 2, gebouwd in de woestijn van Arizona en in 1991 in gebruik genomen. Het moest een zelfvoorzienende replica van de aarde worden, een laboratorium om ons een beeld te vormen van het leven op andere planeten. Het project mislukte gedeeltelijk – onstabiele zuurstofniveaus, onevenwichtige ecosystemen – maar bracht iets cruciaals aan het licht: het leven laat zich niet gemakkelijk overbrengen naar een kunstmatige omgeving zonder aan samenhang in te boeten. De planten groeiden wel, maar de bomen braken omdat de wind ontbrak: ze hadden de mechanische weerstand niet ‘geleerd’. Het biologische systeem was niet compleet.

Tegenwoordig zijn kunstmatige omgevingen minder spectaculair, maar oneindig veel alomtegenwoordiger. Denk bijvoorbeeld aan neonatale intensive care-afdelingen, waar premature baby’s wekenlang in hoogtechnologische couveuses verblijven. Studies die in de jaren 2010 in Stockholm en Boston zijn uitgevoerd, hebben aangetoond dat licht, geluiden en zelfs de regelmaat van medische procedures bijdragen aan het vormgeven van de neurobiologische ontwikkeling. In deze contexten ondersteunt de technologie niet het leven, maar de structuur. Ze wordt de primaire ruimte waarin het organisme zijn eigen informatie organiseert.

Nog radicaler is het geval van digitale ruimtes. Hier gaat het niet langer alleen om aangepaste fysieke omgevingen, maar om plaatsen zonder materie, die toch biologisch actief zijn. In 2018 constateerde een groep onderzoekers van het University College London dat langdurig gebruik van immersieve virtuele omgevingen de lichaamsperceptie en de reactie op stress veranderde, zelfs buiten de digitale ervaring om. Zodra het lichaam weer in de fysieke wereld terugkeerde, bleef het zich 'gedragen' alsof een deel van zijn veld zich elders bevond.

Dit is geen op zichzelf staand geval. Een IT-ingenieur vertelde dat hij last had gehad van een aanhoudend gevoel van desoriëntatie na maandenlang uitsluitend in virtual reality te hebben gewerkt aan een industrieel project. „*Het was alsof mijn lichaam op grotere sch t was* veranderd", zei hij. Geen psychische stoornis, maar een ruimtelijke herconfiguratie van de lichamelijke ervaring. Het informatieveld van het organisme had zich aangepast aan een plek die niet langer samenviel met het fysieke lichaam.

De biotechnologieën drijven deze transformatie nog verder door. In het laboratorium gekweekte organoïden, gemanipuleerde weefsels, ontworpen microbiomen: levensvormen die ontstaan en zich stabiliseren in volledig kunstmatige ruimtes. In 2013 sprak de synthetisch bioloog Craig Venter tijdens een conferentie in San Diego openlijk over 'ontworpen leven'. Hij verwees niet alleen naar het genoom, maar ook naar de laboratoriumcontext als primaire bestaansomgeving. Hier ontstaat het biologische veld niet vanzelf: het wordt bewust geconstrueerd.

Deze nieuwe leefomgevingen roepen ongekende wetenschappelijke en ethische vragen op. Als biologische informatie onlosmakelijk verbonden is met de ruimte die haar ondersteunt, wat gebeurt er dan wanneer die ruimte tijdelijk, eigendom van iemand en net als software updatebaar is? Wie is verantwoordelijk voor de samenhang van een kunstmatig leefveld? En bovenal: wat voor soort leven kan ontstaan in omgevingen die geen geschiedenis hebben?

De veldbiologie suggereert een voorzichtig antwoord: het leven kan zich aan bijna alles aanpassen, maar niet zonder kosten. Elk ontworpen veld draagt een impliciete visie in zich van wat het leven zou moeten zijn. Deze visie expliciet maken – en de verantwoordelijkheid daarvoor op zich nemen – is misschien wel de meest urgente uitdaging van ons technologische tijdperk.

De participerende blik: want ook de wetenschap heeft een plaats.

Als het leven informatie is die vorm krijgt in relationele velden, dan is ook de kennis over het leven een gesitueerd fenomeen. Er bestaat geen blik *'van* nergens', om een uitdrukking te gebruiken die geliefd is in de hedendaagse wetenschapsfilosofie. Elke biologische waarneming ontstaat binnen een historisch , cultureel, technologisch en zelfs lichamelijk kader. Ook de wetenschapper bevindt zich, of hij dat nu wil of niet, in een veld.

Het idee van gesitueerde kennis is niet in de biologie ontstaan. Het werd in de jaren tachtig krachtig verwoord, met name door Donna Haraway, die in 1988 schreef: *'Het perspectief is altijd een perspectief van ergens'*. Maar juist in de veldbiologie krijgt deze intuïtie een nieuwe betekenis. Als het organisme geen uit elkaar te halen machine is, maar een samenhangend geheel, dan gaat degene die het bestudeert een relatie aan met wat hij of zij waarneemt, en beïnvloedt daarmee — althans gedeeltelijk — de manier waarop de biologische informatie zich manifesteert.

Een oude anekdote die in de gangen van het Laboratorium voor Mariene Biologie in Woods Hole, Massachusetts, de ronde doet, illustreert dit goed. In de jaren zestig bestudeerden twee groepen onderzoekers hetzelfde organisme, de zee-egel, om inzicht te krijgen in de vroege stadia van de embryonale ontwikkeling. De instrumenten waren vergelijkbaar, de technieken vrijwel identiek. Toch liepen de interpretaties sterk uiteen. Pas later werd duidelijk dat de aanvankelijke vragen – wat men probeerde te zien – het hele experimentele veld hadden bepaald. Niet het embryo was veranderd, maar de conceptuele ruimte waarin het werd geobserveerd.

De veldbiologie dwingt ons om dit feit serieus te nemen: kennis staat niet los van het leven, maar is er een specifieke uitdrukking van. Elk theoretisch model, elk experimenteel protocol, elke disciplinaire taal creëert een cognitieve omgeving die bepaalde vormen van informatie selecteert en andere verduistert. Het laboratorium is, net als de microscoop of het algoritme, niet neutraal: het is een vitale plek, in de volle betekenis van het woord.

Dit besef brengt een nieuwe verantwoordelijkheid met zich mee. Als de wetenschappelijke blik gesitueerd is, dan zijn de gevolgen daarvan niet alleen epistemologisch, maar ook ethisch. In 1972, tijdens de hoorzittingen van het Amerikaanse Congres over het Tuskegee-onderzoek, werd duidelijk hoezeer een wetenschap die zichzelf als 'objectief' beschouwt, blind kan worden voor haar eigen morele kader. Het ging hier ge om slechte biologie, maar om kennis die de menselijke context waarin zij opereerde uit het oog had verloren.

Vanuit een perspectief van velden heeft de verantwoordelijkheid van de wetenschapper niet alleen betrekking op het gebruik van de resultaten, maar op de vorm van het weten zelf. Wat voor soort relatie gaan we aan met datgene wat we bestuderen? Behandelen we het organisme als een afzonderlijk object of als een biologische gesprekspartner? Het verschil is niet retorisch. In veel hedendaagse ecologische onderzoekspraktijken – denk bijvoorbeeld aan het werk van Robin Wall Kimmerer met inheemse gemeenschappen in Noord-Amerika – ontstaat kennis door langdurig te luisteren naar een plek, niet door deze te abstraheren. Hier doet de wetenschap geen afstand van haar nauwkeurigheid, maar verandert ze van houding.

Een gesitueerde wetenschap is dus geen ‘relativistische’ of zwakke wetenschap. Integendeel, het is een veeleisendere wetenschap, omdat ze haar eigen beperkingen erkent. Ze beseft dat ze opereert binnen biologische, sociale en symbolische velden die ze mede helpt te veranderen. En ze aanvaardt dat het kennen van het leven deels betekent dat we erdoor worden getransformeerd.

Misschien is dit wel de diepste les van de veldbiologie: we kunnen het leven niet begrijpen zonder ons af te vragen vanaf welke plek we het observeren. In die zin is elke daad van kennisverwerving ook een daad van deelname. En elke deelname brengt onvermijdelijk een verantwoordelijkheid met zich mee.

Wanneer informatie een organisme wordt.

Er is een moment in de studie van het leven waarop de taal van de codes niet langer bruikbaar is. Dat is wanneer men zich realiseert dat de vorm niet het eindresultaat is van een informatieproces, maar het proces zelf in actie. De veldbiologie stelt een beslissende verschuiving voor: informatie beschrijft het organisme niet, maar vormt het. Ze staat niet achter de schermen als een partituur, maar manifesteert zich rechtstreeks in de structuur die cellen, weefsels en functies bijeenhoudt.

Een klassiek voorbeeld, dat het vermelden waard is en vaak wordt aangehaald in cursussen embryologie in Cambridge of Heidelberg, betreft de experimenten van Hans Driesch aan het einde van de negentiende eeuw. Door de cellen van een zee-egelembrio in een vroeg stadium te scheiden, verwachtte Driesch 'halve' organismen. Het tegenovergestelde gebeurde: elk deel gaf aanleiding tot een compleet, kleiner maar samenhangend individu. Er was geen lokaal vastgelegd plan om te volgen, maar een globale vorm die zich opnieuw organiseerde. De informatie bevond zich niet op één punt: ze bevond zich in het veld van relaties dat het embryo belichaamde.

Hier houdt de vorm op passieve geometrie te zijn. Ze wordt actieve informatie, in staat om processen te sturen, afwijkingen te corrigeren en samenhang te behouden. Een organisme 'heeft' geen vorm zoals een voorwerp een omhulsel heeft: het is een vorm die zich in de tijd handhaaft, door voortdurende uitwisselingen van materie en energie. Aristoteles had dit al aangevoeld toen hij sprak over *eidos* als actief principe; de hedendaagse biologie keert, met andere instrumenten, terug naar dat spoor zonder metafysische nostalgie.

In de jaren 2000 toonden enkele studies naar de regeneratie van platwormen aan *het Max Planck Instituut* in Dresden iets verrassends aan: onthoofde dieren regenereerden koppen met verschillende oriëntaties, afhankelijk van de omstandigheden van het bio-elektrische veld. Het was niet het 'genetische programma' dat veranderde, maar de configuratie van het veld die de toekomstige vorm bepaalde. De kop stond nergens vastgelegd: hij kwam naar voren als een stabiele oplossing van een systeem.

Vanuit dit perspectief is de vorm een operationeel geheugen. Ze 'weet wat ze moet doen' omdat ze al het resultaat is van belichaamde kennis. Net als in een oude stad – denk aan Siena of Fez – volgen de straten geen abstract ontwerp, maar zijn ze het resultaat van een opeenstapeling van handelingen, behoeften en aanpassingen. De stedelijke vorm bevat informatie omdat ze die belichaamt. Op dezelfde manier is het organisme een verhaal dat blijft functioneren.

Ook de pathologie werpt licht op dit punt. Bij sommige tumoren gaat niet alleen de moleculaire controle verloren, maar ook het behoren tot een gemeenschappelijke vorm. De cellen 'weten' nog steeds hoe ze zich moeten delen, maar niet langer als onderdeel van een geheel. De informatie is niet verdwenen: ze is losgekoppeld van de globale vorm. Het probleem is niet de overmatige activiteit, maar het verlies van morfologische samenhang.

Zeggen dat informatie een organisme wordt, betekent dus erkennen dat het leven denkt via vormen. Niet in de menselijke betekenis van het woord, maar als het vermogen om stabiele, functionele en zinvolle configuraties te selecteren binnen een bepaalde context. Elk organisme is een antwoord dat gestalte heeft gekregen. Het vertegenwoordigt geen omgeving: het bewoont die actief, waarbij het zichzelf en de omgeving vormgeeft.

Deze visie heeft ingrijpende gevolgen. Als vorm actieve informatie is, kunnen we levende wezens niet langer behandelen als assemblages die stuk voor stuk kunnen worden gerepareerd. Elke ingreep – therapeutisch, technologisch, ecologisch – raakt aan een formeel evenwicht dat impliciete kennis met zich meebrengt. De biologie van de velden roept niet op tot berusting, maar tot grotere aandacht: begrijpen hoe een vorm werkt, voordat we deze willen corrigeren.

Uiteindelijk, zoals Paul Valéry in 1937 schreef na een bezoek aan een fysiologisch laboratorium in Parijs: *„Het levende is datgene wat niet kan worden uitgelegd zonder iets wezenlijks te verliezen.*" Misschien is dat 'iets' juist dit: de vorm als een voortdurende beweging van informatie, het moment waarop kennis ophoudt abstract te zijn en tot leven komt.

Het oog en het landschap: het schone zien, het levende aanvoelen.

Iedereen die wel eens een diatomee onder de microscoop heeft bekeken, of langs een Atlantische klif heeft gewandeld en daarbij naar de afwisseling van bruine algen heeft gekeken, heeft waarschijnlijk een bekend gevoel ervaren: deze vorm 'werkt', en juist daarom lijkt ze mooi. Dit is geen sentimentele beoordeling, noch een secundaire culturele weerspiegeling. Vanuit het perspectief van de veldbiologie wordt de esthetische ervaring een manier om biologische samenhang te herkennen.

Natuurlijke schoonheid valt niet samen met versiering. Ze is zelden overbodig. Het is veeleer het waarneembare teken van een geslaagde organisatie, van een vorm die talrijke verbanden bijeenhoudt zonder zichtbare breuken. In 1917 publiceerde D'Arcy Wentworth Thompson het reeds genoemde *„On Growth and* Form", een boek dat hij schreef tussen Dundee en St Andrews, waarin hij aantoonde hoe levende vormen voortkomen uit fysische en wiskundige evenwichten, nog vóór genetische instructies. Thompson sprak niet over schoonheid, maar zijn tekeningen — kwallen, schelpen, botten — oefenden ook een diepgaande invloed uit op kunstenaars en architecten. De overtuigende vorm is die welke zichzelf niet hoeft uit te leggen.

Goethe had meer dan een eeuw eerder iets soortgelijks aangevoeld toen hij de planten in de tuinen van Padua en Palermo bestudeerde. Zijn morfologie zocht geen abstracte wetten, maar herkenbare transformaties: het blad dat een bloemblad wordt, het bloemblad dat een vrucht wordt. Het menselijk oog, of het nu geschoold is of niet, vat deze continuïteit op als harmonie. Niet omdat het 'decoratief' is, maar omdat het een leesbare interne orde laat zien.

De hedendaagse neurowetenschappen bieden een interessant stukje van de puzzel. Studies die in de vroege jaren 2000 in Londen en San Diego zijn uitgevoerd, in verband met het werk van Semir Zeki en V.S. Ramachandran, hebben aangetoond dat het menselijk brein positief reageert op configuraties die informatie en eenvoud optimaliseren zonder aan complexiteit in te boeten. Levende vormen — een tak, een vaatstelsel, een longblaasje — bezitten precies deze eigenschap: ze zijn complex, maar niet chaotisch. Ons waarnemingssysteem lijkt vrijwel onmiddellijk te herkennen wanneer een vorm 'klopt'.

In die zin is natuurlijke esthetiek geen evolutionaire luxe, maar een belichaamde cognitieve vaardigheid. Het herkennen van schoonheid komt vaak neer op het herkennen van een goede integratie tussen onderdelen, functies en de omgeving. Een bioloog die een celkweek observeert, weet, nog voordat hij parameters meet, of er iets mis is: hij 'ziet' het. Deze visuele intuïtie is geen onnauwkeurigheid, maar praktijkervaring. Zoals een Italiaanse onderzoeker die in de jaren negentig aan het Institut Pasteur werkte, vertelde: '*Als een kweek gezond is, zie je dat aan de rust van de vorm.*'

Ook in de kunst komt deze gevoeligheid naar voren. Ernst Haeckel, bioloog en illustrator, publiceerde in 1904 '*Kunstformen der* Natur', een atlas van mariene organismen die de Europese Art Nouveau beïnvloedde. Het was geen esthetiserende onderneming: Haeckel wilde laten zien dat de levende vorm al een uitdrukking van orde is, geen chaos die getemd moet worden. Vandaag de dag kunnen we dat werk interpreteren als een brug tussen wetenschap en waarneming: schoonheid als zichtbaar spoor van informatie die zich heeft gestabiliseerd.

In de veldbiologie krijgt dit alles een precieze betekenis. Als vorm actieve informatie is, dan is ons vermogen om de harmonie ervan waar te nemen een manier – gedeeltelijk maar reëel – om in contact te komen met de werking van het levende. Het schone is niet het tegenovergestelde van het ware, maar een van de signalen ervan. Het garandeert de waarheid natuurlijk niet, maar geeft er wel richting aan.

Misschien is dat de reden waarom levende vormen meer indruk op ons maken dan de meest geavanceerde machines. Een vlindervleugel of een varenblad zijn niet ‘perfect’: ze zijn coherent. En coherentie, wanneer die zich zonder zichtbare inspanning manifesteert, brengt schoonheid voort. Op dat moment kijkt het oog niet alleen: het neemt waar.

VII. Wanneer traditie en wetenschap elkaar ontmoeten.

Er is een punt in de loop van dit boek waarop het onvermijdelijk wordt om een ongemakkelijk woord onder ogen te zien. Een woord dat eeuwen, culturen en denksystemen heeft doorkruist, maar dat de moderne biologie geleidelijk uit haar officiële vocabulaire heeft verbannen: levensenergie. Dit zevende hoofdstuk bevindt zich precies hier, als een drempel. Niet om oude metafysische opvattingen weer op te graven, noch om te zwelgen in pre-wetenschappelijke nostalgie, maar om een ambitieuzere en, in zekere zin, riskantere onderneming te volbrengen: het conceptueel herdefiniëren van wat die tradities probeerden te benoemen.

In de algemene context van het boek fungeert dit hoofdstuk als een scharnier. Nadat in de voorgaande delen de grenzen van het biochemisch reductionisme zijn aangetoond en het idee van het leven als een fenomeen van coherentie en veld is geïntroduceerd, wordt hier de meest delicate kwestie aangepakt:

of er een reële, waarneembare en in wetenschappelijke taal vertaalbare kern schuilgaat achter begrippen als *qi, f prana, levenskracht*. Met andere woorden: of wat eeuwenlang in symbolische vorm is verteld, in werkelijkheid geen intuïtieve beschrijving is van diepgaande organisatorische dynamieken van levende organismen.

De eerste stap in dit hoofdstuk is van culturele aard. Opvallend is namelijk de interculturele universaliteit van het idee van levensenergie. Van China tot India, van de Griekse tot de Arabische wereld, tot aan de premoderne Europese medische tradities, komt steeds dezelfde intuïtie naar voren: het leven is niet alleen materie in beweging, maar een dynamische orde die de materie doordringt. De namen veranderen, de referentiekosmologieën veranderen, maar het beschreven fenomeen lijkt verrassend veel op elkaar. Dit feit op zich bewijst wetenschappelijk gezien niets, maar roept een legitieme vraag op: is het aannemelijk dat hele, onderling onafhankelijke beschavingen complexe concepten hebben opgebouwd rond een pure waarnemingsfout?

Het hoofdstuk benadrukt een cruciaal punt: deze concepten moeten niet letterlijk worden genomen, maar ook niet als bijgeloof worden afgedaan. Ze moeten worden begrepen als fenomenologische talen, pogingen om vorm te geven aan reële ervaringen — de vitaliteit, de veerkracht, het zelforganiserend vermogen van organismen — bij gebrek aan de conceptuele en wiskundige instrumenten waarover we vandaag de dag beschikken. Het is dezelfde houding die de wetenschap aanneemt wanneer zij de alchemie herinterpreteert als een voorloper van de scheikunde, of de Ptolemeïsche astronomie als een noodzakelijke stap op weg naar een verfijnder begrip van de kosmos.

In die zin staat dit hoofdstuk in ideële dialoog met een overweging van Erwin Schrödinger, die al in 1944 schreef: „*Wat wij leven noemen, lijkt zich te gedragen als een geordend verschijnsel dat uit evenwicht wordt* gehouden“ (*What Is Life?*). Schrödinger had het niet over levensenergie, maar gaf duidelijk aan dat het leven niet kan worden herleid tot louter de stroom van chemische energie: het is orde die behouden blijft, vorm die in de tijd voortduurt.

De theoretische kern van het hoofdstuk ligt precies hier: het vertalen van levensenergie in termen van dynamische coherentie. Geen mysterieuze „kracht“ die bovenop de natuurwetten komt, maar een bijzondere manier waarop energie- en informatieprocessen binnen een organisme zijn georganiseerd. Een coherentie die oscillaties, synchronisaties en zwakke maar gestructureerde elektromagnetische velden omvat, en die het levende systeem in staat stelt te functioneren als een geïntegreerd geheel.

Vanuit dit perspectief krijgen de woorden van Ilya Prigogine, Nobelprijswinnaar voor scheikunde, weer actuele betekenis, toen hij stelde: *„Het leven is het rijk van de dissipatieve structuren, waar orde voortkomt uit de stroom.*" Ook hier is er geen sprake van esoterisme: alleen de erkenning dat energie in het leven nooit neutraal is, maar altijd georganiseerd volgens samenhangende patronen.

Het hoofdstuk maakt duidelijk waarom spreken over vitale energie niet betekent dat er niet-meetbare entiteiten worden geïntroduceerd. Het betekent veeleer dat we erkennen dat de biologie te maken heeft met velden, relaties en globale configuraties, en niet alleen met geïsoleerde moleculen. Dit standpunt vindt ook weerklank in de woorden van de theoretisch bioloog Brian Goodwin, die schreef: *„De biologische vorm wordt niet van buitenaf opgelegd, maar komt voort uit de collectieve eigenschappen van het systeem.*" Als de vorm ontstaat, dan is er een organiserend principe dat voorafgaat aan de afzonderlijke chemische reactie.

Het doel van dit hoofdstuk, binnen het algemene kader van het boek, is dan ook tweeledig. Enerzijds het valse conflict tussen wetenschap en traditie ontkrachten, door aan te tonen dat veel oude inzichten opnieuw kunnen worden geïnterpreteerd zonder afbreuk te doen aan de wetenschappelijke nauwkeurigheid. Anderzijds de weg bereiden voor de volgende delen, waarin gezondheid en ziekte zullen worden geïnterpreteerd als toestanden van grotere of kleinere samenhang binnen het biologische veld. De levensenergie, zo opnieuw gedefinieerd, is niet langer een vaag begrip, maar een krachtige interpretatiesleutel om te begrijpen waarom een organisme 'functioneert' of uiteenvalt.

Uiteindelijk vraagt dit hoofdstuk de lezer niet om te geloven, maar om zijn vooroordelen opzij te zetten. Om het idee te aanvaarden dat de wetenschap, wanneer ze zich ontwikkelt, het verleden niet noodzakelijkerwijs uitwist, maar het herinterpreteert. En dat er zich achter oude en onnauwkeurige woorden misschien al een scherp inzicht schuil , in wat we vandaag, met meer voorzichtigheid, biologische coherentie noemen.

Het woord 'energie': van fysische grootheid tot metafoor voor het leven.

In de 21e eeuw zijn er maar weinig woorden die met dezelfde nonchalance – en dubbelzinnigheid – worden gebruikt als het woord 'energie'. We gebruiken het om een elektriciteitscentrale te beschrijven, een natuurkundige formule, de gemoedstoestand van een persoon, de vitaliteit van een organisme of zelfs de sfeer in een kamer. Het is een brugwoord, dat verschillende talen overspant zonder ooit echt in één enkele taal te blijven hangen. En juist deze alomtegenwoordigheid maakt het cruciaal voor het thema van dit hoofdstuk: begrijpen hoe het vocabulaire ons begrip van het leven beïnvloedt.

Vanuit het perspectief van de moderne natuurkunde is 'energie' een van de best gedefinieerde begrippen die we kennen: een meetbare, behoudende grootheid, met wiskundige strengheid geformaliseerd. Toch merkte Richard Feynman al op in zijn beroemde *'Lectures on* Physics': *'We weten niet wat energie is, we weten alleen hoe we het moeten berekenen.'* Een uitspraak die, verre van provocerend te zijn, een diepgaande paradox onthult: zelfs in het hart van de meest exacte wetenschap blijft energie deels een operationeel begrip, meer dan een ontologisch begrip.

Wanneer dit woord in de biologische discussie opduikt, wordt het terrein nog gladder. De biologie van de twintigste eeuw heeft van de natuurkunde een overwegend kwantitatief begrip van energie geërfd: ATP, elektrochemische gradiënten, metabolische stromen. Dat is allemaal correct, maar niet voldoende om uit te putten wat we bedoelen als we zeggen dat een organisme „vol energie“ is of, integendeel, „uitgedoofd“. In deze gevallen hebben we het niet alleen over calorieën of chemische reacties, maar over de kwaliteit van de organisatie, het vermogen om een vorm te behouden, om op een samenhangende manier op de omgeving te reageren.

Juist hier blijft de traditionele taal – qi, prana, levenskracht – een stille aantrekkingskracht uitoefenen op de collectieve verbeelding. Niet omdat deze taal betere verklaringen biedt, maar omdat ze iets benoemt wat de wetenschappelijke taal nog steeds moeilijk intuïtief kan weergeven. Het hedendaagse succes van deze woorden, zelfs in hypertechnologische stedelijke contexten zoals Berlijn, San Francisco of Milaan, is geen terugkeer naar het irrationele, maar het symptoom van een semantische leemte: er ontbreekt een algemeen aanvaarde term om de globale en kwalitatieve dimensie van het leven aan te duiden.

In de jaren zeventig merkte de filosoof Ivan Illich op dat technische taal, hoewel ze de precisie vergroot, de beleefde ervaring kan reduceren tot wat meetbaar is. Iets soortgelijks gebeurt vandaag de dag met het woord ‘energie’: hoe meer we het in strikt fysische zin definiëren, hoe groter het risico dat we de band met de concrete ervaring van het levende wezen verliezen. Het is geen toeval dat energie in de omgangstaal altijd relationeel is: ze wordt ‘overgedragen’, ‘verloren’ of ‘hersteld’. Het is een woord dat verwijst naar processen, niet naar objecten.

Deze ambivalentie heeft belangrijke culturele gevolgen. Enerzijds voedt ze misverstanden en simplistische uitwassen, wanneer energie een magische verklaring wordt die voor alles geldt. Anderzijds wijst het echter op een authentieke behoefte: die om het leven niet alleen te beschouwen als een verzameling componenten, maar als een dynamische, gestructureerde en betekenisvolle gebeurtenis. In die zin is het vocabulaire niet louter een versiering van het wetenschappelijk denken, maar een van de krachtigste instrumenten ervan.

De herdefiniëring van het concept van vitale energie die in dit hoofdstuk wordt voorgesteld, past precies in deze tussenruimte. Het vraagt niet om de precisie van de natuurkunde los te laten, maar om te erkennen dat het woord ‘energie’ in de biologie fungeert als een indicator van samenhang, een taalkundig signaal dat verwijst naar systemische verschijnselen, relatievelden en collectieve organisaties. Het is een taalgebruik dat dichter bij dat van de systeemtheorie of de theoretische biologie staat dan bij de klassieke natuurkunde.

Zoals de taalkundige en filosoof Ludwig Wittgenstein schreef: *‘De grenzen van mijn taal zijn de grenzen van mijn wereld.’* Toegepast op de biologie betekent dit dat zolang we over het leven spreken met alleen het vocabulaire van de machine, we machines zullen zien. Als we daarentegen woorden gaan gebruiken die processen, velden en relaties oproepen, zullen we misschien in staat zijn om het levende te beschouwen op een manier die beter aansluit bij zijn aard.

Uiteindelijk is het woord ‘energie’ in de 21e eeuw eerder een cultureel dan een wetenschappelijk spanningsveld. Het is aan ons om te beslissen of we het in vaagheid laten vervallen of het gebruiken als een kans om ons begrip van het leven te verfijnen. Het opnieuw definiëren betekent niet dat we het van betekenis ontdoen, maar dat we het een nieuwe precisie geven, die recht doet aan de complexiteit van het levende.

Van wetenschappelijke popularisatie tot popmythe: het mediabeeld van energie.

Elk tijdperk vertelt het verhaal van het leven met de middelen die het tot zijn beschikking heeft. In onze tijd krijgt het idee van energie en vitaliteit, meer dan in verhandelingen of academische kringen, vorm in televisiedocumentaires, wetenschappelijke podcasts, wetenschapsfestivals, maar ook in talkshows, op digitale platforms en zelfs in de algoritmen van sociale netwerken. Hier wordt het concept van vitale energie, zoals geherformuleerd door de hedendaagse wetenschap, gefilterd, vereenvoudigd, versterkt of soms vertekend.

De wetenschapsvoorlichting heeft de afgelopen decennia een ambivalente rol gespeeld. Enerzijds heeft zij bijgedragen aan het toegankelijk maken van complexe begrippen zoals de organisatie van levende systemen, zelfregulering en complexiteit. Anderzijds is zij vaak bezweken voor de verleiding van spectaculaire verhalen, waarin energie een emotioneel sleutelwoord wordt dat eerder mysterie en kracht oproept dan begrip.

Een symbolisch moment van deze ommekeer kan worden gesitueerd in de jaren tachtig, toen Carl Sagan met de serie *Cosmos* (1980), , bij miljoenen mensen thuis een idee van een dynamisch universum bracht, waarin het leven werd gezien als een zeldzame maar diep in de kosmische processen geïntegreerde uitdrukking. Sagan sprak over sterren, moleculen en cellen in dezelfde verhalende toon, waardoor hij een verbeeldingsvolle continuïteit creëerde tussen natuurkunde en biologie. Hij gebruikte niet de taal van de 'levenskracht', maar droeg bij aan het opbouwen van een beeld van het leven als een georganiseerd en procesmatig fenomeen, dat niet tot louter mechanica kon worden herleid.

In de daaropvolgende jaren heeft de toename van het aantal mediakanalen echter geleid tot een versnippering van het verhaal. Naast een rigoureuze popularisatie – denk aan de documentaires van David Attenborough, waarin de vitaliteit van organismen tot uiting komt via gedrag, ecologische relaties en cycli – heeft zich een enorme communicatiemarkt ontwikkeld waarin het woord 'energie' een narratief merk is geworden. Energie als belofte van welzijn, harmonie en persoonlijke ontplooiing.

Een anekdote die door een Italiaanse wetenschapsjournaliste werd verteld tijdens het Festival della Scienza in Genua (editie 2016) is verhelderend: na een lezing over complexe systemen in de biologie vroeg een toehoorster of die 'interactienetwerken' het wetenschappelijk bewijs waren voor de aura. De vraag kwam niet voort uit naïviteit, maar uit een hybride voorstellingswereld, gevormd door gelijktijdige blootstelling aan wetenschappelijke en parawetenschappelijke inhoud, die vaak met dezelfde visuele en retorische taal wordt gepresenteerd.

De media brengen namelijk niet alleen informatie over: ze geven vorm aan cognitieve verwachtingen. Wanneer populairwetenschappelijke communicatie energetische metaforen gebruikt zonder de context ervan te verduidelijken, draagt dit bij aan het in stand houden van een grijs gebied waarin verschillende concepten – fysische, biologische, ervaringsgerichte – elkaar overlappen. Het resultaat is niet noodzakelijkerwijs desinformatie, maar een intuïtief, emotioneel begrip dat vruchtbaar of misleidend kan zijn, afhankelijk van hoe het wordt gestuurd.

Een interessant voorbeeld komt uit de wereld van de TED Talks (een wereldwijd platform waar innovatieve en inspirerende ideeën worden gedeeld via korte lezingen die voor iedereen toegankelijk zijn). Sinds de jaren 2000 hebben dit soort ideeën een enorme invloed gehad op de mondiale culturele verbeelding. Veel lezingen over het leven, de geest of de gezondheid hebben het over 'energie', 'verbinding' en 'trilling', vaak op een suggestieve maar weinig concrete manier. Deze taal werkt omdat ze inspeelt op een reële behoefte aan zingeving, maar het risico bestaat dat argumentatie wordt vervangen door inspiratie.

Toch ligt juist hier een kans. Een volwassen vorm van publieksvoorlichting zou de verhalende kracht van de media niet kunnen gebruiken om zaken te veel te vereenvoudigen, maar om mensen te leren omgaan met complexiteit. Het vertellen over levensenergie, niet als een mysterieuze kracht, maar als een manier om de dynamische organisatie van organismen te beschrijven, vergt tijd, geduld en vertrouwen in de intelligentie van het publiek. Het is geen toeval dat enkele van de beste hedendaagse voorlichtingsinitiatieven – lange podcasts, reportageboeken, diepgaande documentaireseries – deze richting inslaan.

In die zin is de rol van de media niet ondergeschikt aan de herdefiniëring van het concept van levensenergie: ze maakt integraal deel uit van het proces. Want wat een samenleving gelooft over het leven, hangt ook af van hoe het leven wordt verteld.

Van het boek naar het metaverse: hoe het verhaal over de levensenergie zal veranderen.

Elke technologische doorbraak brengt een stille maar ingrijpende transformatie met zich mee: de manier waarop we de wereld beschrijven verandert, en daarmee ook de manier waarop we haar begrijpen. De veldbiologie, met haar idee van organismen als gestabiliseerde informatiestructuren, komt op een historisch moment waarop de wetenschapscommunicatie een nieuwe fase ingaat, zwevend tussen kunstmatige intelligentie, augmented reality en immersieve omgevingen. De vraag is niet langer alleen wat we over het leven moeten vertellen, maar hoe we dat kunnen doen zonder de complexiteit ervan te verraden.

De afgelopen jaren is kunstmatige intelligentie een vast onderdeel geworden van de kennisproductie en -overdracht. Systemen die artikelen kunnen samenvatten, wetenschappelijke afbeeldingen kunnen genereren of biologische processen kunnen simuleren, worden al ingezet op universiteiten, in musea en bij redacties. In 2023 experimenteerde de *Wellcome Collection* in Londen bijvoorbeeld met interactieve installaties op basis van computationele modellen om de dynamiek van levende systemen te tonen: geen simpele informatieborden, maar omgevingen die reageerden op de keuzes van de bezoeker. De energie van het leven werd niet uitgelegd, maar in scène gezet als een proces.

Deze stap is cruciaal. De wetenschapscommunicatie van de toekomst zal niet alleen verhalend of beschrijvend zijn, maar ervaringsgericht. Dankzij augmented en virtual reality is het nu al mogelijk om 'binnen te treden' in een biologisch weefsel en stromen, ritmes en synchronisaties te observeren. In Stanford heeft een laboratorium voor wetenschappelijke visualisatie VR-omgevingen ontwikkeld voor biologiestudenten, waarin cellulaire verschijnselen niet verschijnen als lineaire reeksen gebeurtenissen, maar als dynamische velden van interactie. Het is een taal die verrassend dicht in de buurt komt van het idee van levensenergie als samenhang, zonder toevlucht te nemen tot esoterische metaforen.

Toch brengt deze communicatieve kracht een subtiel risico met zich mee: de verleiding van overmatige duidelijkheid. Een algoritme heeft de neiging om te vereenvoudigen, om datgene wat intrinsiek dubbelzinnig is vloeiend te maken. Maar het leven bestaat, zoals theoretische biologen maar al te goed weten, ook uit instabiliteit, marges en grijze zones. De natuurkundige en popularisator Philip Ball merkte tijdens een openbare bijeenkomst in Oxford in 2019 op dat de beste wetenschappelijke visualisaties niet degene zijn die alles verklaren, maar degene die *„een glimp laten zien van wat we nog niet begrijpen*". Een waardevolle les voor wie de energie van het leven via intelligente instrumenten wil weergeven.

Daarnaast is er nog een ander aspect, dat meer cultureel dan technisch van aard is. Kunstmatige intelligentie is niet alleen een middel, maar ook een nieuwe symbolische speler. Wanneer we een machine de taak toevertrouwen om de vitaliteit van een organisme uit te leggen, herdefiniëren we impliciet de grens tussen menselijke kennis en geautomatiseerde kennis. Een anekdote van een Franse wetenschappelijk curator betreft een reizende tentoonstelling over de biologie van de toekomst: veel bezoekers gaven aan meer vertrouwen te hebben in de door AI gegenereerde uitleg dan in die van de experts, omdat deze als „neutraal" werd ervaren. Dit is een signaal dat rechtstreeks de verantwoordelijkheid van de kennisverspreiding aan de orde stelt.

In dit scenario wordt het beschrijven van levensenergie als dynamische samenhang niet alleen een wetenschappelijke, maar ook een narratieve uitdaging. De nieuwe technologieën kunnen helpen om het leven te tonen als een netwerk, als een veld, als een belichaamd informatieproces. Maar ze vereisen een bewuste culturele regie, die zowel mechanistische reductie als spectaculaire afdwaling kan vermijden.

Misschien ligt de toekomst van de popularisatie niet in het vinden van een definitieve definitie van de levensenergie, maar in het creëren van contexten van begrip, ruimtes waarin de lezer, de toeschouwer of de bezoeker de complexiteit kan ervaren zonder erdoor overweldigd te worden. In die zin zijn kunstmatige intelligentie en augmented reality niet de oplossing, maar krachtige instrumenten: net als elke taal zeggen ze veel over wat we kiezen te vertellen, en nog meer over wat we openlaten.

Qi, prana, levenskracht.

Er is een feit dat iedereen opvalt die de geschiedenis van de ideeën zonder vooroordelen bekijkt: culturen die in ruimte en tijd ver van elkaar verwijderd zijn, hebben het leven opgevat als doordrongen van een onzichtbaar dynamisch principe, essentieel maar niet herleidbaar tot materie. De namen veranderen — *qi* in het klassieke China, *prana* in het vedische India, *pneuma* in de Griekse wereld, *ruach* in de joodse traditie, tot aan *de* 'levenskracht' van de premoderne Europese geneeskunde — maar de conceptuele structuur blijft opvallend vergelijkbaar. Geen object, maar een proces; geen substantie, maar een circulatie.

In de 'Neijing', de grondtekst van de Chinese geneeskunde (tussen de 3e en de 1e eeuw v.Chr.), wordt qi nooit op een statische manier gedefinieerd. Het is datgene wat stroomt, wat verbindt, wat organen, seizoenen en emoties met elkaar in verband brengt. Evenzo valt *prana* in de Indiase *Upaniṣads* niet samen met de fysieke ademhaling, maar met datgene wat deze betekenis geeft: een ordenende spanning die het leven en het bewustzijn ondersteunt. In Athene sprak Hippocrates (5e eeuw v.Chr.) over *physis* als een inwendig principe van beweging en regulering, een idee dat op verrassende wijze deze oosterse visies weerspiegelt.

Deze convergentie is niet het resultaat van systematische culturele uitwisselingen – die in veel gevallen niet plaatsvonden – maar van een gedeelde fenomenologische ervaring: het besef dat levende organismen geen willekeurige verzamelingen van delen zijn, maar dynamische totaliteiten, herkenbaar aan hun ritme, hun vermogen om vorm en functie te behouden te midden van verandering. Hier komt de kracht van het concept van levensenergie naar voren: niet als een causale of e e verklaring, maar als een alomvattende beschrijving van wat het levende tot leven brengt.

Qi of prana afdoen als bijgeloof betekent dat men met terugwerkende kracht moderne wetenschappelijke criteria projecteert op tijdperken die met andere conceptuele instrumenten werkten. Het is een historische fout, nog voordat het een epistemologische fout is. Zoals de Britse antropoloog Joseph Needham, die zijn leven wijdde aan de studie van de Chinese wetenschap, opmerkte, waren deze concepten geen naïeve pogingen om de chemie van het lichaam te verklaren, maar operationele kaarten van de ervaring, die eeuwenlang richting gaven aan medische, lichamelijke en spirituele praktijken.

Een anekdote van een Italiaanse arts die in de jaren negentig lange tijd in Nepal werkte, is verhelderend: tijdens een bezoek aan een dorp in de Himalaya realiseerde hij zich dat de lokale genezers de symptomen van patiënten beschreven in termen van 'geblokkeerde wind' of 'verstoorde ademhaling'. Ze spraken niet over moleculen of zenuwen, maar herkenden met grote precisie toestanden van stress, chronische vermoeidheid en functionele disharmonie. De taal veranderde, maar de klinische aandacht niet.

De gemeenschappelijke kern van deze concepten is geen mysterieuze kracht die de wetten van de fysica schendt, maar de intuïtie dat het leven een voortdurende organisatie is, het handhaven van samenhang in de tijd. In hedendaagse termen zouden we kunnen zeggen dat qi en prana verschillende benamingen zijn voor wat we tegenwoordig beschrijven als dynamieken van systemische integratie: stromen, synchronisaties, gedistribueerde reguleringen die niet op één enkel punt berusten, maar voortkomen uit het veld van het organisme als geheel.

In de wetenschap is de universaliteit van een intuïtie altijd een signaal dat serieus moet worden genomen. Geen bewijs, maar een aanwijzing. Het feit dat beschavingen zonder directe contacten vergelijkbare concepten hebben ontwikkeld, suggereert dat zij reageerden op een werkelijke structuur van de biologische ervaring. Zoals de biologiefilosoof Hans Jonas in 1966 schreef, manifesteert het leven zich in de eerste plaats als „kwetsbare zelfbevestiging", als een voortdurende inspanning om zichzelf te blijven te midden van verandering.

De veldbiologie sluit aan bij deze lange traditie, niet om oude woorden nieuw leven in te blazen, maar om te erkennen dat die woorden wezen op iets dat we vandaag de dag nauwkeuriger kunnen herformuleren. Spreken over levensenergie als dynamische samenhang betekent vertalen, niet ontkrachten. Het is een daad van culturele continuïteit, niet van nostalgie.

Misschien is de echte vraag dan ook niet waarom alle culturen over een levensenergie hebben gesproken, maar waarom we een tijdlang dachten dat we zonder konden. Of, nog radicaler, of de wetenschap van het levende vandaag de dag niet – met andere instrumenten en een andere nauwkeurigheid – terugkeert naar de erkenning van wat de menselijke ervaring altijd al had aangevoeld: dat het leven relatie, stroom en veld is.

De kennis van de handen en de ademhaling: yoga, tai chi en vechtsporten als beleefde biologie

Lang voordat levensenergie een theoretisch vraagstuk werd — en nog eerder dan dat het als een vaag of prewetenschappelijk concept onder vuur kwam te liggen — had het lichaam het al begrepen. Of beter gezegd: het bracht het in praktijk. Yoga, tai chi, qi gong, traditionele vechtkunsten: al deze disciplines hebben één doorslaggevend kenmerk gemeen. Ze leggen het leven niet uit, maar brengen het in praktijk. In de langzame beweging, in de gereguleerde ademhaling, in de schijnbaar onbeweeglijke houding krijgt datgene wat de leerstellingen qi of prana noemden vorm als een concrete, verifieerbare en herhaalbare ervaring.

Het is geen toeval dat veel van deze praktijken zijn ontstaan of zich hebben gevestigd in contexten waarin de schriftelijke overlevering ondergeschikt was aan de mondelinge en lichamelijke overlevering. In China ontwikkelde tai chi chuan zich tussen de 17e en 18e eeuw in de dorpen van Henan, met name in Chenjiagou: een praktijk die eerder familiaal dan filosofisch was, waarbij de kennis van lichaam op lichaam werd overgedragen. In India bestonden de *asana's* van de klassieke yoga — die pas laat, tussen de 19e en 20e eeuw, werden gecodificeerd — al eeuwenlang als lichaamssequenties, nog voordat ze hoofdstukken van een verhandeling werden.

Hier is de taal niet symbolisch, maar proprioceptief. Zoals de antropoloog Marcel Mauss opmerkte in zijn beroemde essay over lichaamstechnieken (1934), leert elke cultuur haar leden op specifieke manieren te voelen, te bewegen en te ademen. De praktijken die verband houden met de levensenergie zijn in die zin pedagogieën van de waarneming: ze trainen je om continuïteit, spanningen, stromen en drempels te herkennen. Ze leggen niet uit wat het leven is; ze leren je hoe het voelt als het in evenwicht is.

Het observeren van een bejaarde tai chi-meester in de vroege ochtend, in de parken van Peking of Shanghai, is zelfs voor een bioloog een leerzame ervaring. De bewegingen zijn minimaal, en toch staat niets op zichzelf: elke draaiing van de pols heeft invloed op de gehele lichaamshouding. Het is het diepgaand biologische idee dat het geheel voorafgaat aan de delen. Hetzelfde principe loopt als een rode draad door de yoga van B.K.S. Iyengar, die in de jaren zestig in Pune de nadruk legde op de precisie van de uitlijning, niet om esthetische redenen, maar omdat *'een verkeerd uitgelijnd lichaam de geest in verwarring brengt'*. Een uitspraak die we vandaag de dag zouden kunnen vertalen in termen van sensomotorische integratie.

Ook in de Japanse vechtkunsten staat deze intuïtie centraal. Toen Jigoro Kano in 1882 in Tokio het judo stichtte en daarbij oude technieken herformuleerde, sprak hij over *'seiryoku* zen'yō': het optimale gebruik van energie. Het gaat hier niet om spierkracht, maar om coördinatie, timing en zuinigheid in de beweging. Een principe dat in praktische vorm vooruitloopt op wat we vandaag de dag systemische optimalisatie zouden noemen. De levensenergie is hier geen mysterieuze vloeistof, maar het vermogen van het organisme om als een samenhangende eenheid te functioneren.

Deze disciplines hebben, vaak onbewust, een rol gespeeld in het behoud van de cultuur. Terwijl de theoretische taal van de levensenergie tussen de 18e en 19e eeuw geleidelijk uit de westerse wetenschap werd verdrongen, bleef het lichaam de ervaring ervan bewaren. In kloosters, in sportzalen, op binnenplaatsen bij zonsopgang. Een Franse arts die in de jaren zeventig van de vorige eeuw qi gong bestudeerde, J.-C., vertelde dat hij de betekenis v e 'energie' niet door het lezen van teksten had begrepen, maar doordat hij merkte dat hij na maanden van oefenen beter ademde en minder snel moe werd. Geen metafysica: alleen een alomvattende verandering, moeilijk te lokaliseren, onmogelijk terug te voeren op één enkele oorzaak.

Hier vindt de veldbiologie een onverwachte bondgenoot. Deze beoefeningen laten zien dat het leven zich niet alleen manifesteert in meetbare parameters, maar ook in de kwaliteit van de organisatie. De beweging wordt een venster op diepgaande dynamieken: synchronisatie, stabiliteit, aanpassing. In die zin zijn yoga en tai chi geen spirituele relikwieën, maar somatische archieven van kennis over het leven als een geïntegreerd proces.

Misschien zal de wetenschap, om het concept van levensenergie werkelijk opnieuw te definiëren, niet alleen moeten leren beter te meten, maar ook anders te observeren. Ervan uitgaan dat het lichaam soms voorloopt op de theorie. En dat bepaalde vormen van kennis, om te overleven, de meest onopvallende en veerkrachtige weg hebben gekozen: die van de beweging.

Van de tempel tot de supermarkt: het dubbelzinnige lot van de levensenergie.

Er schuilt een spiegelbeeldig risico, minder besproken maar even verraderlijk, in de poging om het concept van levensenergie wetenschappelijk te herdefiniëren: de commerciële banalisering ervan. Terwijl qi en prana eeuwenlang werden beschuldigd van bijgeloof, ondergaan ze vandaag het tegenovergestelde lot: ze worden verleidelijke labels, gedrukt op yogamatten, voedingssupplementen en intensieve weekendcursussen voor 'energetisch evenwicht'. Niet langer verworpen, maar geconsumeerd.

Als je langs de stands van bepaalde wellnessbeurzen loopt – van Bologna tot München, van Rimini tot San Francisco – krijg je de indruk dat levensenergie een handelswaar is geworden zoals elke andere. Er wordt beloofd om het in een paar stappen te 'activeren', 'versterken' of 'ontgrendelen'. Een taal die geruststelt omdat ze eenvoudig is, maar die een verlies aan diepgang verraadt. Hier zijn we niet ver verwijder van wat de antropoloog Marc Augé een culturele 'niet-plaats' zou hebben genoemd: begrippen die uit hun context zijn gerukt, inwisselbaar zijn gemaakt en van hun historische diepgang zijn beroofd.

De grote tradities die de begrippen qi en prana hebben uitgewerkt, waren geenszins oppervlakkig of simplistisch. In de 'Neijing', de grondtekst van de Chinese geneeskunde (3e–1e eeuw v.Chr.), is het leren over qi onlosmakelijk verbonden met de observatie van de seizoenen, het ritme van de ademhaling en de ethiek van de arts. Evenzo is prana in de teksten van de klassieke yoga, zoals de aan Patañjali toegeschreven Yoga Sutra's (2e–4e eeuw n.Chr.), geen 'energie om te gebruiken', maar een principe dat door jarenlange beoefening moet worden getemd.

Een tai chi-meester uit Peking, die in de jaren tachtig door een team van Franse onderzoekers werd geïnterviewd, beantwoordde een indringende vraag met een ontwapenende zin: *„Jullie westerlingen willen weten wat qi is. Wij leren wanneer we het niet moeten verstoren.*" Het is een subtiel, maar doorslaggevend verschil. De moderne commercialisering belooft daarentegen juist onmiddellijke beheersing, snelle resultaten, meesterschap. Precies datgene waarvoor de tradities waarschuwden.

Het onderscheid maken tussen authentiek cultureel erfgoed en new age-vereenvoudigingen betekent niet dat men een denkbeeldige zuiverheid verdedigt. Tradities blijven bestaan omdat ze zich transformeren. Maar sommige aanwijzingen zijn veelzeggend. Authenticiteit belooft geen snelkoppelingen, scheidt het werk aan het lichaam nooit van dat aan de aandacht en het gedrag, en reduceert de levensenergie niet tot een individuele hulpbron die gemaximaliseerd moet worden.

Een verhelderend historisch voorbeeld komt uit het Japan van het begin van de twintigste eeuw. Jigoro Kano, de grondlegger van het judo, verzette zich openlijk tegen de transformatie van de vechtkunsten tot louter spektakel of handelswaar. In 1922 herinnerde hij zijn leerlingen in de Kodokan in Tokio eraan dat ki geen magische kracht was, maar het resultaat van coördinatie, houding en intentie. Wanneer een praktijk deze complexiteit verliest, wanneer ze een slogan wordt, hebben we waarschijnlijk niet langer te maken met een levend erfgoed, maar met een karikatuur ervan.

De paradox is duidelijk: terwijl de hedendaagse biologie met nauwkeurige instrumenten het belang van globale patronen en systemische samenhang herontdekt, reduceert een deel van de populaire cultuur die concepten tot geruststellende formules. De levensenergie wordt zo beroofd van haar meest ongemakkelijke dimensie: ze vereist tijd, luisteren en persoonlijke transformatie.

In 1998 merkte de natuurkundige David Bohm – een bruggenbouwer tussen verschillende werelden – tijdens een conferentie in Londen over wetenschap en spiritualiteit op dat *„het probleem niet ligt in het gebruik van oude woorden, maar in het gebruik ervan zonder discipline*“. Een uitspraak die vandaag de dag nog steeds geldt. De wetenschappelijke herontdekking van de vitale energie verloopt niet via de ontkenning ervan, noch via de commercialisering ervan, maar via een geduldig proces van culturele vertaling.

Het herontdekken van qi en prana als pre-wetenschappelijke beschrijvingen van coherentieverschijnselen betekent niet dat we ze beter moeten verkopen, maar dat we ze beter moeten begrijpen. Het betekent dat we ze weer diepgang moeten geven en ze zowel aan dogmatisme als aan marketing moeten onttrekken. In die zin biedt de veldbiologie een waardevol criterium: wat vitaal is, is niet wat het meest belooft, maar wat in de loop van de tijd coherent blijft.

Misschien is de ware erfenis van tradities geen concept om mee te pronken, maar een houding om te koesteren. In een tijdperk waarin alles wordt afgemeten aan prestaties en consumptie, is dit een verrassend actuele les.

Geen magie, maar ervaring: want de vitale energie heeft de eeuwen doorstaan.

Het bestempelen van traditionele concepten van levensenergie als 'bijgeloof' is vaak een uiting van culturele ongeduldigheid. Het betekent dat men met categorieën die in het moderne laboratorium zijn ontstaan, oordeelt over wat is voortgekomen uit contexten waarin de waarneming direct, lichamelijk en herhaaldelijk in de loop van de tijd plaatsvond. De beschavingen die spraken over qi, prana, pneuma of *vis vitalis* formuleerden geen alternatieve natuurkundige theorieën, maar legden de wetmatigheden vast van de ervaring van het levende.

Nog voordat men zich afvroeg hoe het leven werkt, vroegen deze tradities zich af hoe het zich manifesteert. En wat daaruit naar voren kwam, met verrassende samenhang, was het idee dat een levend organisme niet alleen wordt bepaald door waaruit het bestaat, maar ook door de manier waarop het continuïteit, ritme en eenheid in verandering handhaaft. Geen metafysische hypothese, maar een herhaaldelijk bevestigde empirische vaststelling.

Een vaak over het hoofd gezien aspect is dat deze concepten niet in tempels zijn ontstaan, maar in ambachten. De qi krijgt vorm in de Chinese geneeskunde en landbouw; de prana in de observatie van de ademhaling en fysieke inspanning; de pneuma in de Hellenistische geneeskunde. Galenus (2e eeuw n.Chr.) sprak over de pneuma als datgene wat het lichaam in staat stelt te reageren, zich aan te passen en te genezen. Het was geen mystieke entiteit, maar een beschrijvende functie: datgene wat aanwezig is wanneer het lichaam als een geheel reageert.

Een anekdote uit de archieven van de Royal Navy vertelt dat tijdens de lange overtochten in de achttiende eeuw sommige scheepsartsen de ‘nog gezonde’ matrozen van degenen die op het punt stonden scheurbuik te krijgen niet zozeer onderscheidden aan de hand van duidelijke symptomen, , maar veeleer aan de hand van een soort ‘algemene achteruitgang’: houding, spiertonus, coördinatievermogen. Ze kenden de terminologie van vitamine C nog niet, maar herkenden wel een verlies van het organiserende principe. Dit is precies wat de begrippen van levensenergie probeerden te benoemen.

Wat deze begrippen niet bijgelovig maakt, is hun gemeenschappelijke fenomenologische kern. Waar ze ook verschijnen, beschrijven ze drie terugkerende aspecten: de continuïteit van het organisme in de tijd, zijn vermogen om verschillende delen te coördineren, en zijn gevoeligheid voor de context. Ze spreken niet over uiteindelijke oorzaken, maar over globale toestanden.

Bijgeloof, in de eigenlijke zin van het woord, schrijft gebeurtenissen toe aan willekeurige en onbeheersbare oorzaken. De begrippen van levensenergie doen het tegenovergestelde: ze geven weer regelmaat aan wat chaotisch lijkt. Een ayurvedische arts uit Kerala, die in de jaren zeventig werd geïnterviewd door een team van de Universiteit van Madras, legde uit dat praten over prana diende om het totaalbeeld van de patiënt niet uit het oog te verliezen, vooral wanneer de afzonderlijke symptomen veranderden. Het was een tegengif tegen versnippering, niet een gevolg ervan.

Het is veelzeggend dat deze concepten juist naar voren komen waar het reductionisme zijn grenzen laat zien: in genezingsprocessen, in ontwikkeling, in aanpassing. Gebieden waarin het gedrag van het geheel niet onmiddellijk af te leiden is uit de delen. De veldbiologie erkent, met verfijndere instrumenten, niets anders dan dezezelfde moeilijkheid.

Er is nog een laatste element dat qi en prana van bijgeloof onderscheidt: hun sobere verklaringskracht. Ze beloven geen wonderen, ze garanderen geen totale controle. Integendeel, ze benadrukken de kwetsbaarheid van het vitale evenwicht. In veel klassieke teksten is levensenergie niet iets om op te slaan, maar om niet te verspillen. Een idee dat verrassend dicht in de buurt komt van het moderne begrip ‘dynamische stabiliteit’.

In 1932 introduceerde de fysioloog Walter Cannon het concept van homeostase. Hij sprak niet over levensenergie, maar beschreef hetzelfde fenomeen: het vermogen van een organisme om zichzelf te blijven ondanks voortdurende schommelingen. De woorden veranderen, maar de onderliggende ervaring blijft. Het is in deze continuïteit dat de legitimiteit van de traditionele concepten tot uiting komt.

Misschien gaat het er dan ook niet om te beslissen of qi en prana in de fysieke zin van het woord ‘bestaan’, maar om te erkennen dat ze iets aanduiden wat werkelijk gebeurt: de manier waarop het leven in stand wordt gehouden. Ze afdoen als bijgeloof betekent een waardevol spoor kwijtraken van onze lange observatie van het levende.

Tellen is niet genoeg: het wiskundige vooroordeel en de schaduw die op de levensenergie wordt geworpen.

In de moderne wetenschappelijke cultuur bestaat er een ongeschreven regel: wat zich niet in getallen laat vertalen, is, zo niet onwaar, dan toch op zijn minst onbetrouwbaar. Het is een krachtige regel, die buitengewone resultaten heeft opgeleverd, maar die in de loop der tijd is veranderd in een epistemologisch vooroordeel. In dit klimaat worden begrippen als qi of prana niet eens onderzocht: ze worden terzijde geschoven. Niet omdat ze zijn weerlegd, maar omdat ze een andere taal spreken dan die van de vergelijking.

Toch is deze gelijkstelling van kennis en wiskundig maken historisch gezien van recente datum. Galileo schrijft in de „Saggiatore“ (1623) dat het boek van de natuur in wiskundige taal is geschreven. Maar Galileo zegt niet dat alleen wat wiskundig is, echt is; hij zegt dat het de geschikte taal is om bepaalde verschijnselen te beschrijven. In de daaropvolgende eeuwen is die voorzichtigheid verloren gegaan, en is de methode metafysica geworden.

Een van de neveneffecten van deze verschuiving is de systematische verwarring tussen het symbolische en het irrationele. In de omgangstaal klinkt 'symbolisch' vaag, poëtisch en dus verdacht. Maar in de geschiedenis van de kennis heeft het symbool altijd een andere functie gehad: zichtbaar maken wat niet onmiddellijk in onderdelen kan worden opgesplitst.

Ernst Cassirer, een cultuurfilosoof die actief was in de jaren twintig en dertig van de twintigste eeuw, wees erop dat mythe, taal en wetenschap geen gradaties van toenemende dwaling zijn, maar verschillende symbolische vormen. Elk organiseert de ervaring volgens eigen criteria. Zeggen dat qi symbolisch is, betekent niet dat het onwaar is; het betekent erkennen dat het is ontstaan om de ervaring van het levende wezen te sturen, niet om in de plaats te komen van een natuurkundige theorie.

Een verhelderend voorbeeld komt uit de kunst. Toen Kandinsky in 1912 *'Het spirituele in de* kunst' publiceerde, werd hij beschuldigd van mystiek. Pas decennia later zou men begrijpen dat hij probeerde waarnemingsvelden, spanningen en visuele resonanties te beschrijven. Geen getallen, maar structuren. Niemand zou vandaag de dag zeggen dat Kandinsky irrationeel was; toch sprak hij een symbolische taal.

In de geneeskunde heeft dit vooroordeel concrete gevolgen gehad. Michael Polanyi, chemicus en wetenschapsfilosoof, sprak over *'tacit knowledge'*: kennis die het handelen stuurt maar niet volledig expliciet kan worden gemaakt. Een ervaren chirurg 'voelt' wanneer weefsel gezond is of niet, nog voordat hij het kan meten. Niemand noemt dat bijgeloof. Toch verandert het oordeel wanneer soortgelijke vaardigheden worden uitgedrukt via symbolische concepten, zoals in de traditionele geneeskunde het geval is.

In de jaren vijftig maakten sommige oudere clinici in Parijse ziekenhuizen onderscheid tussen patiënten die 'bij elkaar werden gehouden' en patiënten die 'uit elkaar vielen', waarbij ze taal gebruikten die we vandaag de dag als onnauwkeurig zouden bestempelen. Maar de jonge artsen wisten dat die woorden vaak het klinische verloop voorspelden. Het was een algemene, niet-gekwantificeerde beschrijving, maar allesbehalve willekeurig. Het probleem was niet het gebrek aan nauwkeurigheid, maar het ontbreken van een wetenschappelijke grammatica die geschikt was voor dat soort verschijnselen.

Misschien ligt hier de kern van het moderne vooroordeel: het instrument hebben verward met het ultieme criterium van de werkelijkheid. Wiskunde is een uiterst krachtig middel, maar ze is niet neutraal: ze selecteert wat meetbaar is en laat wat relationeel, kwalitatief en dynamisch is in de schaduw. De begrippen van levensenergie ontstaan juist in die schaduw, als pogingen om uitdrukking te geven aan complexe configuraties die zich aan ontleding onttrekken.

De Napolitaanse filosoof Giambattista Vico waarschuwde al in 1725 tegen het idee dat alleen de geometrische methode waarheid zou opleveren. „*Verum ipsum* factum": we begrijpen pas echt wat we in staat zijn te doen, te beleven, te doorlopen. Het levende wordt eerst ervaren, voordat het berekend kan worden. De tradities die spreken over qi of prana verwerpen de rationaliteit niet; ze verwerpen het idee dat één enkele vorm van rationaliteit de werkelijkheid volledig zou omvatten.

Het concept van levensenergie herdefiniëren betekent ook dit: het symbolische zijn cognitieve waardigheid teruggeven, zonder het tot dogma te maken. Het symbool is geen archaïsch overblijfsel dat moet worden geëlimineerd, maar een tijdelijke brug tussen ervaring en theorie. Wanneer de veldbiologie spreekt over coherentie, informatie en globale organisatie, voert zij een soortgelijke operatie uit: zij vertaalt in een preciezere taal wat eeuwenlang in symbolische vorm is uitgedrukt.

De echte hindernis is niet het gebrek aan gegevens, maar de mentale gewoonte om alleen die gegevens als reëel te erkennen die in een formule passen. Het overwinnen van dit vooroordeel betekent niet dat we de wetenschap moeten opgeven, maar dat we haar vocabulaire moeten uitbreiden. En misschien bestaat de stap vooruit, zoals zo vaak gebeurt in de geschiedenis van de ideeën, erin terug te grijpen naar wat te snel was uitgesloten.

DEEL VIER. Leven, gezondheid en disharmonie.

Uit het denken van Georges Canguilhem

Gezondheid is geen ideale toestand die behouden moet worden, maar een creatief vermogen van het organisme om nieuwe normen vast te stellen wanneer de context verandert.

Uit het denken van Henri Atlan

Het levende wordt niet bepaald door de stabiliteit van zijn componenten, maar door de samenhang van de processen die deze met elkaar in verband houden.

Uit de gedachten van Francisco Varela

Ziekte is niet louter een lokale storing, maar een breuk in de continuïteit waarmee het organisme zichzelf voortbrengt en als eenheid herkent.

Na het biologisch reductionisme ter discussie te hebben gesteld en het idee van het leven als een fenomeen van samenhang en veld te hebben geïntroduceerd, behandelt dit vierde deel het meest delicate en tegelijkertijd meest concrete terrein: dat van gezondheid en ziekte. Hier houden de theoretische hypothesen op louter een nieuwe taal te zijn om het leven te beschrijven en worden ze een andere lens om te interpreteren wat er gebeurt wanneer het leven functioneert, zich aanpast, weerstand biedt of, integendeel, in wanorde raakt.

In het klassieke paradigma wordt gezondheid vaak opgevat als de afwezigheid van meetbare afwijkingen, terwijl ziekte wordt gelijkgesteld aan een laesie, een moleculair defect of een plaatselijke storing. Het perspectief van de biologische velden zet deze benadering op zijn kop zonder het nut ervan te ontkennen: nog voordat ze zich manifesteren in weefsels, genen of klinische parameters, komen gezondheid en ziekte naar voren als globale toestanden van coherentie of van informatieve ontwrichting van het organisme.

Gezondheid is in dit kader geen onbeweeglijkheid of perfect evenwicht, maar het dynamische vermogen om een flexibele orde te handhaven en verstoringen op te vangen zonder de eigen functionele identiteit te verliezen. Het is een continu proces van aanpassing, een veerkracht die het gehele biologische veld betreft en niet alleen de afzonderlijke delen ervan. Gezond zijn betekent niet onveranderlijk blijven, maar in staat zijn te veranderen zonder uit elkaar te vallen.

Ziekte verschijnt bijgevolg niet langer als een eenmalige, plotselinge en geïsoleerde gebeurtenis, maar als een geleidelijk verlies van samenhang. De delen van het organisme blijven bestaan, maar communiceren niet langer op harmonieuze wijze met elkaar; de informatie die vroeger het geheel coördineerde, raakt verspreid, vervormd of gelokaliseerd. Wat naar voren komt is een disharmonie die voorafgaat aan en gepaard gaat met de materiële veranderingen, waardoor deze begrijpelijk worden als uitdrukking van een dieper liggend proces.

Dit deel van het boek biedt geen therapeutische snelkoppelingen of suggestieve vereenvoudigingen. Integendeel, het beweegt zich voorzichtig langs een delicate grens: enerzijds toont het de mogelijkheden van een systemische en informatiegerichte visie op de gezondheid; anderzijds erkent het de beperkingen ervan en benadrukt het de noodzaak van wetenschappelijke nauwkeurigheid en integratie met evidence-based geneeskunde. Het biologische veld is geen magische verklaring, maar een extra niveau van begrip.

In de algehele opbouw van het boek vormt het vierde deel een sleutelpassage: het vertaalt de theoretische grondslagen van de veldbiologie naar een reflectie op het concrete leven, op welzijn en op lijden. Het is het punt waarop het leven, opgevat als een fenomeen van samenhang, laat zien wat er gebeurt wanneer deze samenhang behouden blijft, wordt verstoord of weer wordt hersteld. En het is ook het punt waarop de biologie onvermijdelijk een bredere verantwoordelijkheid op zich neemt: gezondheid niet alleen begrijpen als een individueel gegeven, maar als een uitdrukking van bredere, biologische en ecologische relaties die het leven zelf mogelijk maken.

VIII. Gezondheid als samenhang,

In de omgangstaal wordt gezondheid vaak in ontkenning beschreven: je goed voelen betekent geen symptomen hebben, geen afwijkingen vertonen, niet afwijken van parameters die als normaal worden beschouwd. Maar deze schijnbaar geruststellende definitie blijkt kwetsbaar zodra je het leven van dichtbij bekijkt. Levende organismen zijn nooit onbeweeglijk, noch perfect afgestemd op een vaste norm. Ze veranderen voortdurend, schommelen, compenseren, anticiperen. Gezondheid kan dan ook niet samenvallen met de stabiliteit van een toestand, maar met het vermogen om verandering te doorstaan zonder samenhang te verliezen.

Dit hoofdstuk introduceert een visie op gezondheid die aansluit bij het centrale idee van de veldbiologie: het organisme als een gestabiliseerde informatiestructuur, die in staat is zijn identiteit te behouden door middel van voortdurende stromen van energie, materie en informatie. Vanuit dit perspectief betekent gezond zijn dat men in staat is interne en externe verstoringen te integreren in een dynamische orde, zonder dat het biologische veld zijn vermogen verliest om het geheel te coördineren.

Het begrip evenwicht wordt hier radicaal herzien. Niet langer een statisch evenwicht, vergelijkbaar met een ideale rusttoestand, maar een dynamisch evenwicht, vergelijkbaar met dat van een systeem dat zichzelf reguleert terwijl het in beweging is. Een gezond organisme is niet het organisme dat niet verandert, maar het organisme dat op de juiste manier verandert. Informatieve coherentie sluit variatie niet uit, maar maakt deze leefbaar.

Binnen de opbouw van het boek vormt dit hoofdstuk een beslissende stap: nadat het leven is beschreven als een fenomeen van coherentie en veld, wordt getoond hoe deze coherentie zich concreet manifesteert in de biologische ervaring van gezondheid. Het is het punt waarop de theorie de fysiologie ontmoet, zonder zich daartoe te beperken. Gezondheid wordt zo een globale eigenschap van het organisme, niet louter de som van correct functionerende functies.

Er wordt bijzondere aandacht besteed aan de veerkracht van het biologische veld: het vermogen tot aanpassing, zelfherstel en reorganisatie na een verstoring. Hier verschijnt gezondheid als een gedistribueerde intelligentie, die niet in een orgaan of molecuul kan worden gelokaliseerd, maar herkenbaar is in de manier waarop het gehele systeem op uitdagingen reageert. Het is een opkomend vermogen, meer dan een toestand die voor eens en voor altijd meetbaar is.

Ten slotte opent het hoofdstuk perspectieven die verder reiken dan de individuele geneeskunde. Als gezondheid veldcoherentie is, dan hangt zij ook af van de context: relationeel, ecologisch en omgevingsgebonden. Zonder voorbarige praktische conclusies te forceren, tekent zich de noodzaak af van een meer systemische geneeskunde, die in staat is de tekenen van gezondheid niet alleen in geïsoleerde waarden te lezen, maar ook in de kwaliteit van de algehele organisatie van het levende wezen.

Hoofdstuk VIII vertaalt de theoretische taal van coherentie en biologische velden naar een interpretatiekader dat toepasbaar is op een van de meest delicate concepten uit de biologie en de geneeskunde. Ter voorbereiding op het volgende hoofdstuk over ziekte als verlies van coherentie, maakt deze tekst duidelijk dat gezondheid niet het nulpunt van de pathologie is, maar een specifieke wijze van organisatie van het levende wezen.

In die zin stelt het hoofdstuk geen alternatieve definitie van gezondheid voor, maar een verandering van perspectief: van de correctie van fouten naar het begrijpen van processen; van de controle van parameters naar het interpreteren van de algehele orde; van het herstellen van onderdelen naar het verzorgen van de relaties die het geheel bijeenhouden.

Gezondheid is in de maat lopen: het onzichtbare orkest van biologische ritmes.

Als gezondheid samenhang is, dan is de tijd de ware toetssteen ervan. Niet de abstracte tijd van klokken, maar de biologische, meervoudige en gelaagde tijd, die als een weefsel van verschillende ritmes door het organisme loopt. Elk levend wezen is in de eerste plaats een temporele architectuur: snelle en langzame cycli, dagelijkse en seizoensgebonden schommelingen, microvariaties die zich coördineren zonder dat er een centrale dirigent nodig is. Gezondheid manifesteert zich wanneer deze ritmes – metabolisch, endocrien, neuronale – erin slagen te synchroniseren, waarbij ze een stabiele relatie behouden en tegelijkertijd flexibel blijven. De chronobiologie heeft aangetoond dat het menselijk lichaam functioneert volgens een interne tijdsorganisatie die zich niet beperkt tot het reageren op de omgeving, maar daarop anticipeert en deze interpreteert. Het onderzoek dat in 2017 leidde tot de erkenning van de rol van de moleculaire mechanismen van de circadiane klok, heeft een cruciaal punt aan het licht gebracht: het gaat niet alleen om wat er in het lichaam gebeurt, maar ook om wanneer het gebeurt.

Een gezond organisme is niet een waarin elk proces afzonderlijk functioneert, maar een waarin de tijdschema's van de processen op elkaar zijn afgestemd. Het is een temporele samenhang die het geheel in staat stelt zichzelf te blijven terwijl het verandert, zoals gebeurt in een muziekpartituur waarin verschillende thema's in- en uitkomen zonder de eenheid van het stuk te verbreken. Vanuit dit perspectief lijkt het biologische veld ook een veld van synchronisatie, dat in staat is verschillende ritmes te integreren in een dynamische orde. Gezondheid valt dan ook niet samen met starre regelmaat, maar met een intelligente stiptheid: het vermogen van het organisme om op het juiste moment aanwezig te zijn, om zijn interne tijden af te stemmen op die van de wereld zonder zijn eigen identiteit te verliezen.

Van het organisme tot het ecosysteem: dezelfde grammatica van samenhang.

Een vergelijking tussen biologische systemen en ecosystemen helpt ons, bijna als vanzelf, scherp te stellen wat we werkelijk bedoelen als we het over gezondheid als samenhang hebben. Een levend organisme en een natuurlijk ecosysteem functioneren op verschillende schaalniveaus, maar lijken verrassend vergelijkbare organisatorische principes te volgen. In beide gevallen gaat het niet om de perfecte efficiëntie van elk afzonderlijk element, maar om de kwaliteit van de relaties die het geheel bijeenhouden. Een volgroeid bos, dat sinds de jaren zeventig door ecologen wordt bestudeerd, is niet 'gezond' omdat elke soort optimaal gedijt, maar omdat het systeem als geheel verstoringen – een brand, een droogte, de komst van een invasieve soort – weet op te vangen zonder zijn functionele identiteit te verliezen. Op dezelfde manier is een gezond menselijk organisme niet het organisme zonder schommelingen of asymmetrieën, maar het organisme dat in staat is lokale variaties te integreren in een globale orde.

Deze analogie is niet alleen suggestief. Gregory Bateson sprak, bij het observeren van levende en ecologische systemen, over een 'ecologie van de geest', waarbij hij benadrukte dat stabiliteit altijd voortkomt uit terugkoppelingscircuits en niet uit lineaire controle. In een ecosysteem maakt overmatige vereenvoudiging – de drastische vermindering van de biodiversiteit – het kwetsbaar; in een organisme ondermijnt een vergelijkbare functionele starheid het aanpassingsvermogen. In beide gevallen gaat gezondheid gepaard met een gedistribueerde samenhang, niet met de optimalisatie van een enkele functie.

Het begrip 'biologisch veld' maakt het mogelijk deze verwantschap te vatten zonder de analogie te forceren. Net zoals een ecosysteem niet kan worden herleid tot de som van zijn soorten, kan een organisme niet worden verklaard als een eenvoudig geheel van organen of reacties. In beide is er sprake van een informatieve orde die de lokale processen stuurt en zo in de loop van de tijd een herkenbare vorm in stand houdt. Daarom hebben veel biologen, bij het observeren van bepaalde natuurlijke omgevingen – een lagune, een koraalrif, een stabiele grasvlakte – gesproken over 'gezonde systemen', waarbij ze een taal gebruikten die verrassend dicht bij die van de fysiologie ligt. Niet omdat het ecosysteem in strikte zin een organisme is, maar omdat het met het individuele levende wezen de logica van dynamische samenhang deelt.

Deze opmerking dient om een continuïteit van principes te suggereren: individuele gezondheid en milieugezondheid zijn niet hetzelfde, maar lijken voort te komen uit dezelfde grammatica van het levende, waarin evenwicht nooit starheid is en orde nooit van bovenaf wordt opgelegd.

Genezen is niet hetzelfde als repareren: het levende vocabulaire van de gezondheid.

In de omgangstaal betekent 'genezen' vaak ingrijpen om een probleem weg te nemen. Men geneest een wond, men geneest een ziekte, alsof het lichaam een defecte machine is en gezondheid neerkomt op het wegnemen van het defect. Maar als we het vocabulaire van de genezing – dat de geneeskunde, de ecologie en zelfs de ethiek doorkruist – aandachtig bekijken, komt er een diepere en minder technische betekenis naar voren: genezen is het aangaan van een langdurige relatie. Het is geen eenmalige handeling, maar een voortdurende praktijk van aandacht, luisteren en bijsturen. Vanuit dit perspectief biedt de veldbiologie een krachtige interpretatiesleutel: gezondheid gaat niet over het verwijderen van ongewenste elementen, maar over het behoud van de relationele samenhang die een levend systeem bijeenhoudt.

Een verhelderende parallel komt uit de wereld van het milieubehoud. Toen in de jaren negentig de grote renatureringsprojecten in de Rijndelta in Nederland van start gingen, beseften ecologen dat het 'verzorgen' van de rivier niet langer betekende dat deze strak moest worden ingeperkt of in een ideaal tracé moest worden gedwongen, maar dat hem ruimte moest worden teruggegeven, zodat zijn dynamiek zich kon uiten zonder het evenwicht te verliezen. Het onderhoud van het landschap werd zo een begeleidende taak, geen controlerende. Iets soortgelijks gebeurt in het lichaam: zorg, in de diepste zin van het woord, legt geen orde van buitenaf op, maar ondersteunt de omstandigheden waarin het organisme zijn eigen informatieve samenhang kan herstellen.

Het is geen toeval dat dit idee in verschillende domeinen weer opduikt. De filosofe Joan Tronto omschreef zorg in de jaren tachtig als een activiteit die *"alles* omvat *wat we doen om onze wereld in stand te houden, voort te zetten en te herstellen*". Een wereld die lichamen, omgevingen en relaties omvat. Toegepast op de gezondheid verschuift deze definitie de focus: het gaat er niet om het lichaam te bestrijden, maar om samen te werken met zijn systemische intelligentie. Sommige huisartsen vertellen – vaak buiten officiële congressen om – dat de meest effectieve behandeltrajecten beginnen wanneer men ophoudt met het najagen van één enkele parameter en gaat observeren hoe de patiënt leeft, werkt, slaapt en ademt. Dit is geen romantiek: het is een impliciete erkenning van het feit dat gezondheid voortkomt uit een netwerk van samenhangende relaties.

Ook de traditionele landbouwtaal bevat sporen van deze visie. In veel gebieden van de Apennijnen spreekt men nog steeds van ‘de aarde verzorgen’ om te verwijzen naar de vruchtwisseling, het onderhoud van de droogstenen muurtjes en de zorg voor de bronnen. Men ‘herstelt’ de bodem niet: men begeleidt hem, seizoen na seizoen. Toegepast op biologisch vlak wordt deze metafoor verrassend treffend. Het biologische veld van het organisme vraagt niet om eenmalige, ingrijpende maatregelen, maar om voortdurende aandacht, kleine aanpassingen die de functionele relaties tussen de onderdelen in stand houden.

In die zin is gezondheid als samenhang ook een kwestie van taal. Praten over zorg als het onderhouden van relaties verandert de manier waarop we over het lichaam en de onze relatie daarmee denken. Niet langer een gebied dat veroverd of gecorrigeerd moet worden, maar een levende omgeving waarin we bewust kunnen verblijven. Het is een stille, maar beslissende paradigmaverschuiving, die de geneeskunde dichter bij ecologische wijsheid brengt zonder de niveaus door elkaar te halen: wat ze gemeen hebben is niet het object, maar het organiserende principe. Gezondheid, net als een goed verzorgd ecosysteem, dringt zich niet op. Ze wordt gecultiveerd.

Gezondheid staat niet stil: de biologische kunst om jezelf te blijven terwijl je verandert.

Lange tijd werd gezondheid, zowel in de geneeskunde als in het algemene denken, voorgesteld als een toestand van rust: parameters binnen de norm, stabiele waarden, regelmatige functies. Een geruststellend, bijna geometrisch ideaal. Maar de hedendaagse biologie – en nog meer het perspectief van de veldbiologie – suggereert een minder comfortabele maar fascinerendere waarheid: een gezond organisme is niet het organisme dat niet verandert, maar het organisme dat verandert zonder zijn samenhang te verliezen. Gezondheid lijkt kortom meer op een goed gereguleerde oscillatie dan op een vlakke lijn.

Een klassiek voorbeeld, dat vaak wordt aangehaald in cursussen fysiologie maar zelden grondig wordt besproken, betreft de hartslag. In de jaren tachtig merkten enkele Amerikaanse cardiologen op dat een volkomen regelmatig kloppend hart – als een metronome – vaak een teken van risico is, niet van gezondheid. Een gezond hart vertoont een voortdurende variabiliteit, micro-onregelmatigheden die wijzen op het vermogen van het systeem om zich van moment tot moment aan te passen aan de behoeften van het organisme. Ritmische onbeweeglijkheid is, paradoxaal genoeg, een vorm van starheid. In die zin valt gezondheid niet samen met de afwezigheid van schommelingen, maar met de integratie ervan in een dynamische orde.

Dit idee vindt ook buiten de geneeskunde een verrassende weerklank. De evolutionair bioloog Stephen Jay Gould vertelde in een essay uit de jaren negentig dat de langstlevende soorten niet de meest gespecialiseerde zijn, maar juist die welke variaties kunnen verdragen en in een breed spectrum van omstandigheden kunnen leven zonder in te storten. Hetzelfde geldt voor het individuele organisme: het statische evenwicht — dat koste wat kost een ideale toestand probeert te behouden — is kwetsbaar; het dynamische evenwicht daarentegen is een vorm van intelligentie van het systeem.

Vanuit het perspectief van de veldbiologie krijgt dit onderscheid een nog radicalere betekenis. Als het organisme een gestabiliseerde informatiestructuur is, kan zijn gezondheid niet bestaan uit het bevriezen van informatie, maar uit het vermogen van het biologische veld om zich te reorganiseren met behoud van een herkenbare vorm. Net als een jazzmuzikant die improviseert zonder de toonsoort te verliezen, varieert het gezonde lichaam voortdurend zijn interne configuraties zonder het gevoel voor het geheel te verliezen. Het is geen toeval dat de musicoloog Leonard Meyer ook in verband met muziek sprak over dynamisch evenwicht: spanning en oplossing zijn geen toevalligheden, maar voorwaarden voor harmonie.

Ook de geschiedenis van de wetenschap biedt verhelderende inzichten. Walter Cannon, de fysioloog die in de jaren dertig het concept van homeostase introduceerde, beschouwde evenwicht al als een actief proces, niet als een passieve toestand. In de loop der tijd werd zijn intuïtie echter vereenvoudigd, waardoor homeostase veranderde in een soort statisch ideaal. De veldbiologie herontdekt en radicaliseert de oorspronkelijke intuïtie: evenwicht is een werkwoord, geen zelfstandig naamwoord. Het is iets wat het organisme doet, niet iets wat het bezit.

In dit licht verschijnt gezondheid als een vorm van beweging die in de loop van de tijd goed is verlopen. Niet de afwezigheid van crises, maar het vermogen om ze te doorstaan. Niet onbeweeglijkheid, maar continuïteit van betekenis door verandering heen. Een gezond organisme is niet het organisme dat identiek blijft aan zichzelf, maar het organisme dat zichzelf weet te blijven terwijl het verandert.

Veerkracht van het veld. Aanpassing en zelfherstel.

Als biologisch evenwicht geen stilstand is, dan is veerkracht ook geen louter weerstand. Vanuit het perspectief van de veldbiologie lijkt veerkracht veeleer het vermogen van een organisme om een verstoring te doorstaan zonder zijn informatieve vorm te verliezen, door zich van binnenuit te reorganiseren. Het is geen passieve verdediging, maar een actief, creatief proces dat geheugen, flexibiliteit en een verrassende zuinigheid in het gebruik van middelen impliceert.

Een sprekend voorbeeld — dat vaak wordt aangehaald in laboratoria voor celbiologie, maar zelden aan het grote publiek wordt verteld — betreft het epitheelweefsel. Wanneer een wond de continuïteit van een weefsel onderbreekt, beperken de cellen zich niet tot willekeurige proliferatie. Onderzoeken die sinds de jaren 2000 zijn uitgevoerd, waaronder die van de groep van Pazhuh Benoît Ladoux in Parijs, hebben aangetoond dat de cellen de leegte 'voelen', hun geometrie aanpassen, de mechanische spanningen opnieuw afstemmen en de vorm reconstrueren nog voordat de functie wordt hersteld. Alsof het informatieveld van het organisme al een impliciete kaart bevat van wat er moet worden hersteld.

Dit fenomeen van zelfherstel beperkt zich niet alleen tot de microscopische schaal. Na de brand die in 1988 een deel van het Yellowstone National Park verwoestte, spraken veel waarnemers van een onomkeerbare ramp. Toch merkten ecologen in de daaropvolgende jaren op dat het systeem niet 'terugkeerde' naar de oude toestand, maar zich reorganiseerde: nieuwe vegetatiesuccessies, andere evenwichten, en in sommige gevallen zelfs een toegenomen biodiversiteit. Veerkracht kwam hier niet neer op het herstellen van de eerdere toestand, maar op het vermogen van het systeem om zijn identiteit te behouden terwijl het de transformatie doormaak . Hetzelfde principe geldt, op een andere schaal, voor het levende organisme.

Vanuit biologisch oogpunt is aanpassing geen lokale reactie op een lokale prikkel. Het is een globale reactie op een verstoring die door het systeem als geheel wordt 'gelezen'. De neurowetenschapper Kurt Goldstein merkte bij het observeren van soldaten met hersenletsel tijdens de Eerste Wereldoorlog op dat functioneel herstel niet alleen afhing van het beschadigde gebied, maar van het vermogen van het gehele organisme om zijn gedrag te reorganiseren. Het ging er niet om terug te keren naar wat verloren was gegaan, maar om een nieuwe, samenhangende manier te vinden om in de wereld te staan. Een les die vandaag de dag sterk weerklinkt in de veldbiologie.

Veerkracht houdt in deze zin een vorm van geheugen in die geen archief is, maar een operationeel spoor. Het lichaam herinnert zich niet alleen wat er is gebeurd, maar ook hoe het daarop heeft gereageerd. Sommige immunologen spreken van functionele 'imprinting': elke infectie, elk trauma laat een verandering achter in het biologische veld die het toekomstige aanpassingsvermogen kan versterken of verzwakken.

Spreken over veerkracht van het veld betekent de aandacht verleggen van de schade naar het vermogen van het levende wezen. Het organisme is niet kwetsbaar omdat het wordt blootgesteld aan verstoringen; het is alleen kwetsbaar wanneer het het vermogen verliest om zich te reorganiseren. Gezondheid verschijnt in dit licht als een emergente eigenschap: niet de afwezigheid van verwondingen, maar de mogelijkheid om deze te doorstaan zonder uiteen te vallen.

Wat het leven zich herinnert: geheugen, identiteit en biologische continuïteit.

Elk levend organisme is een archief. Maar niet in de stoffige zin van een onbeweeglijke bibliotheek: veeleer als een levend geheugen, dat het verleden selecteert, herwerkt en gebruikt om coherent te blijven in het heden. In het hoofdstuk gewijd aan gezondheid als coherentie staat het thema van het biologisch geheugen centraal , want er is geen continuïteit zonder herinnering, en er is geen gezondheid zonder een geheugen dat in staat is de aanpassing te sturen.

De bekendste vorm van geheugen is het genetisch geheugen. Het DNA, met zijn taal van vier letters, wordt vaak voorgesteld als het grote boek van het leven. Voor een deel is dat ook zo: het bewaart oude instructies, die in de loop van miljoenen jaren zijn vastgelegd. Toen Watson en Crick in 1953 in Cambridge de dubbele helixstructuur bekendmaakten, had Francis Crick de beroemde durf om te zeggen dat ze 'het geheim van het leven hadden ontdekt'. Na verloop van tijd zijn we gaan inzien dat het weliswaar een belangrijk geheim was, maar niet voldoende. Het genoom is geen partituur die altijd op dezelfde manier wordt uitgevoerd, maar een open partituur, die interpretatie, context en geheugen vereist.

Hier komt het epigenetisch geheugen in beeld. Vanaf de jaren negentig toonden studies in de Zweedse regio Överkalix aan dat voedseltekorten of -overvloed die de grootouders hadden meegemaakt, de gezondheid van hun kleinkinderen konden beïnvloeden. Niet de DNA-sequentie veranderde, maar de manier waarop bepaalde genen werden geactiveerd of uitgeschakeld. Met andere woorden: het organisme herinnerde zich gebeurtenissen die het niet rechtstreeks had meegemaakt en vertaalde deze in een regulering van de genexpressie. Het epigenetisch geheugen bewaart geen symbolische inhoud, maar operationele sporen: instructies over hoe in de wereld te staan op basis van wat er al is gebeurd. Toch is ook dit geheugen niet het volledige beeld. Er is een derde dimensie, subtieler en controversiëler, die de veldbiologie 'veldgeheugen' noemt. Het is niet vastgelegd in een specifiek molecuul, noch kan het worden herleid tot een lokaal mechanisme. Het is een informatieve continuïteit die betrekking heeft op de totale vorm van het organisme, de manier waarop de delen zich in de tijd coördineren. Een treffend voorbeeld komt uit regeneratiestudies: wanneer een planaria in stukken wordt gesneden, kan elk fragment een compleet organisme regenereren. Maar wat verrast, is niet alleen de hergroei van de weefsels, maar ook de correcte reconstructie van de vorm. Hoe 'weet' het systeem waar de kop en waar de staart zich bevinden? Genetici geven een deel van het antwoord, maar niet het hele antwoord. Iets lijkt het geheugen van het geheel te bewaren. In de jaren zeventig sprak de bioloog Rupert Sheldrake — een omstreden maar cultureel invloedrijke figuur — over 'morfe velden' als dragers van geheugen. Afgezien van de meer speculatieve interpretaties is het idee dat de vorm een eigen informatieve traagheid heeft tegenwoordig het onderwerp van rigoureuzer onderzoek, bijvoorbeeld in de studies naar bio-elektrische gradiënten die Michael Levin aan de Tufts University heeft uitgevoerd. Hier is het geheugen geen opslagplaats, maar een voorwaarde voor de mogelijkheid: datgene wat het systeem in staat stelt om na een verstoring weer herkenbaar te worden.

Een huisarts uit Lyon vertelde over patiënten die zich na technisch geslaagde operaties maandenlang nog steeds 'niet goed' voelden, alsof het lichaam tijd nodig had om zijn interne beeld bij te werken. Anderen daarentegen, met ernstigere verwondingen, herwonnen snel een gevoel van eenheid. Klinische ervaringen die moeilijk te kwantificeren zijn, maar die suggereren dat gezondheid ook afhangt van de continuïteit van het lichaamsveld, niet alleen van het herstel van de afzonderlijke onderdelen. Het onderscheid maken tussen genetisch, epigenetisch en veldgeheugen betekent niet dat er meer abstracte entiteiten bijkomen, maar dat er verschillende niveaus van informatiebehoud worden erkend. De genetica bewaart het mogelijke, de epigenetica het waarschijnlijke, het veldgeheugen het herkenbare. Het is dit laatste dat het organisme in staat stelt om, bij wijze van spreken, te zeggen: „ik ben nog steeds ikzelf", zelfs na de verandering. In dit perspectief verschijnt gezondheid als een dynamische trouw aan een vorm van identiteit die nooit identiek is aan zichzelf.

Er is een merkwaardige culturele parallel in dit alles. De schrijver W.G. Sebald merkte op dat het geheugen nooit een getrouwe weergave van het verleden is, maar een constructie die het heden dient. Hetzelfde geldt voor het levende wezen: het herinnert zich alleen wat het nodig heeft om te blijven leven. Het biologisch geheugen is geen nostalgie, maar oriëntatie. En misschien is dit wel waar de biologie van de velden een van haar vruchtbaarste punten vindt: door te laten zien dat het leven niet voortduurt omdat het de tijd weerstaat, maar omdat het op creatieve wijze kan herinneren.

Medische en ecologische implicaties.

Als gezondheid samenhang is, zoals de veldbiologie suggereert, dan kan de geneeskunde zich niet langer beperken tot het herstellen van geïsoleerde onderdelen. Ze moet zich afvragen welke relaties het levende wezen bijeenhouden, zowel binnen als buiten het lichaam. Deze ommekeer is geen theoretische utopie: ze is al aan de gang, vaak op fragmentarische wijze, soms onbewust, maar met concrete gevolgen zowel in de klinische praktijk als in de relatie tussen mens en milieu.

In de geneeskunde heeft het idee van het systeem stilletjes zijn intrede gedaan. Een cardioloog uit Stockholm vertelde hoe sommige patiënten met hartfalen meer baat hadden bij een verandering in hun leefomgeving – ritmes, relaties, slaapkwaliteit – dan bij de zoveelste aanpassing van de medicatie. Het ging er niet om het nut van medicijnen te ontkennen, maar om te erkennen dat het hart niet 'op zichzelf klopt': het reageert op een veld van zenuw-, hormonale, emotionele en omgevingssignalen. Het orgaan behandelen zonder het veld te onderzoeken komt neer op – om een metafoor te gebruiken die bij Angelsaksische clinici geliefd is – een viool stemmen zonder rekening te houden met het orkest.

De afgelopen jaren hebben disciplines zoals de psychoneuroimmunologie met solide gegevens aangetoond wat de klinische ervaring al lang intuïtief wist: het immuunsysteem verandert op basis van de kwaliteit van sociale relaties, de ervaren stress en zelfs het gevoel van controle over het eigen leven. Uit onderzoek van Sheldon Cohen aan de Carnegie

Mellon University bleek al in de jaren negentig dat de kans om ziek te worden na blootstelling aan een respiratoir virus groter was bij mensen die sociaal- geïsoleerd waren. Het virus was hetzelfde, maar de biologische omgeving waarin het terechtkwam niet.

Deze visie heeft ook ingrijpende gevolgen voor de preventie. Een systemische geneeskunde vraagt niet alleen „welke risicofactor moet worden weggenomen?“, maar „welke samenhang moet worden ondersteund?“. Het is een verschuiving in de vraagstelling die de aandacht verlegt van de strijd tegen de vijand naar het onderhouden van vitale relaties. In sommige ziekenhuizen in Japan bijvoorbeeld omvatten revalidatieprogramma’s voor ouderen gemeenschapsactiviteiten en contact met groene ruimtes, op basis van bewijs dat de kwaliteit van de omgeving in verband brengt met de regulering van het vegetatieve zenuwstelsel. Dit is geen oosterse folklore: het is de fysiologie van het veld.

Dezelfde redenering strekt zich vanzelfsprekend uit tot de ecologie. Als het organisme een samenhangend systeem is, geldt dat ook voor het ecosysteem. De menselijke gezondheid kan niet los worden gezien van de gezondheid van de omgevingen waarin we leven. De milieu-epidemiologie herinnert ons hieraan met gegevens die steeds moeilijker te negeren zijn: de toename van aandoeningen aan de luchtwegen in de Poevlakte, die al in 2019 door de WHO werd gedocumenteerd, is niet alleen een kwestie van individuele longen, maar van chronisch onevenwichtige milieuomstandigheden. Lucht, bodem, lawaai, stedelijke dichtheid: alles draagt bij aan het beïnvloeden van de biologische samenhang.

Een symbolisch voorbeeld is de watercrisis in Flint, Michigan, die in 2014 begon. De blootstelling aan lood trof niet alleen individuele organismen, maar veroorzaakte een systemische breuk: biologisch, sociaal en cognitief. De neurologische schade bij kinderen werd verergerd door stress, armoede en wantrouwen jegens instellingen. Het is een dramatisch voorbeeld van hoe het verlies aan coherentie van een veld – in dit geval een sociaal-ecologisch veld – zich vertaalt in wijdverspreide pathologie. Geen enkele individuele therapie kan een aangetast veld compenseren.

Op weg naar een systemische geneeskunde betekent dus ook dat de verantwoordelijkheid van de arts opnieuw moet worden bekeken. Niet langer alleen een reparateur, maar een bewaker van verbanden. Sommige huisartsopleidingen in Canada en Nederland gaan deze richting uit, door klinische vaardigheden te integreren met milieu- en sociale kennis. De arts wordt, in bijna hippocratische zin, weer een waarnemer van het bios, niet alleen van het symptoom.

Ten slotte is er een diepgaande culturele implicatie. Een op velden gebaseerde geneeskunde kan geen totale controle of automatische genezing beloven. Ze biedt echter iets dat misschien realistischer is: de mogelijkheid om de dissonanten te verminderen die, wanneer ze zich opstapelen, het systeem in de richting van ziekte duwen. Zoals Ivan Illich schreef in '*Medische* Nemesis' (1975), ligt het risico niet in de techniek op zich, maar in het verlies van evenwicht. De systemische geneeskunde probeert dit evenwicht te herstellen, in het besef dat gezondheid voortkomt uit de harmonie tussen verschillende niveaus van het levende.

Eén gezondheid, vele levende wezens: wanneer het biologische veld de grenzen van de soorten overschrijdt.

Er is een beeld dat vaak terugkomt in de verhalen van mensen die in het veld werken, ver weg van de glanzende laboratoria: een plattelandsdierenarts die een dreigende epidemie herkent door eerst het gedrag van de dieren te observeren, nog voordat er klinische symptomen bij mensen optreden. Dit gebeurde al aan het begin van de twintigste eeuw, toen de Duitse arts Rudolf Virchow — vooral bekend om zijn werk op het gebied van de celpathologie — stelde dat *„er geen scheidslijnen zouden moeten bestaan tussen de menselijke en de diergeneeskunde*". Dat was geen metafoor: het was een systemische intuïtie avant la lettre.

Tegenwoordig heeft die intuïtie een specifieke naam: *One Health*. Geen slogan, maar een conceptueel kader dat erkent dat de gezondheid van de mens, die van dieren en die van ecosystemen verschillende uitingen zijn van één en hetzelfde uitgebreide biologische veld, doorkruist door informatiestromen, ziekteverwekkers, chemische stoffen, landbouwpraktijken en culturele keuzes. Vanuit dit perspectief is ziekte niet langer alleen een individuele gebeurtenis, maar een signaal dat voortkomt uit een netwerk van interspecifieke relaties.

Het bekendste voorbeeld — dat vaak alleen in noodsituaties wordt aangehaald — is dat van de zoönosen. Maar One Health reduceren tot het thema van de 'soortensprongen' zou te beperkend zijn. Toen in 2006 de uitbraak van de H5N1-vogelgriep de WHO en de FAO in alarm bracht, was het probleem niet alleen het virus, maar de gehele opzet van de intensieve veeteeltsystemen: veedichtheid, genetische homogeniteit, chronische stress. De ziekteverwekker vond een gunstig klimaat, versterkt door economische en ecologische keuzes, nog vóór de biologische.

In die zin sluit One Health nauw aan bij de biologie van de velden: gezondheid ontstaat waar relaties duurzaam zijn. Een natuurbeschermingsbioloog die in het Serengeti-park werkte, vertelde hoe het verdwijnen van bepaalde gierensoorten — als gevolg van het gebruik van *diclofenac* in de diergeneeskunde — had geleid tot een toename van het aantal zwerfhonden en, bijgevolg, tot meer gevallen van rabiës bij mensen in bepaalde gebieden van India in de vroege jaren 2000. Een gebeurtenis die op het eerste gezicht 'met de fauna' te maken had, had het hele gezondheidsveld op zijn kop gezet. Gezondheid was, eens te meer, niet voorbehouden aan één enkele soort.

Vanuit medisch oogpunt impliceert dit een verschuiving in schaal en verantwoordelijkheid. Het gaat er niet om van de arts te verlangen dat hij ecoloog wordt, maar om te erkennen dat elke medische handeling gevolgen heeft die verder reiken dan het lichaam van de patiënt. Het massale gebruik van antibiotica in de veeteelt — gedocumenteerd door het *Europees* Geneesmiddelenbureau in het rapport van 2014 — heeft aanzienlijk bijgedragen aan de antibioticaresistentie, die vandaag de dag wordt beschouwd als een van de belangrijkste mondiale bedreigingen voor de gezondheid. Hier wordt het biologische domein letterlijk gedeeld: bacteriën maken geen onderscheid tussen een ziekenhuisafdeling en een industriële veehouderij.

One Health introduceert ook een nieuwe ethische benadering. In 2021 merkte een Franse epidemioloog tijdens een internationale conferentie over gezondheidsecologie in Marseille op dat *„het beschermen van een bos een effectievere vorm van gezondheidspreventie kan zijn dan veel medicinale campagnes*". Dat was geen provocatie, maar een constatering: de vernietiging van habitats vergroot het gedwongen contact tussen soorten, verstoort de natuurlijke en ge erde reservoirs van ziekteverwekkers en destabiliseert ecologische systemen die eeuwenlang als biologische buffers hadden gefunctioneerd.

Deze visie komt ook tot uiting in het meest vooruitstrevende overheidsbeleid. In de Scandinavische landen integreren sommige ruimtelijke ordeningsprogramma's indicatoren voor menselijke gezondheid, biodiversiteit en dierenwelzijn in hetzelfde besluitvormingsmodel. Dit is geen groene romantiek: het is toegepaste biologie op grote schaal. Als gezondheid samenhang is, dan moet ze worden gekoesterd waar ze ontstaat: in de relaties tussen levende wezens.

Uiteindelijk is One Health misschien wel de meest concrete uitdrukking van de biologie van de velden in de hedendaagse wereld. Het herinnert ons eraan dat we geen biologische eilanden zijn, maar tijdelijke knooppunten in een groter weefsel. De mens genezen zonder het milieu en de dieren te genezen, betekent ingrijpen in een fragment en daarbij de structuur negeren die het ondersteunt. En elke informatieve structuur, wanneer deze wordt verbroken, eist vroeg of laat zijn tol.

De onzichtbare hoeders van het veld: wanneer de gezondheid zich eerst tot de herders richt.

In het vocabulaire van de veldbiologie, dat gewend is te spreken over informatie, samenhang en resonantie, is er een figuur die zelden in de handboeken voorkomt, maar die hardnekkig terugkeert in de werkelijkheid: de belichaamde waarnemer. Het is de herder die zijn kudde stuk voor stuk kent, de boer die een 'vermoeide' bodem herkent aan de manier waarop deze water vasthoudt, de oudste van een inheemse gemeenschap die een verandering in het bos waarneemt nog voordat deze meetbaar is. Dit zijn geen poëtische metaforen: het zijn biologische sensoren met een hoge resolutie, gevormd in de loop van een langdurige, voortdurende relatie met het levende veld.

In 1972, tijdens een ernstige droogte in de Sahel, merkten enkele antropologen op dat de herders al weken voordat de officiële meteorologische indicatoren de afwijking signaleerden, waren begonnen met het verplaatsen van hun kuddes. Ze baseerden zich niet op voorspellingen, maar op minuscule details: de kwaliteit van het grasland, het gedrag van insecten, de manier waarop het vee zich 's nachts opstelde. Het was alsof ze een subtiele grammatica van de natuur konden lezen, bestaande uit microvariaties die aan de instrumentele blik ontsnappen.

Dit soort kennis is geen 'alternatief' voor de wetenschap: het is pre-analytisch, in de meest nobele zin van het woord. Het komt voort uit een langdurige onderdompeling in een levend systeem en uit een collectief geheugen dat generaties van waarnemingen omvat. Gregory Bateson, die zeker geen nostalgicus was, herinnerde eraan dat de belangrijkste informatie in een systeem vaak die is die niet in getallen wordt gecodeerd. Lokale gemeenschappen leven juist in deze ruimte: waar informatie nog steeds een beleefde vorm is.

Een sprekend voorbeeld komt uit de Peruaanse Andes. In de jaren negentig meldden enkele Quechua-boeren een abnormale toename van ongedierte in de aardappelteelt op grote hoogte, die traditioneel tegen de kou werd beschermd. De agronomen spraken van geïsoleerde gevallen; zij spraken van „bergen die niet meer slapen". Pas jaren later bevestigden de gegevens de stijging van de nachttemperaturen. Opnieuw was de disharmonie op het platteland eerst waargenomen in de lichamen, in de gebaren, in de symbolische taal.

In Europa betreft een minder bekende maar veelzeggende episode de verspreiding van *bluetongue* op Sardinië (een virale schapenziekte die wordt overgedragen door Culicoides-insecten) aan het begin van de jaren 2000. Sommige veehouders hadden veranderingen in het gedrag van de schapen en de aanwezigheid van vectorinsecten opgemerkt lang voordat de epidemie officieel werd erkend. De eerste meldingen werden onderschat omdat ze niet binnen de standaardprotocollen vielen. Toch beschreven ze nauwkeurig een verlies aan samenhang binnen het agro-pastorale veld, en niet alleen een veterinair probleem.

Wat deze ervaringen gemeen hebben, is de kwaliteit van de relatie. Traditionele kennis maakt geen onderscheid tussen de waarnemer en het waargenomene: kennis is deelname. In termen van veldbiologie zouden we kunnen zeggen dat deze gemeenschappen functioneren als feedbacksystemen met lage latentie, die in staat zijn om schommelingen op te vangen voordat ze pathologische ruis worden. Niet omdat ze over betere instrumenten beschikken, maar omdat ze deel uitmaken van het systeem dat ze observeren.

Dit werpt een cruciale vraag op voor gezondheid, opgevat als samenhang: het negeren van deze kennis betekent dat een deel van de in het veld beschikbare informatie verloren gaat. Het is geen toeval dat sommige programma's op het gebied van milieu- en landbouwgezondheid de afgelopen jaren zijn begonnen met het integreren van lokale waarnemingen naast satellietgegevens. In Alaska bijvoorbeeld werken onderzoekers en Inuit-gemeenschappen sinds 2008 samen om veranderingen in het zee-ijs te monitoren, waarbij ze radarbeelden combineren met mondelinge verslagen. De resultaten tonen aan dat discrepanties tussen deze twee niveaus vaak het eerste teken van disharmonie zijn.

Het erkennen van de waarde van deze kennis betekent niet dat we deze moeten idealiseren of vastleggen in een romantische folklore. Het betekent dat we moeten begrijpen dat gezondheid, wanneer deze werkelijk systemisch is, meerdere zintuiglijke kanalen nodig heeft. De veldbiologie nodigt ons uit om het organisme – en bij uitbreiding de gemeenschap – te beschouwen als een gestabiliseerde informatiestructuur. Traditionele kennis is een van de meest verfijnde historische vormen van deze stabilisatie: kwetsbaar, zeker, maar buitengewoon gevoelig.

In een tijdperk dat wordt gedomineerd door voorspellende modellen en kunstmatige intelligentie, ligt het risico niet zozeer in de technologie als wel in het verlies van het luisteren. Als gezondheid het vermogen is om samenhang te herstellen, dan moeten de eerste signalen van disharmonie ook worden gezocht daar waar de taal minder technisch is, maar dichter bij het leven staat. Soms komt de vroegste diagnose van degenen die niet over biologische velden spreken, maar erin leven.

Levende metropolen: wanneer de gebouwde ruimte het lichaam binnendringt.

Er is een moment, vaak onmerkbaar, waarop een stad ophoudt louter een achtergrond te zijn en een biologische actor wordt. Dat gebeurt wanneer het nachtelijke verkeer de slaap binnendringt, wanneer de afwezigheid van bomen de hitte versterkt tot uitputting, wanneer het constante lawaai, zonder ons om toestemming te vragen, de ritmes van het zenuwstelsel hertekent. Vanuit het perspectief van de veldbiologie is de stad niet langer louter een omhulsel van menselijke levens, maar een complex biologisch veld, dat in staat is om — op harmonieuze of dissonante wijze — de samenhang van de organismen die erin wonen te beïnvloeden.

Al in de jaren zestig merkte stedenbouwkundige Kevin Lynch op hoe de vorm van de stad de mentale 'leesbaarheid' van ruimtes beïnvloedde. Tegenwoordig weten we dat die leesbaarheid niet alleen cognitief, maar ook fysiologisch is. Chaotische wijken, zonder visuele oriëntatiepunten en zonder ruimtes om tot rust te komen, zorgen voor een voortdurende informatiestroom die het lichaam moeilijk kan verwerken. Het is geen toeval dat vanaf de jaren 2000 uit epidemiologisch onderzoek is gebleken dat angststoornissen en hart- en vaatziekten vaker voorkomen in stedelijke gebieden met een hoge bevolkingsdichtheid en een slechte leefomgeving. Met andere woorden: de stad dringt door tot in het biologische domein van het individu.

Lawaai is misschien wel het duidelijkste voorbeeld van deze verstoring. In 2011 schatte het Europees Milieuagentschap dat stedelijk lawaai verantwoordelijk was voor tienduizenden gevallen per jaar van hoge bloeddruk en slaapstoornissen. Maar wat vanuit een systemisch perspectief opvalt, is niet alleen de specifieke schade, maar ook het verlies aan samenhang: het lichaam vindt geen rustmomenten meer, herkent geen stilte meer. De Duitse filosoof Peter Sloterdijk sprak over 'geluidsatmosferen' als onzichtbare omhulsels die de menselijke ervaring vormgeven. In een hyperlawaaierige stad wordt dat omhulsel voortdurend schurend.

Aan de andere kant fungeren groene ruimtes als stabilisatoren. Niet alleen omdat ze de luchtkwaliteit verbeteren of hitte-eilanden temperen, maar ook omdat ze natuurlijke biologische ritmes introduceren. In 1984 constateerde onderzoeker Roger Ulrich dat ziekenhuispatiënten met uitzicht op bomen sneller genazen dan patiënten die uitkeken op een muur. Sindsdien hebben latere studies bevestigd dat de aanwezigheid van stedelijk groen het cortisolniveau verlaagt en de emotionele regulatie verbetert. Het is alsof de plantengroei het menselijk organisme een herinnering aan samenhang biedt, een verwijzing naar oudere levenspatronen.

Sommige steden zijn deze bevindingen serieus gaan nemen. In Kopenhagen zijn al sinds de jaren negentig doorlopende groene corridors in de stadsplanning geïntegreerd, niet bedoeld als versiering maar als biologische infrastructuur. In Milaan is het thema 'groen' na de extreme zomer van 2003 weer op de agenda gekomen, in de eerste plaats vanuit een gezondheidsperspectief en pas in de tweede plaats vanuit een esthetisch perspectief. Niet altijd met eenduidige resultaten, maar wel met een nieuw besef: stedenbouw is een vorm van preventieve geneeskunde.

In dit licht verschijnt de stad op haar beurt als een organisme: doorkruist door stromen, voorzien van ritmes, in staat om de biologische samenhang van haar inwoners te ondersteunen of te ondermijnen. Het verbaast niet dat Lewis Mumford de stad al in 1938 omschreef als *„eerder een biologisch dan een economisch gegeven*". Vandaag de dag vindt die intuïtie nieuwe wetenschappelijke onderbouwing. Nadenken over stedelijke gezondheid betekent dan ook dat we ons niet alleen vragen stellen over ziekenhuizen en poliklinieken, maar ook over straten, geluiden, bomen, afstanden, en over de manier waarop dit alles het lichaam beïnvloedt, dag na dag.

IX. Ziekte als verlies van samenhang.

Nadat gezondheid is gedefinieerd als het vermogen om de samenhang van het eigen biologische veld te behouden en te herstellen, maakt dit hoofdstuk een noodzakelijke en delicate overstap: de blik richten op ziekte, niet als een louter plaatselijke storing, maar als een proces van voortschrijdende desorganisatie. De fundamentele vraag is niet „waar is er iets kapotgegaan?“, maar „wanneer en hoe is het veld opgehouden zijn delen bij elkaar te houden“.

In het kader van de veldbiologie valt ziekte niet onmiddellijk samen met een waarneembare moleculaire verandering. Die veranderingen, die vaak doorslaggevend zijn voor de diagnose, komen pas later. Eerst is er een verlies van informatie-afstemming: signalen die niet meer worden geïntegreerd, ritmes die niet meer synchroon lopen, functies die als solisten te werk gaan, niet in staat om naar het orkest te luisteren. De taal van de pathologie, zoals de klassieke geneeskunde die kent, beschrijft de uitkomsten. Dit hoofdstuk probeert de dynamische ontstaansgeschiedenis van die uitkomsten te onderzoeken.

Hier komt het begrip ‘informatieve desynchronisatie’ centraal te staan. Een gezond organisme verdraagt schommelingen, lokale fouten en zelfs tijdelijke schade, omdat het totale systeem zich weet te reorganiseren. Wanneer dit vermogen afneemt, blijven de onderdelen functioneren, maar niet meer samen. Ziekte komt dan naar voren als een verlies van coördinatie, eerder dan als een structureel defect. Vanuit dit perspectief is pathologie geen eenmalige gebeurtenis, maar een traject: iets dat zich in de loop van de tijd voltrekt, vaak lang voordat er een naam aan wordt gegeven.

Daarom benadrukt dit hoofdstuk het idee van ziekte als proces. Een proces dat kan versnellen of vertragen, zich kan stabiliseren of degenereren, afhankelijk van de resterende veerkracht van het veld. Deze visie ontkent het belang van de klinische praktijk noch dat van biochemische verklaringen; ze plaatst ze veeleer in een breder kader, waarin de moleculaire gegevens een late momentopname worden van een verhaal dat elders is begonnen. Het is een perspectief dat conceptuele nauwkeurigheid vereist, want het risico op simplistische uitweidingen is reëel: spreken over een ‘veld’ rechtvaardigt geen therapeutische snelkoppelingen of vage verklaringen.

Het doel van dit hoofdstuk, in de algemene context van het boek, is precies dit: de logische continuïteit tussen gezondheid en ziekte laten zien, en vermijden deze als tegengestelde en gescheiden toestanden te behandelen. Als gezondheid dynamische samenhang is, dan is ziekte een samenhang die zich vernauwt, verstijft of versnippert. Het begrijpen van deze overgang is essentieel om de weg te bereiden voor de volgende hoofdstukken, waarin het leven zal worden geïnterpreteerd als een cognitief proces en als een gebeurtenis vol betekenis, ook in momenten van crisis.

Enkele stemmen uit de geschiedenis van het medisch en wetenschappelijk denken helpen bij het oriënteren van deze lezing, zonder dat er interpretatieve verdraaiingen nodig zijn. Georges Canguilhem, filosoof en arts, schreef in 1943: *„Ziekte is geen kwantitatieve afwijking van het normale, maar een* *nieuwe levensnorm.*" Een zin die sterk weerklinkt in de visie van Campo: pathologie is geen simpele aftrekking, maar een reorganisatie — vaak armer, maar nog steeds georganiseerd.

René Leriche, chirurg en medisch denker uit de twintigste eeuw, gaf een even verhelderende definitie: *„Gezondheid is het leven in de stilte van de organen.*" Wanneer die stilte wordt verbroken, is er niet altijd meteen sprake van pijn of letsel: soms is er alleen een achtergrondgeluid, een storing, een verlies van afstemming.

Ten slotte herinnerde Ilya Prigogine, vanuit de fysica van complexe systemen, eraan: *„Het leven is alleen mogelijk ver van het evenwicht.*" Als het leven bestaat onder omstandigheden van gecontroleerde instabiliteit, dan kan ziekte worden gezien als het falen van die controle, niet als de simpele terugkeer naar een eenvoudigere orde.

Dit hoofdstuk fungeert dus als een conceptuele drempel: het nodigt de lezer uit om het idee van ziekte als een externe vijand of een plotseling ongeluk los te laten, en het te beschouwen als een taal van het veld, soms duister, soms misbegrijpelijk, maar zelden toevallig. Zonder romantiek en zonder gemakkelijke beloften stelt de veldvisie een verandering van perspectief voor: van het repareren van het onderdeel naar het begrijpen van de dynamiek.

Wanneer cellen elkaar niet meer begrijpen: de stilte die aan de ziekte voorafgaat.

In het hart van hoofdstuk IX vormt het thema van de informatie-ontwrichting wellicht het meest radicale – en tegelijkertijd meest concrete – punt van de veldbiologie. Hier wordt de ziekte waargenomen op het meest onopvallende en minst spectaculaire moment: wanneer de delen van het organisme blijven functioneren, maar niet meer echt met elkaar communiceren. Er is nog geen 'ziek' orgaan, noch een parameter die buiten het bereik valt. Er is veeleer sprake van een toenemende moeilijkheid bij de integratie, een verlies van een gemeenschappelijke taal.

Vanuit dit perspectief is het organisme nooit een som van geïsoleerde eenheden geweest, maar een gemeenschap van onderling communicerende processen. Hormonen, elektrische signalen, metabolische schommelingen, circadiane ritmes: alles draagt bij aan het in stand houden van een soort permanent gesprek. De informatie-asynchroon ontstaat wanneer dit gesprek fragmentarisch wordt. De berichten komen te laat aan, of met een intensiteit die niet meer passend is; de reacties zijn lokaal correct, maar ongepast voor de totale context.

Een voorbeeld dat bij vakmensen bekend is, maar buiten gespecialiseerde kringen weinig wordt besproken, betreft de studies naar biologische ritmes die vanaf de jaren zeventig zijn uitgevoerd. Toen Franz Halberg, pionier op het gebied van de chronobiologie, opmerkte dat minimale veranderingen in de synchronisatie van ritmes vooraf konden gaan aan stofwisselings- of immuunstoornissen, had hij het niet over een directe oorzaak, maar over een signaal van interne onenigheid. Het systeem was niet kapot: het liep uit de pas.

Dit 'uit de maat zijn' is een goede metafoor voor de informatie-ontwrichting. De onderdelen zijn niet beschadigd, maar delen niet langer dezelfde maatstaf voor tijd, ruimte en functie. In de veldbiologie komt dit neer op de constatering dat het informatieveld er niet langer in slaagt een effectieve regie te handhaven. De ziekte is in deze fase niet zichtbaar als object, maar waarneembaar als een verlies van oriëntatie.

Het is geen geheel nieuw idee. Al in het midden van de negentiende eeuw had Claude Bernard doorgezien dat de stabiliteit van het organisme meer afhing van de kwaliteit van de interne relaties dan van de robuustheid van de afzonderlijke elementen. In een college uit 1865 merkte hij op: *„De stabiliteit van het interne milieu is de voorwaarde voor een vrij leven.*" Wanneer deze dynamische stabiliteit wordt verstoord, neemt de vrijheid van het organisme af, en daarmee ook zijn aanpassingsvermogen. Informatieve desynchronisatie ontstaat juist wanneer verschillen geen passende effecten meer teweegbrengen, wanneer signalen geen samenhangende reacties meer opleveren.

Ook de neurofysiologie biedt sprekende voorbeelden. In de jaren negentig toonden studies naar epilepsie aan dat aanvallen niet simpelweg het gevolg zijn van neuronale hyperactiviteit, maar van een verlies aan coördinatie tussen netwerken. De neuronen vuren, maar niet samen; ze communiceren, maar zonder een gedeelde context. Ook hier is het probleem niet de energie, maar de informatieorganisatie ervan.

De waarde van deze invalshoek, in de context van het boek, ligt in het ontkrachten van het idee dat ziekte een plotselinge verraad van het lichaam is. De informatieve misalignment suggereert een langzamer en begrijpelijker verhaal: een reeks micro-misverstanden die, wanneer ze zich opstapelen, het organisme steeds minder in staat stellen om als een geheel te reageren. De pathologie wordt zo een gevolg, niet een uitgangspunt.

Het gaat hier, en dat moet benadrukt worden, niet om een troostende interpretatie. Het herkennen van de misalignment betekent niet dat deze altijd gecorrigeerd kan worden. Maar het betekent wel dat de ziekte weer een begrijpelijke dimensie krijgt, waardoor ze zowel aan biologisch fatalisme als aan therapeutische vereenvoudigingen wordt onttrokken. Het systeem wordt niet 'genezen' door een e e handeling, maar wordt — waar mogelijk — geheroriënteerd via processen die tijd, context en maatvulling vereisen. Zoals de fysioloog Walter Cannon opmerkte toen hij in 1932 het concept van homeostase introduceerde: *'Het lichaam bezit een wijsheid die onder het bewustzijn werkt.'* De informatieve ontwrichting is misschien wel een van de momenten waarop die wijsheid moeite heeft om gehoord te worden.

Ziekte gebeurt niet zomaar: ze krijgt vorm.

Er bestaat een diepgewortelde gewoonte, zowel in de geneeskunde als in het gezond verstand: ziekte beschouwen als een gebeurtenis. Een vóór en een na. Een onderzoek dat 'positief wordt', een symptoom dat 'opduikt', een diagnose die als een datum op de kalender 'neerdwarrelt' in het leven van de patiënt. Maar de veldbiologie, en meer in het algemeen een dynamische visie op het organisme, nodigt uit tot een radicale verandering van perspectief: de pathologie gebeurt niet, maar ontwikkelt zich.

Ziekte als proces beschouwen betekent de aandacht verleggen van het moment waarop iets kapotgaat naar de lange periode waarin iets verandert. Het verlies van samenhang is geen plotseling incident, maar een afglijden. Een langzame, vaak onmerkbare verschuiving uit evenwicht, waarbij het organisme blijft functioneren terwijl de manier waarop het functioneert verandert.

Een sprekend voorbeeld komt uit de oncologie. In de jaren negentig toonden Bert Vogelstein en zijn team aan de Johns Hopkins University aan dat dikke darmkanker niet het gevolg was van één enkele mutatie, maar van een reeks progressieve veranderingen, verspreid over de tijd. Geen ongelukkige samenloop van omstandigheden, maar een biologisch verhaal. Elke stap was noodzakelijk, maar niet op zichzelf voldoende; elke fase opende mogelijkheden en sloot andere af. De tumor is in deze interpretatie een proces van pathologische reorganisatie, geen object dat plotseling is verschenen.

Dit idee kent illustere voorgangers. In 1913 herinnerde William Osler – een van de grondleggers van de moderne klinische geneeskunde – zijn studenten in Baltimore eraan dat *„de geneeskunde een wetenschap van onzekerheid en een kunst van waarschijnlijkheid is*“. Woorden die vandaag de dag klinken als een uitnodiging om de intrinsieke tijdelijkheid van de ziekte te erkennen. Als de pathologie een dynamiek is, dan is de diagnose altijd een gedeeltelijke momentopname, gemaakt midden in een beweging.

De veldbiologie versterkt deze intuïtie: wat zich ontwikkelt is niet alleen een laesie of een parameter, maar de gehele informatiestructuur van het organisme. Een chronische ontsteking is bijvoorbeeld niet simpelweg een ontsteking die te lang aanhoudt, maar een systeem dat – om het zo te zeggen – een starre, repetitieve reactie heeft aangeleerd, die niet in staat is om terug te keren naar de basistoestand. Het probleem is niet de intensiteit van het signaal, maar de aanhoudende aanwezigheid ervan in de tijd.

Een anekdote die vaak wordt verteld op afdelingen voor gastro-enterologie betreft de ontdekking van *Helicobacter pylori*. Toen Barry Marshall en Robin Warren in 1982 de hypothese opperden dat veel maagzweren het gevolg waren van een chronische infectie en niet alleen van stress of overmatige zuurproductie, stuitten ze op scepsis. Een maagzweer werd gezien als een acute aandoening. In werkelijkheid ging het om een langzaam proces van interactie tussen bacterie, slijmvlies en immuunrespons. De pathologie was niet het gat in de maag, maar de geschiedenis die dit mogelijk had gemaakt.

Het beschouwen van ziekte als een proces heeft ook op conceptueel vlak ingrijpende gevolgen. Het betekent erkennen dat er geen absoluut nulpunt van de ziekte bestaat, net zoals er geen statisch evenwicht van gezondheid bestaat. Er zijn trajecten. Curven. Verloop. Wanneer het biologische systeem zijn samenhang verliest, stort het niet in: het reorganiseert zich in minder functionele, soms stabielere, maar biologisch armere vormen.

In 1977 gebruikte de theoretisch bioloog Conrad Waddington tijdens een conferentie in Brussel een treffende metafoor: *„Ontwikkeling en ziekte zijn twee verschillende manieren om langs dezelfde heuvel naar beneden te rollen.*" In dit beeld is de pathologie geen val, maar een geleidelijke afwijking van het pad.

Beperkingen en mogelijkheden van het veldperspectief.

Elke paradigmaverschuiving brengt een verleiding met zich mee: die om alles te verklaren, en dat te snel te doen. De veldvisie toegepast op de biologie — en in het bijzonder op ziekte — vormt hierop geen uitzondering. Juist omdat deze visie krachtig en suggestief is en in staat is om verspreide verschijnselen te verenigen, vereist zij een strengere conceptuele discipline dan gemiddeld. Het erkennen van ziekte als een verlies aan samenhang binnen het biologische veld rechtvaardigt geen therapeutische snelkoppelingen of verlossende vereenvoudigingen.

De beperkingen van de veldvisie zijn geen tekortkoming, maar een teken van volwassenheid. De eerste beperking is epistemologisch: een biologisch veld is geen object dat kan worden geïsoleerd, gewogen of gefotografeerd zoals een weefsel of een molecuul. Het is een beschrijving van orde, een manier om de relatie tussen processen te interpreteren. Van deze visie dezelfde lineaire voorspelbaarheid verwachten als van de biochemie zou een categorievergissing zijn.

Karl Popper herinnerde er tijdens een lezing in Londen in 1965 aan dat „*de wetenschap geen vooruitgang boekt door zekerheden te vergaren, maar door fouten te elimineren*". Toegepast op de veldbiologie betekent dit dat we onderscheid moeten maken tussen wat het model kan verduidelijken — de globale dynamiek, het verlies aan integratie, de drempels van instabiliteit — en wat het nog niet kan garanderen: directe therapeutische protocollen, hersteltijden, individuele uitkomsten.

Het historische risico is bekend. Telkens wanneer begrippen als ‘veld’, ‘energie’ of ‘informatie’ zonder de nodige voorzichtigheid het laboratorium verlaten, worden ze uiteindelijk gekaapt door de taal van het gemakkelijke welzijn. Dit is in de twintigste eeuw meerdere malen gebeurd. In de jaren dertig werden in Wenen theorieën over morfogenetische vel n besproken in serieuze wetenschappelijke kringen, maar vrijwel tegelijkertijd deden er populaire versies de ronde die vage en universele genezingen beloofden. Het probleem was niet het idee zelf, maar het onzorgvuldige gebruik ervan.

De kracht van de veldbenadering ligt daarentegen elders. Ze ligt in het vermogen om een interpretatief kader te bieden dat verschillende gegevens samenbrengt zonder ze tot één enkele oorzaak te herleiden. Georges Canguilhem, filosoof en arts, schreef in 1966: *„Ziekte is geen kwantitatieve variatie van gezondheid, maar een nieuwe levensnorm.*” De veldbiologie neemt deze intuïtie over en herinterpreteert deze vanuit een systemisch perspectief: wanneer het veld zich op een disfunctionele manier herorganiseert, is het organisme niet ‘minder levend’, maar levend volgens een minder samenhangend patroon.

Nauwkeurigheid bestaat in deze context uit het gescheiden houden van de verschillende niveaus: interpretatief, beschrijvend en therapeutisch. De veldbiologie kan helpen begrijpen hoe een pathologie ontstaat en zich stabiliseert; zij kan op zichzelf niet aangeven hoe in elk afzonderlijk geval moet worden ingegrepen. Hier is de dialoog met de evidence-based geneeskunde niet optioneel, maar noodzakelijk.

Thomas Kuhn merkte in 1962 op dat *„een nieuw paradigma niet onmiddellijk alle problemen oplost: het verandert het soort problemen dat de moeite waard is om te stellen*“. De vruchtbaarste mogelijkheid van de veldvisie is juist deze: de vragen herformuleren. Niet langer „waar zit de storing?“, maar „welke samenhang is er ontstaan?“. Niet „hoe kan het symptoom worden weggenomen?“, maar „welke dynamiek zorgt ervoor dat het stabiel blijft?“.

De grenzen van de veldvisie accepteren betekent deze beschermen tegen ideologische uitwassen en haar, paradoxaal genoeg, krachtiger maken. Juist in de afwijzing van gemakkelijke beloften toont dit perspectief zijn wetenschappelijke ernst. Het biedt geen snelkoppelingen, maar horizonten van begrip.

Denken in velden, zonder almacht: wat de biologie van de planeet kan leren.

Telkens wanneer een wetenschap ophoudt naar geïsoleerde objecten te kijken en begint te denken in termen van velden, systemen en relaties, wint ze aan diepgang maar verliest ze een illusie: die van totale controle. Het is een les die de veldbiologie nog aan het leren is, maar die de ecologie en de klimatologie al decennia lang goed kennen. En juist uit hun nauwgezetheid, die vaak weinig spectaculair maar vruchtbaar is, kan de veldvisie in de geneeskunde een betrouwbaar kompas putten.

De moderne ecologie ontstond officieel na de Tweede Wereldoorlog, toen wetenschappers als Eugene Odum, aan universiteiten in het zuiden van de Verenigde Staten, ecosystemen niet langer begonnen te beschrijven als verzamelingen van soorten, maar als netwerken van energie- en informatiestromen. Odum benadrukte een punt dat vandaag de dag verrassend actueel is: het ecosysteem is niet tot in detail voorspelbaar, maar wel begrijpelijk in zijn tendensen. Wie hem om precieze modellen, eenduidige antwoorden of snelle oplossingen vroeg, raakte teleurgesteld. Maar wie de onzekerheid accepteerde, ontdekte iets stevigers: de grenzen waarboven een systeem instort.

Een beroemde anekdote vertelt dat Odum tijdens een conferentie in Woods Hole in de jaren zestig aan een jonge onderzoeker die vroeg hoe hij een aangetast moeras kon 'herstellen', antwoordde: *'Vraag jezelf eerst af of je deel uitmaakt van het probleem of van het systeem.*' Dat was geen filosofische grap, maar een methodologische opmerking. De veldecologie werkt omdat ze geen eenvoudige ingrepen belooft, maar vraagt om langzame, meerlagige en vaak ongemakkelijke diagnoses.

De klimatologie heeft een vergelijkbaar traject gevolgd. Toen in de jaren tachtig de eerste grote mondiale klimaatmodellen van start gingen, dacht geen van de betrokken wetenschappers – van Syukuro Manabe tot James Hansen – dat ze het klimaat konden 'genezen'. De taal was voorzichtig, bijna bescheiden: scenario's, waarschijnlijkheden, betrouwbaarheidsintervallen. De kracht van het IPCC, opgericht in 1988, ligt niet in het aanbieden van onmiddellijke oplossingen, maar in het tot stand brengen van een rigoureuze consensus over de grenzen van het Aardse systeem.

Hier is de parallel met de veldbiologie verhelderend. Ook in het menselijk lichaam, net als in het klimaat, is het denken in velden alleen vruchtbaar als het accepteert dat het zich niet onmiddellijk laat vertalen in praktische recepten. De klimatologie heeft – niet zonder moeite – de verleiding weerstaan om zich te ontwikkelen tot een reddende technologie. Ze heeft niet beloofd "de planeet af te koelen", maar de kritieke drempels, de punten van geen terugkeer en de langzame maar onomkeerbare dynamieken te begrijpen. En juist deze strengheid heeft haar wetenschappelijk geloofwaardig gemaakt.

Een ander voorbeeld komt van het concept veerkracht, dat in 1973 door C.S. Holling in de ecologie werd geïntroduceerd. Holling toonde aan dat een ecosysteem stabiel kan lijken, ook al nadert het gevaarlijk dicht bij een drempel van instorting. Stabiliteit betekent niet hetzelfde als gezondheid; net als in de biologie kan een pathologische samenhang zeer veerkrachtig zijn. De veldecologie heeft veerkracht nooit verward met onkwetsbaarheid. Integendeel, ze heeft ons geleerd op onze hoede te zijn voor systemen die 'te goed' lijken te functioneren.

De kracht van de veldvisie in de biologie ligt hier: in het veranderen van het soort vragen, niet in het geven van onmiddellijke antwoorden. Ecologie en klimatologie hebben geleerd dat denken vanuit het veld vooral betekent dat je leert om niet op de verkeerde manier in te grijpen. Om te herkennen wanneer een lokale actie onvoorspelbare mondiale effecten teweegbrengt. Om onderscheid te maken tussen begrip en controle.

Er is een symbolische plek voor deze wetenschappelijke volwassenheid: Antarctica. Daar, in onderzoeksstations zoals McMurdo of Concordia, worden extreme systemen bestudeerd in het besef dat elk gegeven gedeeltelijk is en elk model onvolledig. Niemand heeft het over het 'genezen' van het ijs. Men spreekt over monitoren, interpreteren, anticiperen. Het is een wetenschap die vooruitgang boekt door illusies weg te nemen, niet door beloften op te stapelen.

De veldbiologie moet, als zij gemakzuchtige therapeutische uitwassen wil vermijden, dezelfde stap van nederigheid zetten. Accepteren dat een biologisch veld geen schakelaar is die je kunt omzetten, maar een ' ' dynamisch evenwicht dat begrepen moet worden. De disciplines die het systeemdenken tot hun draagbalk hebben gemaakt, leren een eenvoudige en strenge les: nauwkeurigheid komt voort uit het respecteren van grenzen.

DEEL VIJF. Voorbij het reductionisme.

Uit het denken van Gregory Bateson:
„De geest is niet beperkt tot de hersenen, maar is immanent in de circuits die het organisme en de omgeving met elkaar verbinden."

Uit het denken van Francisco Varela:
«Leven is weten, en weten is een manier van bestaan.»

Uit het gedachtegoed van Hans Jonas:
«In het fenomeen van het leven stelt het wezen zich voor het eerst bloot aan het risico van de betekenis.»

Uit de gedachten van Erwin Schrödinger:
«Het leven lijkt aan de bekende wetten te ontsnappen, maar misschien is dat juist een teken dat onze wetten onvolledig zijn.»

Na de crisis van het klassieke biologische paradigma te hebben doorlopen, het leven te hebben onderzocht als een fenomeen van samenhang en gezondheid en ziekte te hebben begrepen als toestanden van het biologische veld, komt de reis van het boek op een onvermijdelijk punt: heroverwegen wat we verstaan onder leven, kennis en wetenschappelijke verantwoordelijkheid. De vijfde deel voegt niet simpelweg nieuwe concepten toe, maar verandert het observatiepunt. Hier toont de veldbiologie haar diepste implicaties.

'Voorbij het reductionisme' betekent niet dat we de analytische wetenschap afwijzen, noch dat we de bijdrage van de moleculaire biologie of de neurowetenschappen bagatelliseren. Het betekent erkennen dat, zodra we aanvaarden dat organismen gestabiliseerde informatiestructuren zijn, we cognitie niet langer kunnen beschouwen als een evolutionair toeval dat pas laat met het menselijk brein is ontstaan. Cognitie wordt veeleer een wijdverspreide eigenschap van het levende, een manier waarop het leven zich oriënteert, zich verhoudt, anticipeert en zijn eigen samenhang in de wereld handhaaft.

Hoofdstuk X bevindt zich precies op deze drempel. Hier valt kennis niet samen met reflectief denken, noch met taal of bewustzijn zoals we die gewoonlijk opvatten. Weten betekent in dit perspectief gevoelig zijn voor de verschillen die het verschil maken, op gepaste wijze reageren en een actieve relatie met de omgeving opbouwen. Elk organisme, van het eenvoudigste tot het meest complexe, kent omdat het leeft en leeft omdat het kent. Het is een stille maar radicale ommekeer, die cognitie onttrekt aan de exclusiviteit van de mens, zonder deze daarom te banaliseren.

Hoofdstuk XI gaat nog een stap verder en gaat in op de culturele en epistemologische gevolgen van de veldbiologie. Als het leven niet alleen georganiseerde materie is, maar een proces met betekenis, dan moet ook de wetenschap haar eigen status herdefiniëren. De modellen veranderen natuurlijk, maar bovenal veranderen de legitieme vragen: niet langer alleen 'hoe werkt het?', maar 'wat voor soort wezen bestuderen we?'. In deze ruimte ontstaat een hernieuwde dialoog tuss e wetenschap en metafysica, niet als een terugkeer naar mystieke verklaringen, maar als erkenning dat elke kennis van het levende een ontologie impliceert, expliciet of impliciet.

Dit deel van het boek vormt zo de afsluitende schakel van het gehele traject. Nadat is aangetoond dat het leven niet tot reacties kan worden herleid, dat het organisme voorafgaat aan zijn onderdelen, en dat gezondheid en ziekte toestanden van samenhang binnen het veld zijn, wordt het onvermijdelijk om ons af te vragen welke plaats de mens in dit scenario inneemt. Niet langer een externe waarnemer, noch heerser over het levende, maar deelnemer aan bredere cognitieve processen, verantwoordelijk voor de beelden van het leven die hij produceert en verspreidt.

Het doel van dit vijfde deel is niet om definitieve antwoorden te bieden, maar om een nieuw discussieplatform te creëren. Een platform waarop de biologie rigoureus kan blijven zonder reductionistisch te zijn, open voor betekenis zonder aan precisie in te boeten. Hier houdt de veldbiologie op louter een theorie over het levende te zijn en wordt zij onvermijdelijk een reflectie over de mens, over zijn kennis en over de manier waarop hij de wereld bewoont.

X°. Het leven als cognitief proces.

Dit hoofdstuk markeert een beslissende conceptuele drempel in het verloop van het boek. Nadat is aangetoond dat het leven niet uitputt in de chemie, dat het organisme een samenhangend geheel is en dat de biologische velden belichaamde informatie organiseren, komt hier een onvermijdelijk gevolg naar voren: leven betekent al kennen. Niet in de verheven en reflectieve zin die we aan het menselijk denken toekennen, maar in een meer oorspronkelijke, sobere en tegelijkertijd radicalere zin.

De stelling die door het hoofdstuk loopt, is slechts schijnbaar eenvoudig: cognitie ontstaat niet met de hersenen, maar begeleidt het leven al vanaf de meest elementaire vormen ervan. Elk organisme, alleen al door het feit dat het zijn samenhang in de tijd handhaaft, onderscheidt, selecteert, reageert en anticipeert. Met andere woorden: het meet de wereld en zichzelf in de wereld. Deze activiteit is geen functionele toevoeging, maar de kern zelf van het levensproces.

Waar het leven in de voorgaande hoofdstukken werd beschreven als een gestabiliseerde informatiestructuur, toont de informatie hier haar dynamische gezicht: niet alleen vorm, maar handeling. Niet alleen orde, maar oriëntatie. De veldbiologie kan niet volstaan met een beschrijving van de configuraties; zij moet zich afvragen hoe deze configuraties kunnen voortbestaan, zich aanpassen en transformeren.

Wanneer we spreken van 'weten zonder te denken', is dat geen poëtische metafoor, maar een biologische constatering: de gevoeligheid van een organisme voor de omstandigheden van zijn omgeving is niet passief. Het is een actieve, gestructureerde, selectieve relatie. De reactie is nooit louter reactief; ze bevat altijd een zekere mate van anticipatie. In die zin lijkt het organisme op een systeem dat meet, niet omdat het over instrumenten beschikt, maar omdat het zelf een levend meetinstrument is, dat voortdurend is afgestemd op zijn eigen overleving en samenhang.

Dit idee verschuift het zwaartepunt van de biologie. Kennis is niet langer een gebeurtenis die plaatsvindt binnen een afzonderlijk subject, maar een proces dat ontstaat tussen organisme en omgeving. Cognitie wordt een relationele, gedistribueerde, belichaamde eigenschap. Hier opent het hoofdstuk, voorzichtig maar vastberaden, de weg naar een mogelijke biologie van het bewustzijn: niet als een reductionistische verklaring van de ervaring, maar als een uitbreiding van het conceptuele kader waarbinnen de ervaring zelf denkbaar wordt.

Dit tiende hoofdstuk bereidt de weg voor de laatste fase van het werk. Door aan te tonen dat cognitie een intrinsieke dimensie van het leven is, maakt het de volgende vraag onvermijdelijk: wat voor soort wetenschap is mogelijk wanneer het studieobject in zekere mate ook subject is? De veldbiologie leidt niet tot een opheffing van de disciplinaire grenzen, maar tot een verantwoorde heronderhandeling ervan. Hier eindigt de discussie over het leven als natuurlijk fenomeen en begint die over het leven als drager van betekenis.

Wanneer informatie leven is, is het geen berekening.

Op dit punt wordt het onderscheid tussen berekenbare informatie en beleefde informatie doorslaggevend om te begrijpen wat een levend organisme radicaal anders maakt dan welk kunstmatig systeem dan ook, zelfs het meest geavanceerde. Berekenbare informatie is informatie die kan worden geformaliseerd, gecodeerd en overgedragen zonder verlies van betekenis: het is de informatie van codes, algoritmen en sequenties die vandaag of morgen, hier of elders, zonder onderscheid door een machine kunnen worden verwerkt. Het is dezelfde informatie die Claude Shannon in 1948 expliciet omschreef als onafhankelijk van betekenis, gericht op de efficiënte overdracht van signalen.

De beleefde informatie daarentegen bestaat nooit 'in abstracto': ze is altijd gesitueerd, belichaamd en beladen met waarde voor degene die haar ontvangt. Een organisme verwerkt geen gegevens, maar verschillen die van belang zijn voor zijn eigen overleving en samenhang. Gregory Bateson sprak van 'een verschil dat een verschil maakt', en het is geen toeval dat deze formule vandaag de dag weer centraal staat in het debat over biologische cognitie. Een thermometer registreert een temperatuurschommeling; een organisme ervaart warmte of kou als iets dat zijn eigen interne evenwicht raakt.

Zelfs de meest recente systemen voor kunstmatige intelligentie, die in staat zijn te leren en zich aan te passen, blijven beperkt tot een informatiedomein zonder existentiële inzet: ze kunnen een functie optimaliseren, maar zetten niets op het spel. Zoals Hans Jonas al in de jaren zeventig opmerkte: *'in de stofwisseling blijft de vorm alleen behouden door de eigen materie op het spel te zetten*': het is dit voortdurende risico dat informatie omzet in ervaring.

Het is geen toeval dat Norbert Wiener, de vader van de cybernetica, toen hij nadacht over de grenzen van machines, toegaf dat deze „de prijs van hun beslissingen niet betalen". Het organisme wel. En juist deze prijs – de kwetsbaarheid, de eindigheid, de blootstelling aan de wereld – maakt van biologische informatie iets dat niet tot een berekening kan worden herleid, omdat het altijd verweven is met een standpunt, een geschiedenis, een lichaam.

Leven is de wereld voor zijn.

Praten over cognitie zonder de tijd aan te snijden, zou betekenen dat het beeld onvolledig blijft. Want het leven ervaart nooit het zuivere heden: het ervaart altijd tussen wat al gebeurd is en wat nog zou kunnen gebeuren. Anticipatie en geheugen zijn geen bijkomstige functies, maar de twee polen waardoor het biologische veld zijn samenhang behoudt. Een organisme leeft omdat het erin slaagt in de tijd te blijven zonder op te lossen, en om dat te doen moet het voortdurend anticiperen, herinneren, aanpassen.

Biologische cognitie beperkt zich niet tot het reageren op prikkels: ze is structureel op de toekomst gericht. Zelfs de eenvoudigste cel wacht niet tot de omgeving haar overweldigt; ze bereidt zich voor, oriënteert zich, past haar reactiedrempels aan. In die zin loopt het leven altijd een beetje vooruit op zichzelf. De Amerikaanse neurowetenschapper Dean Buonomano heeft geschreven dat *'het brein geen denkmachine is, maar een tijdmachine'*: een stelling die kan worden uitgebreid tot het gehele organisme. Nog vóór de neuronen is het de stofwisseling die tijdgebonden is, bestaande uit cycli, ritmes en kansen. Anticipatie is geen bewuste voorspelling, maar een dynamische structuur van het veld, een streven naar het mogelijke waardoor het levende wezen nooit volledig aan het toeval wordt blootgesteld.

Aan de andere kant valt het biologisch geheugen niet samen met het archief van herinneringen. Het is een diffuus geheugen, ingeschreven in de vormen, de drempels en de operationele voorkeuren van een organisme. Elke ervaring laat een spoor achter dat het veld verandert, waardoor het iets anders wordt dan voorheen. Hier is de tijd niet omkeerbaar: wat is meegemaakt, verandert de manier waarop het levende wezen in de toekomst zal kunnen reageren. De bioloog en Nobelprijswinnaar Gerald Edelman sprak van 'darwinistisch geheugen' om dit proces van voortdurende selectie van effectieve reacties aan te duiden. Het gaat er niet om het verleden te bewaren, maar om het te integreren. De samenhang van het veld komt juist voort uit deze voortdurende integratie tussen wat geweest is en wat verwacht wordt.

Deze visie vindt een verrassende weerklank in de tijdfilosofie van Henri Bergson, die al aan het begin van de twintigste eeuw onderscheid maakte tussen de tijd van de natuurkunde en de tijd van het leven. De bergsoniaanse durée is geen opeenvolging van momenten, maar een kwalitatieve stroom waarin verleden en heden in elkaar overvloeien. Een organisme doorkruist de tijd niet als een bewegend object: het is de tijd die zich organiseert. Ook de hedendaagse biologie lijkt, wanneer zij circadiane ritmes of fysiologische plasticiteit bestudeert, deze intuïtie te benaderen: de tijd is niet alleen een extern kader, maar een interne dimensie van het levende wezen.

Vanuit dit perspectief kan het biologische veld worden gezien als een gestabiliseerde tijdstructuur, die alleen in stand kan blijven omdat ze herinnering en anticipatie bij elkaar weet te houden. Wanneer deze integratie wordt verbroken, gaat de samenhang verloren. Het is geen toeval dat veel vormen van biologisch en psychisch lijden een verstoring van de beleefde tijd vertonen: het onvermogen om te leren van ervaringen of, integendeel, een overmatige starheid die aanpassing in de weg staat.

Het brein alleen is niet voldoende: waar bevindt de cognitie zich werkelijk?

In de opbouw van het boek vormt dit hoofdstuk een delicate en, in zekere zin, provocerende overgang. Nadat is aangetoond dat het leven niet kan worden herleid tot een biochemische machine of tot een som van onderdelen, wordt hier een van de gevoelige punten van de hedendaagse wetenschap aangeroerd: het idee dat cognitie samenvalt met wat er in de hersenen gebeurt. De neurowetenschappen hebben de afgelopen decennia buitengewone resultaten opgeleverd door circuits, functionele gebieden en neurale correlaties van ervaringen in kaart te brengen. Maar juist dit succes dreigt een beperking te worden wanneer de hersenen de enige legitieme plaats van het kennen worden.

Deze kritische beschouwing is geen aanklacht, maar een verandering van perspectief. Cognitie uitsluitend in de neuronen lokaliseren, betekent aannemen dat het een emergente functie is van een gespecialiseerd orgaan. Maar wat gebeurt er als we de hypothese serieus nemen dat elk organisme bewustzijn bezit, zelfs zonder zenuwstelsel? In de jaren negentig werd in de laboratoria voor plantenbiologie van de Universiteit van Bonn waargenomen dat plantenwortels in staat waren geluiden en trillingen in de bodem te onderscheiden, waardoor ze hun groei richtten op verre waterbronnen. Geen hersenen, geen synapsen, en toch een vorm van besluitvorming. Zoals de Chileense neurobioloog Francisco Varela provocerend opmerkte: *'Cognitie is niet wat de hersenen doen, maar wat een organisme doet om in relatie te blijven'*.

De klassieke neurowetenschappen, voortkomend uit een lange traditie van lokalisatie die teruggaat tot Paul Broca en zijn Parijse studies over taalverlies (1861), hebben een geografie van de geest gecreëerd. Nuttig, krachtig, maar gedeeltelijk. De biologie daarentegen suggereert een ander beeld: cognitie als een verspreide eigenschap, die voortkomt uit de samenhang van het gehele organisme in zijn omgeving. Het is niet zo dat de hersenen de cognitie 'bevatten', maar dat de hersenen deel uitmaken van een breder cognitief proces, waarbij houding, stofwisseling, immuunsystemen en interne ritmes betrokken zijn. De neurowetenschapper Antonio Damasio heeft dit met intellectuele eerlijkheid toegegeven toen hij schreef dat *'de hersenen niet op zichzelf denken'*: ze hebben een lichaam nodig dat voelt en een wereld waarmee ze kunnen interageren.

Wanneer cognitie niet langer beperkt blijft tot de schedel, verandert ook de manier waarop we ervaring begrijpen. Het gaat niet langer om het weergeven van de wereld, maar om deze actief te meten, er in resonantie mee te treden. In die zin functioneert het biologische veld als een integratiesysteem dat voorafgaat aan het onderscheid tussen gewaarwording en reactie.

Deze verschuiving heeft ingrijpende gevolgen. Als cognitie een veldproces is, dan kan ook het bewustzijn niet worden gereduceerd tot een neuronale epifenomeen.

Van het hart naar de hersenen: een westerse geschiedenis van het gelokaliseerde denken.

De vraag is niet alleen wat cognitie is, maar ook waarom we hebben geleerd om het juist daar te zoeken waar we vandaag de dag denken het te vinden: in de hersenen. De opkomst ervan tot 'soevereine plaats' van de geest is noch een natuurlijk, noch een onvermijdelijk gegeven. Het is een cultureel verhaal, bestaande uit theoretische keuzes, klinische successen, technologische metaforen en, niet in de laatste plaats, krachtige symbolische beelden die eeuwenlang onze manier van denken over het leven hebben bepaald.

In de oudheid zag het plaatje er anders uit. Voor Aristoteles, die lesgaf aan het Lyceum in Athene, was het hart het centrum van het psychische leven: warm, kloppend, reactief. De hersenen speelden een ondergeschikte, bijna koelende rol. Deze visie was niet naïef, maar strookte met een directe lichaamservaring, waarin emotie, besluitvorming en beweging onlosmakelijk met elkaar verbonden leken. Zelfs in de Romeinse wereld behield Galenus, arts van de gladiatoren in Pergamon (2e eeuw n.Chr.), hoewel hij het belang van de hersenen erkende dankzij zijn onderzoek naar letsels, een gedistribueerde visie op de vitale functies.

De ommekeer komt met de moderniteit en heeft een symbolische datum: 1641, wanneer René Descartes de *„Meditationes de prima* philosophia“ publiceert. Hier wordt de geest *res cogitans*, gescheiden van het lichaam, *de res extensa.* Het probleem is niet alleen het dualisme, maar ook het praktische gevolg: als de geest iets afzonderlijks is, dan moet er een plaats voor worden gevonden. Descartes situeert deze in de pijnappelklier, een precies punt, bijna een controleknooppunt. Het is een baanbrekende stap: cognitie wordt lokaliseerbaar. Vanaf dat moment kan de geest worden gezocht, ontleed en bestudeerd als een object.

De negentiende-eeuwse geneeskunde versterkt deze ontwikkeling. In 1861 presenteert Paul Broca in Parijs aan de Société d'Anthropologie de beroemde casus van 'Tan', een patiënt die niet in staat was te spreken maar wel in staat was te begrijpen. Bij zijn overlijden lijkt een ge e laesie in de linkerhersenhelft de aandoening te verklaren. Het idee dat complexe functies in specifieke hersengebieden in kaart kunnen worden gebracht, is onweerstaanbaar. Het is doeltreffend, levert klinische resultaten op en versterkt het gezag van de opkomende neurologie. Zoals John Hughlings Jackson later in Londen zal schrijven: 'lokalisatie is een methode, geen metafysica', maar die grens zal vaak worden vergeten.

De twintigste eeuw voegt nog een beslissende puzzelstukje toe: de technologie. Met de komst van het elektro-encefalogram in de jaren dertig, en vervolgens van de neuroimagingtechnieken vanaf het einde van de jaren zeventig, wordt de hersenen zichtbaar. De kleurrijke beelden van functionele magnetische resonantie, tentoongesteld op congressen en in kranten, oefenen een enorme fascinatie uit. Wat men ziet, lijkt echt, echter dan wat men voelt of ervaart. Tijdens een beroemd congres in San Diego in de vroege jaren 2000 toonde een jonge onderzoeker hersenkaarten van de aandacht alsof het foto's van de ervaring zelf waren. Iemand in het publiek mompelde: *„Eindelijk zien we het denken.“* Het was een grapje, maar niet helemaal.

Tegelijkertijd levert de informatica de doorslaggevende metafoor. Sinds het midden van de vorige eeuw wordt het brein beschreven als een biologische computer: input, verwerking, output. In dit schema kan cognitie alleen maar in de „centrale processor“ zitten. Het is een krachtige metafoor, maar wel een simplistische. Zoals de filosoof Gilbert Ryle al in 1949 ironisch opmerkte, is het spreken over de geest als iets afzonderlijks een '*category* mistake', een categorievergissing. Toch werkt de metafoor, omdat ze verenigbaar is met een technologische cultuur die de nadruk legt op controle, voorspelling en ontleding.

Zo wordt het brein de heerser: niet omdat het alles verklaart, maar omdat het zich met de beschikbare instrumenten het best laat verklaren. De prijs van dit succes is een geleidelijke marginalisering van het organisme als cognitief geheel. Hoofdstuk X past hier als een kritische geste: niet om de rol van het brein te ontkennen, maar om het zijn plaats binnen een breder veld terug te geven. Als het leven een cognitief proces is, dan gaat cognitie vooraf aan de neuronale specialisatie ervan. Het brein is niet de oorsprong van het weten, maar een van de vormen ervan die historisch en biologisch zijn ontstaan.

In die zin stelt de veldbiologie geen iconoclastische revolutie voor, maar een correctie van het perspectief. Ze nodigt ons uit te erkennen dat het idee van een geest die opgesloten zit in de schedel het resultaat is van een specifieke, gesitueerde, cultureel georiënteerde geschiedenis. En dat we vandaag misschien klaar zijn om een ander verhaal te vertellen.

We denken ook met ons onderbuikgevoel: cognitie buiten de hersenen.

Als we het leven zijn gaan zien als een cognitief proces, dan is de verdieping in de perifere systemen het punt waarop deze bewering ophoudt abstract te zijn en bijna onvermijdelijk wordt. Want je hoeft je blik maar net buiten de hersenen te richten om te merken dat cognitie daar al aanwezig is, verspreid, werkzaam, vaak sneller en betrouwbaarder dan de bewuste cognitie. Het organisme weet het al voordat het denkt, en doet dat met het hele lichaam.

Laten we de darm eens nemen. Eeuwenlang werd deze afgedaan als louter een spijsverteringskanaal, maar vandaag de dag staat hij centraal in een ware wetenschappelijke revolutie. Eind jaren negentig begon neurogastro-enteroloog Michael Gershon in de laboratoria van Columbia University zonder schroom te spreken over een 'tweede brein'. Het was geen journalistieke metafoor: het enterische zenuwstelsel telt honderden miljoenen neuronen, produceert neurotransmitters zoals serotonine en neemt autonome beslissingen. Maar de echte nieuwigheid is niet kwantitatief. Ze is kwalitatief: de darm beoordeelt, onderscheidt, leert, in voortdurende dialoog met de microbiota en de omgeving. Hij denkt niet, maar weet. En bovenal stuurt hij het gedrag van het hele organisme aan, waarbij hij emoties, aandacht en zelfs complexe keuzes beïnvloedt.

Uit de gedachte van Antonio Damasio: „*Het lichaam is niet de drager van de hersenen, maar hun voortdurende gesprekspartner.*" In deze zin komt een conceptuele ommekeer tot uiting: cognitie is geen centrale, ge erde controletoren, maar een netwerk van systemen die de wereld vanuit verschillende perspectieven in kaart brengen. De darmen peilen de kwaliteit van de chemische omgeving, het endocriene systeem vertaalt algemene toestanden in langzame maar krachtige signalen, het immuunsysteem onderscheidt het vertrouwde van het vreemde.

Al deze processen hebben een cognitieve structuur, omdat ze herkenning, geheugen en selectieve reactie inhouden.

Met name het immuunsysteem is misschien wel het meest verrassende voorbeeld. In de vroege jaren 2000 toonden studies van het Institut Pasteur in Parijs en de Universiteit van Stanford aan dat immuuncellen niet simpelweg reageren op een 'vijand', maar in de loop van de tijd een heuse geschiedenis van interacties opbouwen. Ze onthouden, anticiperen en moduleren de intensiteit van de reactie. De immunoloog Polly Matzinger heeft met haar *'danger* theory' voorgesteld dat het immuunsysteem niet zozeer reageert op *het 'non-self'*, als wel op contextuele gevaarsignalen. (In de immunologie verwijst 'niet-zelf' naar alles wat niet tot het organisme behoort, zoals pathogenen of vreemde moleculen.) Volgens *de 'danger theory'* wordt de immuunrespons meer gestuurd door signalen van schade dan door het simpele onderscheid tussen 'zelf' en 'niet-zelf'.

Ook het hormonale systeem neemt deel aan deze wijdverspreide intelligentie. Hormonen geven geen specifieke informatie door, maar betekenispatronen: staten van alertheid, beschikbaarheid, terugtrekking, openheid. Een endocrinoloog uit Milaan vertelde hoe sommige patiënten, nog voordat ze duidelijke klinische symptomen ontwikkelden, *'veranderingen in de* lichaamssfeer' vertoonden: ongemotiveerde vermoeidheid, slaapstoornissen, subtiele schommelingen in de emotionele toon. Signalen die niet te lokaliseren waren, maar wel samenhangend. Het lichaam sprak al, lang voordat de diagnose werd gesteld.

Dit perspectief verandert de relatie met de neurowetenschappen radicaal. Het spreekt ze niet tegen, maar plaatst ze in een andere context. De hersenen blijven natuurlijk een cruciaal knooppunt, maar niet de absolute heerser. Ze zijn veeleer een organisator van samenhang, een geavanceerde vertolker van signalen die elders ontstaan. Wanneer cognitie wordt gezien als een eigenschap van het biologische veld, zijn de perifere systemen niet langer ' e' bijzaak, maar een constitutief onderdeel van het kennen. Zoals de Franse fysioloog Claude Bernard al in 1865 schreef: *«de stabiliteit van het organisme is een actieve verworvenheid»*. Vandaag kunnen we daaraan toevoegen: het is een cognitieve verworvenheid.

In die zin betekent het spreken over organismen als gestabiliseerde informatiestructuren erkennen dat informatie niet alleen in neuronen circuleert, maar gestalte krijgt in weefsels, in vloeistoffen, in de langzame en diepgaande interacties met de omgeving. Cognitie wordt zo een belichaamd, gedistribueerd en meervoudig proces.

Weten zonder te weten: de stille intelligentie van het leven.

Er is een hardnekkig vooroordeel in de westerse cultuur: het idee dat weten neerkomt op denken, reflecteren, de wereld mentaal voorstellen. En dat cognitie dus pas begint waar een brein is. We proberen deze overtuiging bij de wortel aan te tasten door aan te tonen dat het leven al weet lang voordat het denkt, en vaak zonder dat ooit te doen. Weten zonder te denken is geen poëtische provocatie, maar een biologische constatering.

Al aan het einde van de negentiende eeuw, aan de oevers van de Oostzee, observeerde de Estse bioloog Jakob von Uexküll hoe een teek jarenlang roerloos kon blijven, totdat drie specifieke signalen – de geur van boterzuur, een temperatuurschommeling, de textuur van de huid – hem ertoe brachten zich op een voorbijtrekkend zoogdier te laten vallen. Geen enkele voorstelling van de wereld, geen 'redenering'. En toch een feilloos inzicht in wat ertoe doet. Uexküll noemde deze selectieve wereld 'Umwelt': niet de objectieve omgeving, maar de omgeving die betekenisvol is voor het organisme. Weten is in deze zin aanvoelen wat relevant is.

Gevoeligheid is de eerste trede van deze elementaire cognitie. Maar dit mag niet worden verward met een passieve ontvangst van prikkels. Een levend organisme registreert de wereld niet als een inerte sensor: het onderschept haar. In de jaren vijftig merkten enkele microbiologen in de laboratoria van *'Cold Spring Harbor'* op dat bacteriën zoals *Escherichia coli* zich niet willekeurig verplaatsen, maar hun gedrag aanpassen aan chemische gradiënten, waarbij ze anticiperen op gunstigere zones. Ze 'denken' niet aan de voeding, maar herkennen deze nog voordat ze deze bereiken. Het is een vorm van tijdelijke kennis, gericht op het mogelijke.

Hier komt de reactie om de hoek kijken. Elk levend organisme voelt niet alleen, maar reageert ook op gepaste wijze, dat wil zeggen in overeenstemming met zijn eigen overleving en identiteit. De fysioloog Claude Bernard was in zijn Parijse laboratorium halverwege de negentiende eeuw onder de indruk van de constantheid van het interne milieu van hogere organismen. Maar wat vandaag de dag nog verrassender lijkt, is dat ook organismen zonder zenuwstelsel geïntegreerde reacties vertonen. Planten, bijvoorbeeld. In 1880 publiceerde Charles Darwin, in zijn studeerkamer in Down House, samen met zijn zoon Francis „*The Power of Movement in* Plants“, waarin hij beschreef hoe wortels hun groei richten op basis van licht- en tastprikkels. Darwin sprak, voorzichtig, over een soort „gevoelige punt“ die het gedrag van de plant coördineert. Een intuïtie die lange tijd marginaal bleef, omdat ze het idee van cognitie die beperkt was tot 'hogere' dieren in de weg stond.

De derde dimensie, misschien wel de meest ontwrichtende, is anticipatie. Leven betekent niet alleen handelen als reactie op wat er gebeurt, maar ook in functie van wat er zou kunnen gebeuren. In de jaren zestig sprak de Italiaanse fysioloog Luigi Fantappiè over 'biologische finaliteit' in niet-metafysische, maar dynamische termen: levende systemen organiseren zich volgens gerichte trajecten. Meer recent hebben studies naar het circadiane ritme aangetoond dat eencellige organismen anticiperen op regelmatige veranderingen in de omgeving, zoals de afwisseling van licht en donker, zelfs wanneer de prikkel tijdelijk wordt weggenomen. Ze reageren niet op het heden: ze bereiden zich voor op de toekomst.

In dit licht lijkt cognitie niet langer een late evolutionaire luxe, maar een fundamentele eigenschap van het leven als informatiesysteem. Gevoeligheid, reactie en anticipatie zijn geen bijkomende functies: ze zijn de manier waarop een organisme bestaat. Zoals de filosoof en arts Georges Canguilhem in 1952 schreef: *'Leven is verkiezen en uitsluiten'*.

Elke levenshandeling is al een daad van kennis, omdat ze onderscheidt, beoordeelt en oriënteert.

De veldbiologie biedt hier een doorslaggevende interpretatiesleutel. Als het organisme een gestabiliseerde informatiestructuur is, dan betekent kennen zonder te denken het handhaven van een dynamische samenhang met het eigen relatieveld. Er is geen commandocentrum nodig, noch een interne voorstelling van de wereld. Een wijdverspreide gevoeligheid volstaat, die in staat is informatie om te zetten in vorm, en vorm in actie. Misschien is het echte schandaal niet dat organismen weten zonder na te denken. Het is dat wij lange tijd hebben gedacht dat we wisten zonder te leven.

Ganzen, spinarelli en onmiddellijke beslissingen: cognitie zonder denken.

Er was een specifiek moment in de twintigste eeuw in Europa waarop het idee dat je moet denken om te weten, serieus begon te wankelen. Niet in de laboratoria voor experimentele psychologie, maar op de weiden, langs de kanalen, in de natuurreservaten. Daar waar Konrad Lorenz en Nikolaas Tinbergen dieren observeerden die deden wat ze kunnen, zonder aarzeling, zonder te beraden, vaak zonder het ooit te hebben 'geleerd'.

Lorenz vertelde dit met een ironische glimlach, terwijl hij terugdacht aan zijn grijze ganzen in Altenberg, vlakbij Wenen, in de jaren '30. Het volstond dat hij het eerste bewegende voorwerp was dat de pas uit het ei gekomen kuikens zagen, om ervoor te zorgen dat ze hem overal volgden, net zoals ze dat bij hun moeder zouden doen. Imprinting is geen cognitieve fout: het is een vorm van bliksemsnelle, onomkeerbare en perfect adaptieve kennis. In een wereld waarin besluiteloosheid levens kost, is er geen tijd om na te denken. Het organisme weet wie het moet volgen omdat het zo is opgebouwd dat het bepaalde signalen binnen een precies tijdsbestek herkent. Cognitie is hier een venster dat opengaat en weer dichtgaat.

Tinbergen richtte enkele jaren later zijn aandacht op een ogenschijnlijk onopvallende vis, de spinarello. In de kanalen van Nederland toonde hij aan dat het mannetje tijdens het voortplantingsseizoen elk voorwerp aanvalt dat een rode vlek vertoont, zelfs een ruw kartonnen silhouet. Hij valt geen 'rivaal' aan: hij reageert op een sleutelprikkel. Het gedrag is complex, gecoördineerd en doeltreffend. Maar het wordt niet gemedieerd door mentale voorstellingen. Het is de reactie van een gevoelig systeem op een betekenisvolle configuratie van het waarnemingsveld.

Hier zet de klassieke ethologie een beslissende stap: ze toont aan dat de vorm van het gedrag voorafgaat aan de intentie. Dieren beslissen niet wat ze moeten doen; ze herkennen wanneer het moment daar is om het te doen. De zogenaamde vaste handelingspatronen – sterk georganiseerde motorische sequenties – worden geactiveerd als vooraf geschreven zinnen, maar alleen wanneer de omgeving het juiste woord 'uitspreekt'. Weten is in deze zin niet het construeren van een model van de wereld, maar afgestemd zijn op bepaalde frequenties ervan.

Een anekdote die in de jaren vijftig vaak werd aangehaald tijdens seminars over ethologie in Oxford, gaat over Tinbergen die tijdens een demonstratie aan een groep studenten liet zien hoe een vrouwtje van de grote zilvermeeuw liever een stokje met drie rode strepen pikte dan de realistische snavel van een volwassen exemplaar. Het hyperbolische signaal werkte beter dan het origineel. Niet omdat het dier zich 'vergiste', maar omdat haar cognitie was afgestemd op relaties, niet op objecten. Biologische kennis is altijd economisch: ze selecteert wat ertoe doet, niet wat in abstracte zin waar is.

Dit perspectief sluit op natuurlijke wijze aan bij de veldbiologie. Als het organisme een gestabiliseerde informatiestructuur is, dan is gedrag niet de uitvoering van een intern programma, maar de resonantie tussen een omgevingsconfiguratie en een interne dispositie. Gevoeligheid en reactie zijn twee kanten van hetzelfde proces. Anticipatie verschijnt in de ethologie niet als een bewuste voorspelling, maar als structurele paraatheid: het organisme is al voorbereid op wat biologisch waarschijnlijk is.

Lorenz benadrukte een punt dat vandaag de dag verrassend actueel is: dit gedrag bestaat niet uit starre automatismen. Het kan worden gemoduleerd, afgeweken, soms geremd. Maar de intelligentie ervan ligt niet in oneindige flexibiliteit; het ligt in de contextgebonden precisie. Een ingebedde kennis, verankerd in de vorm van het organisme en in zijn evolutionaire geschiedenis. Met andere woorden: een cognitie die niet denkt, maar daarom nog niet blind is.

Vanuit dit perspectief gezien lijkt de klassieke ethologie een grensdiscipline die op veel hedendaagse inzichten heeft vooruitgelopen. Ze heeft aangetoond dat kennis niet samenvalt met reflectief bewustzijn, dat betekenis voortkomt uit interactie en dat het leven, voordat het zichzelf verklaart, zich oriënteert. Het is een sobere, maar radicale les: het leven begrijpen betekent observeren hoe het handelt wanneer het geen tijd heeft om uit te leggen waarom het dat doet.

Meten om te leven: hoe organismen betekenis geven aan de wereld.

Als er één misvatting is die de veldbiologie ons uitnodigt te overwinnen, dan is het wel het idee dat het organisme slechts een ontvanger van prikkels is, een soort controlecentrum dat gegevens van buitenaf verzamelt om vervolgens te reageren. In werkelijkheid meet elk levend organisme zijn eigen omgeving. En meten betekent hier niet kwantificeren volgens abstracte parameters, maar verschillen vaststellen die ertoe doen, een betekenisvolle wereld opbouwen door middel van relaties.

In de jaren dertig van de twintigste eeuw merkte de Hongaarse biofysicus László von Bertalanffy bij het bestuderen van open biologische systemen op dat wat het levende onderscheidt niet de materie is waaruit het bestaat, maar de manier waarop het stabiele relaties in stand houdt, zelfs te midden van de voortdurende stroom van energie en informatie. Het organisme ondergaat de omgeving niet: het bemonstert deze, filtert deze en zet deze om in een geografie van waarden. Elke meting is al een interpretatie.

Een ogenschijnlijk eenvoudig voorbeeld komt uit de studies naar thermoregulatie die in de jaren zestig in de laboratoria van Stockholm werden uitgevoerd. De onderzoekers merkten op dat veel zoogdieren niet reageren op de ‘objectieve’ temperatuur, maar op snelle en plaatselijke schommelingen. De huid is in die zin geen neutrale sensor, maar een cognitief oppervlak dat veranderingen afweegt en onderscheid maakt tussen wat een bedreiging is en wat achtergrondruis is. Het organisme meet gradiënten, geen geïsoleerde grootheden.

Dit vermogen komt bijzonder duidelijk naar voren in het werk van James J. Gibson, een perceptiepsycholoog, die in de jaren zeventig sprak over *'aff*ordance': de mogelijkheden tot handelen die de omgeving aan een specifiek organisme biedt. Een rotswand is op zich geen ' '; hij is beklimbaar of dodelijk, afhankelijk van het lichaam dat ermee in aanraking komt. De maat ligt niet in de wereld, noch in het organisme, maar in de relatie tussen beide. Hier toont de biologische cognitie zich als een gesitueerde, belichaamde gebeurtenis, die niet kan worden herleid tot een abstracte berekening.

Een anekdote die door een Italiaanse etholoog werd verteld tijdens een observatiecampagne in het Gran Paradiso-park illustreert dit goed. Bij het bestuderen van de gemzen merkte hij op dat de dieren hun gebruikelijke routes niet aanpasten op basis van de directe aanwezigheid van de mens, maar op basis van microvariaties in de stilte en de geur die door de wind werd meegevoerd. De omgeving werd 'gelezen' als een dynamische kaart van waarschijnlijkheden. De gemzen namen de mens niet waar, maar registreerden een verandering in het relationele veld waarin ze leefden.

Vanuit dit perspectief lijkt het organisme op een gedistribueerd meetapparaat, zonder één enkel centrum. Cellen, weefsels en organen nemen deel aan deze voortdurende evaluatieactiviteit. In de jaren negentig toonden de studies van Walter Freeman over de olfactorische dynamiek aan dat de hersenen geuren niet herkennen als vaste afdrukken, maar als configuraties die voortkomen uit de interactie tussen prikkel en interne toestand. Ook hier is de meting geen momentopname, maar een proces.

De veldbiologie biedt hier een krachtig conceptueel kader: het organisme stabiliseert informatie niet omdat het deze opslaat, maar omdat het een operationele samenhang handhaaft met wat het meet. Leven betekent afgestemd blijven op bepaalde verschillen en oneindig veel andere negeren. Elke levenshandeling is een impliciete keuze, een standpunt innemen in de stroom van de werkelijkheid.

Zoals de filosoof Maurice Merleau-Ponty in 1945 schreef: *'Het lichaam is ons algemene middel om een wereld te hebben.'* Geen object tussen de objecten, maar een meetbare drempel, een levende interface. In die zin is de actieve relatie met de omgeving geen bijkomstig hoofdstuk van de biologie: het is de epistemologische kern ervan. Het leven weet niet waarom het de wereld vertegenwoordigt, maar omdat het deze meet terwijl het erdoorheen gaat.

Het gevaar wordt gevoeld voordat het wordt berekend.

Er bestaat een vorm van intelligentie die voorafgaat aan elke berekening, elke bewuste voorspelling, elke waarschijnlijkheidsgrafiek. Het is de intelligentie waarmee organismen risico's inschatten. Ze schatten het niet in, ze meten het niet in percentages: ze voelen het. De biologie van de velden nodigt uit om dit proces niet te beschouwen als een primitieve versie van het menselijk redeneren, maar als een autonome en verfijnde vorm van belichaamde kennis.

Het risico is in dit kader geen externe variabele die moet worden beoordeeld, maar een verstoring van het betekenisveld waarin het organisme leeft. Een plotseling geluid, een voor ons onmerkbare chemische verandering, een onderbreking in het gebruikelijke ritme kunnen al voldoende zijn om een drastische reactie in gang te zetten.

Een fascinerend voorbeeld komt uit de studies die de biochemicus Howard Berg in de jaren zeventig uitvoerde naar de chemotaxis van bacteriën. In zijn laboratorium in Boulder constateerde Berg dat *Escherichia coli* niet 'weet' waar zich een voedselbron bevindt, noch de beste route berekent. Het vergelijkt, moment na moment, of de situatie verbetert of verslechtert. Als deze verslechtert, verandert het van richting. Het is een elementaire maar doeltreffende risicobeoordeling:

niet gebaseerd op een kaart van de toekomst, maar op een differentiële gevoeligheid voor het heden.

Iets soortgelijks, maar op een oneindig veel complexere schaal, gebeurt bij grote herbivoren. Na de herintroductie van wolven in Yellowstone National Park in 1995 merkten ethologen op dat elanden hun graasgedrag aanpasten, zelfs wanneer er geen roofdieren zichtbaar waren. Ze vermeden bepaalde valleien, pasten hun tijdschema's aan en verkortten hun verblijfsduur. Het risico was niet de directe ontmoeting met de wolf, maar de transformatie van het gehele ecologische veld. Het organisme meet het gevaar aan de hand van de vorm van het landschap, niet door het tellen van aanvallen.

In deze gevallen is het misleidend om van een 'beslissing' te spreken. Er is geen subject dat alternatieven afweegt. Er is een levend systeem dat zijn eigen mate van blootstelling reguleert en daarbij de interne samenhang behoudt. De biologische risicobeoordeling is altijd preventief, zelden reactief. Voordat het organisme weet waarom iets gevaarlijk is, weet het al dat het gevaarlijk is.

Een anekdote die tijdens ethologisch onderzoek aan de kust van Bretagne werd verzameld, verteld door een Franse mariene bioloog, gaat over octopussen. Sommige exemplaren vermeden schijnbaar ideale schuilplaatsen na recente stormen. Niet omdat ze waren verwoest, maar omdat de stroming was veranderd. Het risico voor de octopus lag niet in de schuilplaats zelf, maar in het verlies van controle over zijn actieradius. Opnieuw geen schatting, geen expliciete voorspelling: alleen een subtiele afweging van de relatie.

Deze manier van risico-inschatting staat ook ver af van het moderne, door berekeningen geobsedeerde menselijke model. De socioloog Ulrich Beck sprak in de jaren tachtig van een 'risicomaatschappij', juist om te verwijzen naar een cultuur die onzekerheid tracht te beheersen door middel van cijfers en simulaties. Het biologische leven lijkt daarentegen een tegenovergestelde logica te volgen: de blootstelling verminderen met behoud van de kwaliteit van de relatie met de omgeving, niet de nauwkeurigheid van de voorspelling.

In dit licht lijkt de biologische risicobeoordeling een fundamentele cognitieve functie te zijn, die in het organisme zelf is ingebed. Het is niet nodig om te weten hoe waarschijnlijk een gebeurtenis is; het volstaat te weten of deze situatie nog leefbaar is. Overleven vereist geen statistieken, maar een voortdurende gevoeligheid voor de drempels waarboven de samenhang wordt verbroken.

Planten die beslissen: hoe het leven risico's inschat zonder hersenen.

Er is een beeld dat vaak terugkomt als we het over cognitie hebben: een dier dat observeert, beoordeelt, beslist. En dan is er de onbeweeglijkheid van planten, die eeuwenlang voor passiviteit werd aangezien. Toch, als we goed kijken, zijn planten e e meesters van een radicaal andere vorm van kennis: ze denken niet, ze rekenen niet, maar ze meten. En door te meten, beslissen ze.

Al in 1880 merkte Charles Darwin op dat de wortelpunt zich gedroeg 'als het brein van een lager dier'. Het was zeker een provocatie, maar geen grapje. Darwin had aangevoeld dat het leven, zelfs zonder zenuwstelsel, een fundamenteel vermogen bezit: onderscheiden wat relevant is.

Voor een plant is water niet alleen een hulpbron: het is een afweging. Het openen van de huidmondjes om kooldioxide op te nemen betekent waterverlies; het sluiten ervan beschermt tegen uitdroging, maar vertraagt de fotosynthese. Het is een voortdurend dilemma, dat zich elke dag, vaak elk uur, herhaalt. In de jaren negentig hebben plantenfysiologen zoals Melvin Tyree en John Sperry, eerst in de laboratoria van de Universiteit van Utah en later in Davis, aangetoond dat veel planten werken met wat we tegenwoordig de hydraulische veiligheidsmarge noemen. Eenvoudig gezegd: ze weten hoever ze 'te ver kunnen gaan' voordat er zich in hun geleidingsvaten luchtbellen vormen — cavitatie — die de waterstroom onderbreken en tot weefselsterfte kunnen leiden.

Het is geen reflexmatige reactie. Planten anticiperen. Ze passen de stomatale geleiding niet alleen aan op basis van de aanwezige vochtigheid, maar ook op basis van de trend in het systeem: als de droogte verergert, reageren ze voordat de schade onomkeerbaar is. Bij sommige mediterrane soorten, zoals de steeneik, is deze voorzichtigheid bijna spreekwoordelijk; bij andere, zoals bepaalde populieren in de laagvlakte, is de strategie riskanter, bijna 'speculatief'. Twee cognitieve stijlen, zouden we kunnen zeggen, die in de fysiologie zijn ingebakken.

Hoe 'weet' een plant dat ze een risico loopt? Er is geen commandocentrum. De controle is gedistribueerd. Variaties in hydraulische druk, ionengradiënten en hormonen zoals abscisinezuur verspreiden zich door de weefsels en creëren zo een samenhangend beeld van de situatie. Elk blad, elke wortel draagt bij aan de algehele beoordeling.

Een onderzoeker vertelde tijdens een conferentie in Montpellier in 2008 dat werken met planten betekent dat je het idee van één enkele beslisser moet loslaten: '*Het is alsof je met een menigte praat die echter in koor antwoordt.*' Hier krijgt het begrip van het organisme als een gestabiliseerd informatiesysteem betekenis: de eenheid is geen punt, maar een samenhang.

Zelfs het licht, dat we instinctief associëren met het plantenleven, kan een gevaar vormen. Een overdaad aan straling beschadigt de fotosystemen en veroorzaakt oxidatieve stress. Planten weten dit — en reageren erop. In de jaren vijftig ontdekten Sterling Hendricks en Harry Borthwick in de laboratoria van het Amerikaanse Ministerie van Landbouw de fytochromen: pigmenten die gevoelig zijn voor de kwaliteit van het licht. Dankzij deze sensoren kan een plant onderscheiden of hij in de volle zon staat of in de schaduw van andere planten.

Dat is geen onbelangrijk verschil: de 'groene' schaduw van andermans bladeren duidt op dreigende concurrentie.

Zo ontstaat het zogenaamde *'shade avoidance syndrome'*: de stengel rekt zich uit, de bladeren veranderen van hoek, de verdeling van de hulpbronnen wordt bijgestuurd. Het is een inschatting van het toekomstige risico: laag blijven betekent uitgesloten worden van het licht; snel groeien stelt de plant bloot aan mechanische instabiliteit en waterstress. Ook hier is er geen sprake van een berekening, maar van een dynamische afweging van de overlevingskansen.

Het meest verrassende is dat dit alles plaatsvindt zonder verplaatsing. Of beter gezegd: zonder wat wij 'beweging' noemen. Planten 'weten' door 'te blijven staan'. Geworteld in de grond zetten ze tijd om in informatie. Waar een dier kan vluchten, moet een plant anticiperen.

In de Kew Botanical Gardens in Londen zei een oude conservator graag dat planten 'gedwongen filosofen' zijn: ze kunnen niet impulsief handelen, dus moeten ze wijs zijn. Het is een ironische opmerking, maar ze raakt een essentieel punt. Plantaardige cognitie is geen snelle reactie, maar een langzame en diepgaande integratie van signalen.

Als we zeggen dat elk organisme weet, schrijven we planten geen miniatuurgeest toe. We verbreden juist het begrip 'kennis' zelf. Weten betekent in deze zin het behouden van de eigen vitale samenhang in een onzekere, ge erde wereld. Het betekent het afwegen van risico's en kansen met de middelen die de eigen levensvorm ter beschikking stelt.

Planten laten ons zien dat cognitie niet voortkomt uit de hersenen, maar uit de noodzaak om intact te blijven. Het zijn systemen die afwegen, anticiperen, kiezen – niet tussen ideeën, maar tussen biologische mogelijkheden. In dit stille werk van voortdurende afweging onthult het leven zijn meest essentiële gezicht: geen blind mechanisme, maar een proces dat gevoelig is voor betekenis.

Fouten maken om in leven te blijven: de voorzichtige intelligentie van het leven.

Er is een idee dat diep geworteld is in onze manier van denken – niet alleen in de economie, maar ook in een zekere naïeve biologie – volgens welke leven neerkomt op het maximaliseren van de opbrengst. Meer groei, meer energie, meer voortplanting. Toch lijkt het echte leven, van dichtbij bekeken, een andere, bijna contra-intuïtieve logica te volgen: niet maximaliseren, maar niet te veel fouten maken. Of beter gezegd: die fouten vermijden waarvoor geen beroep mogelijk is.

In het hoofdstuk gewijd aan het leven als cognitief proces wordt dit perspectief doorslaggevend. Als elk organisme weet, dan kent het ook zijn eigen grenzen. En de fout – verre van een simpele afwijking – wordt een structureel element van de biologische kennis.

In de biologie is de fout nooit abstract. Het is geen fout antwoord op een examenblad, maar een keuze die de hele levensvorm in gevaar kan brengen. Daarom optimaliseren organismen niet: ze nemen voorzorgsmaatregelen. Zoals de fysioloog Walter Cannon al in de jaren dertig opmerkte, toen hij aan Harvard onderzoek deed naar homeostase, streven levende systemen niet naar maximale prestaties, maar naar het binnen blijven van grenzen die verenigbaar zijn met overleven.

Het is een subtiel maar cruciaal verschil. Het maximaliseren van de opbrengst brengt het risico van catastrofale fouten met zich mee; het minimaliseren van het risico accepteert daarentegen een zekere mate van inefficiëntie. Het leven, zouden we kunnen zeggen, geeft er de voorkeur aan om een beetje saai te zijn in plaats van te gewaagd. Een fascinerend voorbeeld komt uit de microbiële wereld, waar cognitie in haar meest essentiële vorm verschijnt. Al in de jaren zeventig werd in het laboratorium waargenomen dat genetisch identieke populaties van *E. coli-bacteriën* zich niet allemaal op dezelfde manier gedragen wanneer ze worden blootgesteld aan een onstabiele omgeving. Sommige individuen vertragen hun stofwisseling drastisch, andere blijven groeien. Dit is een strategie die bekendstaat als *'bet-hedging'*: niet alles inzetten op één enkele voorspelling van de toekomst.

Aaron Mitchell, die in de vroege jaren 2000 aan Stanford werkte, toonde aan dat deze schijnbare 'inefficiëntie' de kans vergroot dat ten minste een deel van de populatie plotselinge schokken overleeft. De fout ligt hier niet in het vermijden van groei wanneer de omgeving gunstig zou zijn, maar in het groeien wanneer die binnenkort niet meer gunstig zal zijn. Biologische kennis bestaat in dit geval uit het niet al te veel vertrouwen op de huidige omstandigheden.

Zelfs in de meest complexe systemen, zoals het menselijke immuunsysteem, herhaalt zich dezelfde logica. Het immuunsysteem maakt voortdurend fouten: het herkent dingen als gevaarlijk die dat niet zijn, veroorzaakt onnodige ontstekingen en soms zelfs auto-immuniteit. Vanuit technisch oogpunt is het een ramp. Vanuit biologisch oogpunt is het een verstandige keuze. In de jaren vijftig formuleerde Frank Macfarlane Burnet de theorie van de klonale selectie, waarbij hij opmerkte dat het immuunsysteem is ontworpen om overgevoelig te zijn. Het is beter één keer te veel te reageren dan niet te reageren wanneer de ziekteverwekker echt aanwezig is. Ook hier is de epistemologie van het leven asymmetrisch: sommige fouten zijn aanvaardbaar, andere niet. Biologische cognitie streeft niet naar de waarheid, maar naar continuïteit.

Deze wijsheid van de fout komt ook op ecologisch vlak duidelijk naar voren. In onstabiele omgevingen — woestijnen, toendra's, getijdengebieden — zijn de soorten die overleven niet degenen die elke gunstige periode maximaal benutten, maar degenen die een reserve aan mogelijkheden behouden. In de jaren tachtig toonden veldstudies in de Negev-woestijn aan dat sommige planten zelfs na overvloedige regenval slechts een fractie van hun zaden laten ontkiemen. De rest blijft in de grond, in afwachting. Het is een daad van wantrouwen jegens het heden. Een Israëlische botanicus vertelde, met een vleugje ironie, dat die planten 'niet geloven in de beloften van de hemel'. Opnieuw valt kennis niet samen met optimisme, maar met een nuchtere inschatting van de gevolgen.

Als we terugkeren naar het idee van het organisme als een gestabiliseerde informatiestructuur, krijgt de fout een nieuwe status. Het is geen incident in het cognitieve proces, maar de proefsteen ervan. Een levend systeem weet omdat het zonder zekerheden moet handelen, en handelt in de wetenschap dat sommige gokken niet zijn toegestaan. In die zin is het vermijden van risico geen evolutionaire lafheid, maar belichaamde intelligentie. Het leven streeft niet naar het maximaal mogelijke, maar naar het voldoende betrouwbare. Het is een les die veel dominante metaforen – van lineaire vooruitgang tot algoritmische optimalisatie – op losse schroeven zet en de weg bereidt voor een biologie van het bewustzijn die niet samenvalt met prestatie, maar met de verantwoordelijkheid van de vorm.

Het leven als meetinstrument: wanneer de wetenschap leert van organismen.

Als we de geschiedenis van wetenschappelijke instrumenten aandachtig bekijken, ontdekken we een merkwaardig detail: veel ervan zijn niet voortgekomen uit een zuivere wiskundige abstractie, maar uit de – vaak onbewuste – nabootsing van elementaire biologische functies. Alsof de mensheid, nog voordat ze apparaten uitvond om de wereld te meten, had geleerd door te observeren hoe organismen dat al miljoenen jaren deden.

In het kader van dit hoofdstuk, waarin het leven wordt beschreven als een cognitief proces, werpt deze vergelijking een verhelderend licht op de zaak. Het organisme beperkt zich namelijk niet tot reageren: het meet. En het meet altijd met het oog op zijn eigen overleving, waarbij het informatie, geheugen en anticipatie integreert. Precies wat we van onze wetenschappelijke instrumenten verlangen. Laten we een van de meest iconische instrumenten van de moderne wetenschap nemen: de thermometer. Toen Galileo Galilei aan het begin van de zeventiende eeuw in Padua met zijn thermoscoop experimenteerde, mat hij de temperatuur nog niet in kwantitatieve zin, maar registreerde hij variaties. Warm en koud waren waargenomen verschillen, geen absolute getallen.

Hetzelfde principe geldt voor de huid van een zoogdier of de slijmvliezen van een reptiel: niet 'de temperatuur' kennen, maar een afwijking ten opzichte van een vitale toestand waarnemen. De huid is geen neutrale sensor: het is een cognitieve interface, afgestemd op biologische drempels. De moderne thermometer doet niets anders dan deze oeroude functie stabiel, herhaalbaar en communiceerbaar maken.

Ook het meten van tijd, ogenschijnlijk het meest abstracte, heeft diepe biologische wortels. De scheepskronometers uit de achttiende eeuw, zoals die welke door John Harrison werd geperfectioneerd om het lengtegraadprobleem op te lossen, zijn ontstaan uit de behoefte aan synchronisatie. Maar synchronisatie is van oudsher een vaardigheid van levende wezens.

Elk organisme bezit interne ritmes: cycli van activiteit, rust en vernieuwing. In de twintigste eeuw toonden de experimenten van Jürgen Aschoff in de bunker van Andechs, in Duitsland, aan dat het menselijk lichaam zelfs bij afwezigheid van licht en externe referentiepunten de tijd blijft 'tellen'. Niet met getallen, maar met fysiologische schommelingen. De wetenschappelijke chronometer bootst dit vermogen na: het handhaven van een interne tijdscoherentie die onafhankelijk is van de omgeving.

Voordat Evangelista Torricelli in 1643 de barometer uitvond, 'wisten' veel dieren wanneer het weer zou omslaan. Herders en zeelieden vertelden dit al eeuwenlang: onrustige honden, vogels die van koers veranderen, kikkers die uit het water komen. Geen folklore, maar waarneming van drukveranderingen. De barometer introduceert geen nieuwe kennis: de objectieve. Hij zet een wijdverbreide gevoeligheid om in een afleesbaar gegeven. Opnieuw stabiliseert het wetenschappelijke instrument een biologische functie : het detecteren van relevante veranderingen in de omgeving voordat deze gevaarlijk worden.

Wat deze voorbeelden gemeen hebben, is een vaak over het hoofd gezien punt: geen enkel instrument meet ‘in absolute zin’. Elke meting is een relatie. Het stijgende kwik, de slingerende naald, de kloppende slinger vertalen niets anders dan een interactie in een stabiel signaal. Precies zoals een organisme dat doet wanneer het waarneemt, beoordeelt en reageert. Vanuit dit perspectief bezien, lijken wetenschappelijke instrumenten cognitieve prothesen van het leven zelf. Geen neutrale entiteiten, maar uitbreidingen van een primair biologisch vermogen: onderscheid maken tussen wat ertoe doet en wat kan worden genegeerd.

De moderne wetenschap is in haar streven naar objectiviteit deze oorsprong vaak vergeten. Toch draagt elk instrument een impliciete vraag met zich mee: wat is relevant voor een systeem dat wil voortbestaan? Het is dezelfde vraag die elk organisme, in stilte, aan de wereld stelt. In die zin betekent spreken over veldbiologie en over organismen als gestabiliseerde informatiestructuren, erkennen dat cognitie niet begint bij de hersenen, noch bij het laboratorium. Het begint op het moment dat iets iets anders meet om te blijven wat het is.

Meten is al kiezen: de stille verantwoordelijkheid van het levende.

Op dit punt verandert de toon van de vraag. Het gaat niet langer alleen om hoe organismen de wereld meten, maar wat het feit dat ze dat doen inhoudt. Want als het leven, in al zijn vormen, een systeem is dat meet – signalen selecteert, ruis wegfiltert, anticipeert op gevolgen – dan is meten nooit een onschuldige handeling. Het is al een stellingname.

In de geschiedenis van de wetenschap zijn we gewend om meten te beschouwen als een neutrale handeling, bijna moreel transparant. Een thermometer oordeelt niet, een sensor beslist niet. Toch wankelt dit ' e' idee zodra we terugkeren naar de biologische oorsprong van elke meting. Het organisme meet om te kunnen blijven bestaan. Elke daad van kennis is gericht, gesitueerd, doelgericht. Met andere woorden: ze is al doordrongen van waarde. In de jaren dertig van de twintigste eeuw constateerde de fysioloog Walter Bradford Cannon, die aan Harvard werkte, dat het lichaam nooit willekeurig reageert op interne en externe veranderingen. Het concept van homeostase komt precies hier vandaan: meten betekent omstandigheden handhaven die verenigbaar zijn met het leven. Maar handhaven impliceert een voorkeur, een norm, een 'zo en niet anders'.

Deze norm is niet moreel in de menselijke betekenis van het woord, maar is evenmin ethisch neutraal. Het is een biologische proto-ethiek: wat de samenhang in stand houdt, wordt bevorderd; wat deze vernietigt, wordt vermeden. Elk organisme bepaalt bij het meten impliciet wat aanvaardbaar is en wat niet.

Dit wordt vooral duidelijk wanneer de biologische meting wordt geëxternaliseerd in de technologie. In 1945 registreerden de meetinstrumenten op *de Trinity Site* in de woestijn van New Mexico met onberispelijke precisie de eerste kernontploffing. De geigertellers werkten perfect. Maar de ethische kwestie lag niet in de verzamelde gegevens, maar in de keuze wat er gemeten moest worden en waarom.

De biologie leert ons dat geen enkel systeem alles meet. Elke meting is selectief. Deze les toepassen op de wetenschap betekent erkennen dat verantwoordelijkheid niet pas ontstaat na kennis, maar samen daarmee. Zoals Hans Jonas schreef in „*Het* verantwoordelijkheidsprincipe“ (1979), dwingt de kracht van de moderne kennis ons tot een anticiperende ethiek. Maar uiteindelijk is deze anticipatie al verankerd in het levende.

Er is een aspect dat vaak over het hoofd wordt gezien: meten stelt degene die meet bloot. Een organisme dat waarneemt, wordt kwetsbaar voor de informatie die het ontvangt. Claude Bernard merkte in zijn Parijse laboratorium in de rue d'Ulm op dat een overdaad aan prikkels een fysiologisch systeem evenzeer kan destabiliseren als het ontbreken ervan. Het meten kan, als het niet wordt geïntegreerd, tot disharmonie leiden. Deze observatie geldt ook voor de hedendaagse mens , die ondergedompeld is in een overvloed aan gegevens. De veldbiologie suggereert dat verantwoordelijkheid niet alleen betrekking heeft op het gebruik van informatie, maar ook op het vermogen om deze te verwerken zonder aan samenhang in te boeten. Een systeem dat meet zonder te integreren, raakt versnipperd.

In dit licht gezien lijkt ethiek niet langer een late toevoeging aan de kennis, maar een natuurlijk gevolg ervan. Als elk organisme een gestabiliseerde informatiestructuur is, dan valt verantwoordelijkheid samen met de zorg voor de eigen samenhang en die van de systemen waarmee het in relatie staat.

Het gaat hier nog niet om rechtvaardigheid, rechten of plichten in de klassieke zin. Het gaat om iets elementairders: het besef dat weten betekent ingrijpen, en dat ingrijpen het veld waarvan wij deel uitmaken, verandert. Wanneer de wetenschap haar biologische wortels erkent, kan zij zich niet langer onttrekken aan de vraag naar de zin en de gevolgen van haar handelen.

Het leven leert ons, door te meten, dat elke authentieke kennis een stille verantwoordelijkheid met zich meebrengt: in verbinding blijven zonder de samenhang te vernietigen die die verbinding zelf mogelijk maakt.

Op weg naar een biologie van het bewustzijn.

Op dit punt van de reis, nadat we het leven hebben gevolgd terwijl het meet, selecteert, anticipeert en zijn eigen samenhang in stand houdt, dringt zich met een zekere onvermijdelijkheid een vraag op: wanneer, en op welke manier, wordt dit alles ervaring? Nog geen bewustzijn in de menselijke, reflectieve, taalkundige zin, maar iets dat er genoeg op lijkt om ons te dwingen onze categorieën te herzien.

Spreken over de biologie van het bewustzijn betekent niet dat we op zoek gaan naar een verborgen ziel in de cellen, noch dat we de ervaring reduceren tot een moleculair algoritme. Het betekent, nuchterder maar ook radicaler, ons afvragen of het bewustzijn niet een emergente eigenschap is van uiterst coherente biologische velden, net zoals het leven ontstaat wanneer informatie ophoudt abstract te zijn en vorm krijgt. In de jaren negentig vertelde neurobioloog Antonio Damasio vaak een anekdote die zich had afgespeeld in *het „Beth Israel Deaconess Medical* Center“ in Boston: patiënten met specifieke letsels in de emotionele gebieden van de hersenen waren perfect in staat om te redeneren, maar niet in staat om beslissingen te nemen. Er ontbrak iets dat geen informatie was, maar een gevoel voor de waarde van de alternatieven.

Dit inmiddels klassieke verhaal wordt bijzonder interessant wanneer het wordt gelezen in het licht van de veldbiologie. Nog vóór de bewuste beslissing bestaat er een niveau van globale integratie dat beoordeelt, stuurt en afweegt. Het is geen denken, maar ook geen simpele reactie. Het is een veld van belichaamde betekenis.

In de natuurkunde is het concept van de drempel cruciaal: onder een bepaalde intensiteit gebeurt er niets kwalitatief nieuws, boven die drempel komt een onverwachte eigenschap naar voren. Sommige theoretische biologen zijn zich gaan afvragen of het bewustzijn niet op dezelfde manier functioneert. In 2014 werd tijdens een conferentie in Tucson over de grondslagen van het bewustzijn levendig gediscussieerd of de subjectieve ervaring een 'schakelaar' of een 'gradiënt' was. De algemene indruk — die later informeel door verschillende deelnemers werd verteld — was dat bewustzijn niet plotseling verschijnt, maar zich verdicht. Waar de informatie voldoende geïntegreerd, stabiel en alomvattend is, gebeurt er iets.

In die zin kunnen de biologische velden die in de voorgaande hoofdstukken zijn beschreven, worden gezien als de voedingsbodem van de ervaring: dynamische structuren die het veelvoudige bijeenhouden en het voor zichzelf aanwezig maken. Een biologie van het bewustzijn ontkent de rol van het zenuwstelsel niet, net zoals de biologie van het leven de chemie niet ontkent. Maar zij verwerpt het idee dat de hersenen bewustzijn produceren zoals een klier een hormoon produceert.

Al in de jaren veertig merkte de neuroloog Kurt Goldstein, die in Frankfurt en later in de Verenigde Staten met patiënten met hersenletsel werkte, op dat het organisme als een geheel op letsels reageert en zijn algehele gedrag herschikt. Er gaat geen geïsoleerde functie verloren: de manier van in de wereld staan verandert. Een krachtige aanwijzing dat de ervaring niet als een object te lokaliseren is, maar als een veld verspreid is.

Als we zover zijn gekomen, hebben we de vraag over het bewustzijn verlegd. Niet langer „waar bevindt het zich?“, maar „wanneer komt het naar voren?“. Niet langer „waaruit bestaat het?“, maar „welke mate van samenhang vereist het?“. Het is een verandering van perspectief die onvermijdelijk leidt tot metafysische vraagstukken, maar zonder de wetenschappelijke nauwkeurigheid los te laten.

De volgende stap is ons af te vragen wat de betekenis is van dit ontstaan: als bewustzijn een gebeurtenis is die zich voordoet in de velden van het leven, dan betreft het niet alleen de mens, maar de manier z waarop het universum zich lokaal bewust wordt van zichzelf. Hier komt de biologie in aanraking met verantwoordelijkheid, en maakt de beschrijving plaats voor betekenis.

Het bewustzijn tussen haakjes: hoe de biologie het kwijtgeraakt is en het weer terugvindt.

Gedurende een groot deel van de twintigste eeuw was het bewustzijn een lastige factor in de biologie. Niet openlijk ontkend, maar zorgvuldig vermeden. Te subjectief, te moeilijk te meten, te dicht bij dat filosofische vocabulaire waar de moderne wetenschap met argwaan naar was gaan kijken. Als de biologie een 'harde' wetenschap wilde worden, moest de moderne wetenschap zich ervan ontdoen. Deze verdrijving heeft een symbolische datum: 1913, toen John B. Watson het manifest van het behaviorisme publiceerde. De psychologie – en daarmee ook de gedragsbiologie – zou alleen bestuderen wat waarneembaar is: prikkels en reacties. Het bewustzijn? Een metafysisch overblijfsel. In de Amerikaanse laboratoria, van de gangen van de Johns Hopkins tot aan de universiteiten in het Midwesten, werd het spreken over innerlijke ervaring bijna beschouwd als een gebrek aan wetenschappelijke opvoeding.

Dezelfde logica doordringt de ontluikende moleculaire biologie. In 1965 schrijft Jacques Monod, aan het Institut Pasteur in Parijs, „*Het toeval en de noodzaak*". Het is een boeiend, rigoureus boek, maar onmiskenbaar in zijn boodschap: het leven is het product van blinde mechanismen, en elke verwijzing naar doelgerichtheid of innerlijkheid is een antropocentrische illusie. Het bewustzijn is in dit kader geen biologisch probleem, maar hooguit een cultureel epifenomeen. Ook Francis Crick herhaalde in de jaren tachtig graag in zijn kantoor aan het Salk Institute in La Jolla dat *'jij, met je vreugde en je verdriet, niets anders bent dan een enorme verzameling neuronen*'. Een uitspraak die juist beroemd is geworden omdat ze de geest van een tijdperk samenvat: alles van onderaf verklaren, zelfs als dat ten koste gaat van wat er onderweg verloren gaat.

Toch klopte er iets niet helemaal. Echte biologische systemen — van ecosystemen tot cellen — bleven eigenschappen vertonen die niet konden worden verklaard door de som der delen. In de jaren zeventig bestudeerde Ilya Prigogine in Brussel dissipatieve structuren en toonde hij aan dat orde spontaan uit chaos kan ontstaan wanneer een systeem ver van het evenwicht verwijderd is. Hij had het niet over bewustzijn, maar opende wel een nieuwe deur: de globale organisatie is belangrijker dan de afzonderlijke mechanismen.

Kort daarna introduceerden Humberto Maturana en Francisco Varela in Chili het concept van autopoësie. Een organisme wordt niet bepaald door waaruit het bestaat, maar door het proces waardoor het zichzelf in stand houdt. Het is een eenheid die zichzelf voortbrengt en zichzelf als zodanig herkent. Hier wordt het bewustzijn nog niet bij naam genoemd, maar het idee van een systeem met een eigen perspectief begint voet aan de grond te krijgen.

De terugkeer van het bewustzijn in de biologie vindt niet plaats als een plotwending, maar als een langzame verschuiving in het culturele klimaat. Aan het einde van de twintigste eeuw wordt het in onderzoekscentra voor complexe systemen – van het Santa Fe Institute in New Mexico tot de Europese laboratoria voor niet-lineaire dynamica – steeds moeilijker om het probleem van de ervaring te negeren.

Als een systeem informatie op globaal niveau integreert, als het een dynamische samenhang behoudt, als het onderscheidt wat relevant is voor zijn eigen bestaan, dan is de vraag niet langer of er iets ontstaat dat op bewustzijn lijkt, maar wanneer en in welke vorm. Het bewustzijn is niet langer een mysterieus object, maar wordt een emergente eigenschap van hooggeorganiseerde biologische velden. Deze historische uitweiding dient niet om afgedankte concepten nostalgisch te herwaarderen, maar om aan te tonen dat de biologie van vraagstelling aan het veranderen is. Niet langer „hoe het bewustzijn uit het wetenschappelijke discours te verwijderen", maar „hoe het te beschrijven zonder de aard ervan te verraden". Het is een delicate overgang, die nieuwe taalvormen en nieuwe theoretische verantwoordelijkheden vereist. De biologie van het bewustzijn is nog geen volwaardige discipline, maar een horizon die zich opent.

XI° – Op weg naar een nieuwe biologie.

Dit hoofdstuk fungeert als een overgang. Het voegt geen nieuw technisch stukje toe aan de mozaïek, maar nodigt uit om naar het totaalbeeld te kijken. Nadat we het leven hebben gevolgd langs de rode draad van coherentie, biologische velden, belichaamde informatie en verspreide cognitie, is het onvermijdelijk om ons af te vragen wat dit alles betekent voor de wetenschap — en voor ons. Hoofdstuk XI sluit niet simpelweg het boek af: het maakt de gevolgen ervan expliciet.

De veldbiologie is namelijk niet alleen een alternatief interpretatiemodel. Het is een ontologisch voorstel: het suggereert dat organismen geen objecten onder objecten zijn, maar gestabiliseerde informatieprocessen, betekeniscentra die in de wereld zijn gesitueerd. Dit perspectief aanvaarden betekent erkennen dat het leven noch tot een machine, noch tot toeval kan worden herleid, zonder daarom zijn toevlucht te nemen tot mystieke verklaringen. Het is een ongemakkelijk, maar vruchtbaar standpunt.

In de loop van de twintigste eeuw heeft de wetenschap uiterst krachtige instrumenten verfijnd, vaak ten koste van een vereenvoudiging van het bestudeerde object. Dit boek heeft aangetoond hoe, in het geval van het levende, die vereenvoudiging een beperking begint te worden. Dit hoofdstuk dient dan ook om te verduidelijken wat er verandert wanneer het leven wordt beschouwd als een coherent en cognitief veld: de legitieme vragen veranderen, de aanvaarde modellen, maar ook de epistemische houding van de wetenschapper. Het gaat er niet om 'waarden' van buitenaf aan de biologie toe te voegen, maar om te erkennen dat elke beschrijving van het levende wezen culturele en ethische implicaties met zich meebrengt. Zoals Hans Jonas schrijft in „Het verantwoordelijkheidsprincipe": *„Handel zodanig dat de gevolgen van je handelen verenigbaar zijn met het voortbestaan van een authentiek menselijk leven op* aarde." Deze uitspraak, die in een filosofische context is ontstaan, krijgt een verrassend biologische lading als het leven wordt opgevat als een netwerk van onderling afhankelijke velden: ingrijpen in één veld betekent altijd ingrijpen in het geheel.

Een van de doelstellingen van dit hoofdstuk is aan te tonen dat de biologie van de velden de wetenschap niet verarmt, maar juist verrijkt. Ze introduceert nieuwe modellen – systemisch, niet-lokaal, dynamisch – en dwingt ons na te denken over begrippen die de biologie uit voorzichtigheid terzijde had geschoven: vorm, doel, betekenis. Niet als dogma's, maar als legitieme vraagstukken.

In die zin is de dialoog met de metafysica geen stap achteruit, maar een stap opzij. Dit hoofdstuk biedt dus geen definitieve oplossingen. Het wijst een richting aan. Het laat zien dat het beschouwen van het leven als een gebeurtenis vol betekenis een meer reflectieve wetenschap en een verantwoordelijker kennis impliceert. Het is het punt waarop het wetenschappelijke discours de vraag ontmoet wat de moeite waard is om te weten – en hoe we datgene wat we weten moeten gebruiken.

Wanneer de wetenschap ophoudt met ontmantelen en begint te luisteren.

Als de veldbiologie een radicaal voorstel is, dan is dat in de eerste plaats voor de wetenschap zelf. Na de crisis van het klassieke paradigma, de ontdekking van coherentie en het idee van het organisme als een gestabiliseerd informatieveld, wordt het onvermijdelijk om ons af te vragen: wat verandert er werkelijk in het werk van de wetenschapper? Het antwoord is niet technisch, maar methodologisch en cultureel. De modellen veranderen — ze zijn niet langer lineair, niet langer puur causaal — en de vragen die als legitiem worden beschouwd, veranderen. De veldbiologie suggereert dat het levende niet alleen kan worden begrepen door het te ontleden, maar dat het moet worden gevolgd in zijn organisatiepatronen, in zijn resonanties, in zijn dynamische stabiliteit. Met andere woorden: de wetenschap wordt opgeroepen om processen te observeren, niet alleen mechanismen.

Een van de meest opvallende veranderingen betreft het soort modellen dat aanvaardbaar wordt geacht. De dominante metafoor van de machine, hoewel buitengewoon effectief op moleculair niveau, laat hier haar beperkingen zien. Organismen verschijnen steeds meer als samenhangende systemen die hun identiteit behouden door middel van continue stromen van materie, energie en informatie. Dit is geen nieuw idee, maar de manier waarop het wordt geformaliseerd, verandert.

Laten we niet vergeten dat Ludwig von Bertalanffy, de grondlegger van de systeemtheorie, in de jaren vijftig opmerkte dat *„Het geheel meer is dan de som van zijn delen.*" Een vaak geciteerde zin, maar zelden ten volle serieus genomen. De veldbiologie probeert dit wel te doen, door modellen voor te stellen die kunnen beschrijven hoe biologische orde ontstaat en in stand blijft zonder op één enkel niveau gelokaliseerd te zijn. Het is geen toeval dat conceptue e instrumenten zoals niet-lineaire dynamica, zelforganisatie en coherentie vandaag de dag een vaste plaats innemen in het biologische vocabulaire, ver buiten de fysica waar ze hun oorsprong vonden.

Naast de modellen veranderen ook de vragen. Decennialang heeft de biologie de voorkeur gegeven aan het ‘hoe’ ten koste van het ‘waarom’, uit angst voor finalistische uitwassen. Maar een veldbiologie kan vragen over de vorm, de stabiliteit en de richting van levensprocessen niet uit de weg gaan. Niet als externe oorzaken, maar als immanente eigenschappen van levende systemen.

Conrad Waddington schreef dat biologische ontwikkeling lijkt op een landschap van mogelijkheden. Vandaag de dag is die intuïtie weer actueel: de vraag is niet langer alleen welke genen erbij betrokken zijn, maar hoe het organisme zijn koers vasthoudt tussen vele verenigbare mogelijkheden. Het is een vraag die regulerende velden aan de orde stelt, niet afzonderlijke moleculen.

Een andere verandering betreft het idee van wetenschappelijke neutraliteit. Als het levende wezen een informatiesysteem is dat interpreteert en reageert, is ook het proces van het leren kennen ervan nooit volledig extern. De veldbiologie maakt expliciet wat wetenschapsfilosofen zoals Evelyn Fox Keller al lang hebben benadrukt: modellen zijn geen spiegels van de natuur, maar gesitueerde instrumenten, doordrongen van metaforen en impliciete keuzes.

Karl Popper herinnerde eraan dat *„de wetenschap geen systeem van zekere uitspraken is, maar een menselijke onderneming die voortdurend wordt herzien.*” In deze context ligt de waarde van een theorie niet alleen in haar voorspellend vermogen, maar ook in haar openheid: in de mogelijkheid om verschillende niveaus te integreren zonder ze geforceerd te reduceren. De veldbiologie vraagt van de wetenschap dat ze reflectiever wordt, niet minder rigoureus.

Ten slotte verandert de verhouding tussen wat meetbaar is en wat betekenisvol is. Niet alles wat in een levend systeem van belang is, is onmiddellijk kwantificeerbaar, en niet alles wat kwantificeerbaar is, dekt het fenomeen volledig. Dit betekent niet dat we het meten moeten opgeven, maar dat we de grenzen ervan moeten erkennen. Zoals Niels Bohr waarschuwde, toen hij nadacht over complexe systemen: „*We zijn geen toeschouwers, maar acteurs in het grote drama van het bestaan.*"

Toegepast op de biologie nodigt deze uitspraak uit tot het ontwikkelen van instrumenten die patronen, relaties en stabiliteit kunnen vastleggen, zonder te pretenderen deze tot één enkele schaal te herleiden. Het is een subtiele, maar diepgaande verandering: de wetenschap ziet niet af van het verklaren, maar aanvaardt dat het verklaren van het leven ook betekent dat het geïnterpreteerd moet worden.

Wat verandert er voor de mens als het leven een veld is?

Als de veldbiologie herdefinieert wat het leven is, herdefinieert ze onvermijdelijk ook wie wij zijn. Niet als neveneffect, maar als direct gevolg. Want de mens bekijkt het leven niet van buitenaf: hij is er een complexe modulatie van, een bijzondere stabilisatie van belichaamde informatie. Wanneer het organisme niet langer wordt gezien als een machine die uit onderdelen bestaat, maar als een samenhangend veld dat zich in de tijd handhaaft, zijn identiteit, gezondheid en de relatie met de natuur geen afzonderlijke begrippen meer.

Vanuit dit perspectief valt identiteit niet langer samen met een vaste kern — het genoom, de hersenen, de persoonlijkheid — maar met een proces van dynamische continuïteit. We zijn herkenbaar, niet omdat we onveranderlijk zijn, maar omdat we coherent zijn. De filosoof Maurice Merleau-Ponty hamerde op een idee dat destijds marginaal was: het lichaam is geen object dat we bezitten, maar de manier waarop we in de wereld staan. Vandaag de dag vindt die intuïtie een precieze biologische weerklank. De mens als veld beschouwen, betekent erkennen dat identiteit voortkomt uit de voortdurende relatie tussen verschillende niveaus: moleculair, fysiologisch, perceptueel en symbolisch.

Ook de gezondheid krijgt een nieuwe status. Het is niet langer simpelweg de rust van de organen of het terugkeren naar de norm, maar de kwaliteit van de algehele samenhang van het organisme. Een gezond lichaam is niet het lichaam dat nooit afwijkt, maar het lichaam dat zich weet te reorganiseren zonder zijn eenheid te verliezen.

In de jaren zeventig stelde de epidemioloog Aaron Antonovsky – die werkzaam was in zowel Israël als de Verenigde Staten – het concept van *het 'sense of* coherence' voor om te verklaren waarom sommige mensen onder ongunstige omstandigheden ge n gezond blijven. Zijn intuïtie was dat gezondheid afhangt van het vermogen om zin en continuïteit aan de ervaring te geven, en niet alleen van geïsoleerde biologische factoren. Vandaag de dag kan dat idee vanuit een biologisch perspectief worden herinterpreteerd: gezondheid als informatieve stabiliteit, als het standhouden van het veld.

Dit verschuift ook het zwaartepunt van de verantwoordelijkheid: niet in de beschuldigende zin van 'het is allemaal jouw verantwoordelijkheid', maar als actieve deelname. Zorg gaat niet langer alleen over herstel, maar over het ondersteunen van samenhang: op het gebied van de omgeving, relaties en tijd.

Ten slotte verandert de manier waarop de mens zich in de natuur positioneert. Als organismen velden zijn die met elkaar in wisselwerking staan, dan is ook het ecosysteem geen simpele 'container', maar een veld van velden. De mens staat niet erboven of erbuiten, maar erin, in voortdurende resonantie. Toen Rachel Carson in 1962 *'Silent* Spring' publiceerde, beschreef ze niet alleen een ecologische ramp, maar ook een verlies aan onzichtbare relaties: insecten, vogels, bodems, seizoenscycli. In het boek hekelt de auteur het willekeurige gebruik van chemische bestrijdingsmiddelen en laat ze zien hoe deze ecosystemen schaden, de fauna doden en de menselijke gezondheid in gevaar brengen. Destijds werd ze beschuldigd van emotionaliteit. Vandaag de dag blijkt ze een van de eerste stemmen te zijn geweest die intuïtief aanvoelde dat de gezondheid van de mens en die van ecosystemen onlosmakelijk met elkaar verbonden zijn, omdat ze velden van informatie en regulering delen.

Ook James Lovelock kwam, toen hij in de jaren zestig als wetenschappelijk adviseur voor de NASA werkte, tot de Gaiahypothese door chemische afwijkingen in de aardatmosfeer waar te nemen. De aarde, zo stelde hij, gedraagt zich als een zelfregulerend systeem. Geen godheid, maar een samenhangende organisatie. In dit kader is de mens geen heerser, maar een krachtige beïnvloeder, en dus verantwoordelijk.

Wat er voor de mens uiteindelijk verandert, is niet één enkel geloof, maar de ondertoon. Het idee dat we afzonderlijke entiteiten zijn, maakt plaats voor het idee dat we gevoelige knooppunten zijn in een levend weefsel. Dit doet geen afbreuk aan de individualiteit, maar maakt deze juist dieper. Het doet de vrijheid niet teniet, maar verankert deze in reële omstandigheden. Het idealiseert de natuur niet, maar erkent de gedeelde complexiteit ervan. Zoals Gregory Bateson schreef, toen hij nadacht over levende systemen: „*Het verbreken van verbindingen is altijd een vorm van waanzin.*" De veldbiologie suggereert dat de gezondheid van de mens — biologisch, psychisch, cultureel — afhangt van de kwaliteit van de verbindingen die hij weet te onderhouden.

Wetenschap en metafysica verzoend.

Lange tijd hebben wetenschap en metafysica elkaar in de westerse cultuur met argwaan bekeken. De eerste beschuldigde de tweede van vaagheid, de tweede verweet de eerste blindheid voor de betekenis. De veldbiologie dwingt beide vandaag de dag, bijna onbedoeld, hun standpunten te herzien. Niet om te versmelten tot een verward syncretisme, maar om te erkennen dat het levende wezen vragen opwerpt die geen van beide, op zichzelf, nog kan beantwoorden.

Het uitgangspunt is verrassend concreet. Wanneer het leven wordt beschreven als een gestabiliseerde informatiestructuur, als een samenhangend veld dat materie en energie in de tijd organiseert, beginnen er barsten te ontstaan in de puur mechanistische taal. Niet omdat die onjuist is, maar omdat ze onvolledig is.

Sindsdien heeft de complexiteitswetenschap enorme stappen gezet, maar het filosofische knelpunt blijft bestaan. Ilya Prigogine herhaalde graag dat *„de toekomst niet vastligt*". Hij zei dit terwijl hij systemen bestudeerde die ver van het evenwicht verwijderd waren, niet terwijl hij existentiële essays schreef. Toch heeft die zin een duidelijke metafysische reikwijdte: als de natuur werkelijke nieuwigheden voortbrengt, als de tijd creatief is, dan is de wereld niet louter een ontvouwing van reeds vastliggende oorzaken. De veldbiologie neemt deze erfenis over en brengt haar naar het hart van het levende.

Hier vindt het verzoeningspunt plaats. De metafysica keert niet terug via de deur van het onuitsprekelijke mysterie, maar via die van de structuur. Ze spreekt niet langer over 'levenskrachten' in vage zin, maar over organisatieprincipes, over eenheid die aan de delen voorafgaat, over betekenis als een intrinsieke dimensie van levende systemen. Het is een sobere metafysica, zouden we kunnen zeggen, die afziet van de ' ' ultieme verklaringen, maar het idee verwerpt dat betekenis een subjectieve illusie is.

Een in Franse academische kringen vaak aangehaalde anekdote vertelt over een discussie die eind jaren tachtig in Parijs plaatsvond tussen een moleculair bioloog en een wetenschapsfilosoof na een lezing in het Musée de l'Homme. De eerste stelde dat *'het uiteindelijk allemaal neerkomt op moleculen'*. De tweede antwoordde: *„Ja, maar niet alles wordt daar beslist.*" Juist in dit kleine maar beslissende verschil vindt de biologie van de velden haar plaats.

De verzoening vindt ook plaats op het vlak van de verantwoordelijkheid van de kennis. Hans Jonas sprak in *„Het* verantwoordelijkheidsprincipe" (1979) niet over biologische velden, maar had het probleem helder doorzien: een uiterst krachtige wetenschap, zonder reflectie op de zin en de gevolgen, wordt gevaarlijk kortzichtig. Als het leven een netwerk van informatievelden is, is elke technische ingreep nooit lokaal, maar heeft deze gevolgen op niveaus die we vaak niet onmiddellijk kunnen meten. De metafysica dicteert hier geen wetten aan de wetenschap: ze herinnert haar aan de reikwijdte van haar impact.

Het is belangrijk te verduidelijken wat deze verzoening niet is. Het is geen terugkeer naar het mysticisme, noch een ongepaste spiritualisering van de biologie. Maar het is evenmin een verfijnd reductionisme dat alleen de woordkeuze verandert terwijl de onderliggende structuur intact blijft. Spreken over velden betekent accepteren dat er niveaus van de werkelijkheid bestaan die alleen in relationele en formele termen kunnen worden beschreven, en die niet volledig vertaalbaar zijn in lineaire causale ketens.

In die zin speelt de veldbiologie een culturele rol die vergelijkbaar is met die van de algemene relativiteitstheorie aan het begin van de twintigste eeuw. Toen Einstein in 1915 in Berlijn zijn vergelijkingen presenteerde, stelde hij niet alleen een nieuwe fysica voor, maar ook een nieuwe manier om over ruimte en tijd na te denken. Op dezelfde manier dwingt een biologie die gestabiliseerde informatievelden erkent ons om categorieën als oorzaak, vorm, emergentie en doel te heroverwegen — woorden die de wetenschap had verbannen, maar die nu weer terugkeren, getransformeerd en onder toezicht.

Het resultaat is geen definitieve synthese, maar een vruchtbaar samengaan. De wetenschap blijft doen waar ze het beste in is: observeren, meten, modelleren. De metafysica ziet af van totale verklaringen, maar gaat opnieuw de uitgangspunten, de grenzen en de algehele betekenis bevragen. Het leven blijft ondertussen bestaan: concreet, meetbaar, en toch niet te herleiden tot een loutere som van gegevens.

Voorbij de verklaring, vóór het mysterie: het leven als een gebeurtenis die spreekt.

Nu we op dit punt zijn aangekomen, na de crises op het gebied van het paradigma, de coherentie, de velden, de gezondheid en de biologische kennis te hebben doorlopen, blijft er één vraag over die niet langer kan worden ontweken. Het is geen technische vraag, noch een methodologisch probleem. Het is een vraag naar de aard ervan: wat voor soort werkelijkheid is het leven, als we, om het te begrijpen, niet alleen reacties, selecties en informatie moeten betrekken, maar ook eenheid, vorm, oriëntatie en betekenis?

De veldbiologie geeft geen definitief antwoord, maar maakt duidelijk dat het levende wezen niet neutraal staat ten opzichte van betekenis. Niet in de zin dat het 'iets betekent' zoals een symbolische tekst, maar in de meest sobere en diepgaande zin: het leven voltrekt zich als een gestructureerde, samenhangende, gerichte gebeurtenis. En waar oriëntatie is, hoe minimaal ook, hoe onpersoonlijk ook, rijst onvermijdelijk de vraag naar de zin ervan.

Een natuurkundige als John Archibald Wheeler vatte zijn visie in de laatste jaren van zijn leven graag samen met een merkwaardige formule: *'it from bit'*. De fysieke werkelijkheid, zo suggereerde hij, komt voort uit informatie. Het was een gewaagde hypothese, maar wel een die veel zegt over een cultureel klimaat: wanneer de wetenschap tot de kern van de processen doordringt, stuit ze op iets dat niet alleen materie in beweging is, maar ook configuratie, een keuze uit mogelijkheden, en de stabilisatie van vormen. De veldbiologie brengt deze intuïtie naar het domein van het levende en laat zien dat organismen niet alleen producten van de wereld zijn, maar gebeurtenissen die de wereld lokaal organiseren.

Hier houden wetenschap en metafysica op met elkaar te strijden om het terrein en beginnen ze elkaar eindelijk te erkennen. De wetenschap aanvaardt dat de beschrijving van het levende niveaus van werkelijkheid impliceert die niet volledig door lineaire causaliteit kunnen worden uitgemoeid. De metafysica ziet op haar beurt af van het spreken in plaats van de wetenschap en beperkt zich tot het bevragen van wat de wetenschap veronderstelt zonder het direct te kunnen meten: eenheid, identiteit, richting, waarde.

Het leven beschouwen als een gebeurtenis vol betekenis betekent niet dat er een extern doel of een vooraf vastgesteld kosmisch plan aan wordt toegekend. Het betekent erkennen dat, in het bekende universum, het leven de plek is waar informatie georganiseerde ervaring wordt, waar materie ophoudt onverschillig te zijn ten opzichte van zichzelf. Zoals de filosofe Hannah Arendt schreef toen ze nadacht over de geboorte, *brengt* elk nieuw begin *„iets in de wereld dat er voorheen niet was*". De biologie van de velden laat zien dat dit niet alleen geldt voor menselijk handelen, maar voor het levende als zodanig.

Dit hoofdstuk eindigt dus op een drempel. Het biedt geen metafysica van het leven, maar laat zien waarom een reflectie op de zin geen willekeurige toevoeging is, maar een natuurlijk gevolg van wat de hedendaagse biologie aan het ontdekken is. Als het leven een samenhangend veld is dat zich in de tijd handhaaft, als het kent, meet, selecteert en reageert, dan is het niet alleen een feit van het universum, maar een gebeurtenis die het van binnenuit verandert.

De conclusie van het boek kan deze implicatie nu openlijk aan de orde stellen: niet wat het leven betekent, maar waarom, in het hart van de natuur zelf, betekenis een reële mogelijkheid wordt.

Conclusie. Het leven als een gebeurtenis van betekenis in het universum.

Nu we bij de conclusie zijn aangekomen, stelt de weg die de veldbiologie heeft afgelegd ons in staat een bewering te formuleren die nog maar enkele decennia geleden in een wetenschappelijke context ongepast zou hebben geleken: het leven is een betekenisvolle gebeurtenis in het universum. Geen poëtische toevoeging, geen filosofische troost, maar een strikt gevolg van wat naar voren komt wanneer het levende wordt beschouwd als een gestabiliseerde informatieve structuur, als een samenhangend veld dat materie, energie en informatie in de tijd organiseert.

Lange tijd was de heersende opvatting dat het leven een onwaarschijnlijke afwijking was in een in wezen onverschillig heelal. Jacques Monod sprak in zijn beroemde werk „Het toeval en de noodzaak“ over een fundamentele „eenzaamheid“ van de mens in een blind universum. Die visie had een enorme culturele invloed, maar lijkt vandaag de dag historisch gezien achterhaald. Niet omdat het 'weerlegd' is, maar omdat het kennislandschap is veranderd. Door complexe systemen, zelforganisatie en niet-lineaire dynamieken te bestuderen, wordt het steeds moeilijker te beweren dat het leven slechts een statistisch toeval is.

Dit boek suggereert een ander perspectief: het leven als een natuurlijke manier waarop het universum, onder bepaalde omstandigheden, duurzame samenhang en belichaamde informatie voortbrengt. Het is geen bovennatuurlijke gebeurtenis, maar ook geen louter mechanisch gevolg. Het is een overgang naar een hoger niveau. Net zoals water bij een bepaalde temperatuur ophoudt vloeibaar te zijn en ijs wordt met nieuwe eigenschappen, zo genereert materie, door zich te organiseren in biologische velden, iets dat er voorheen niet was: een centrum van relaties, van geheugen, van reactie.

Een weinig bekende anekdote betreft een lezing die Freeman Dyson in de vroege jaren 2000 in Princeton hield. Aan het einde van de bijeenkomst vroeg een student hem of hij het leven in het universum als „onvermijdelijk" beschouwde. Dyson glimlachte en antwoordde: *„Ik weet niet of het onvermijdelijk is, maar het is zeker niet verrassend.*" In die zin schuilt een subtiele maar beslissende verschuiving: het leven niet als een schandalige uitzondering, maar als een logisch resultaat van een kosmos die rijk is aan organisatorische mogelijkheden.

Het leven beschouwen als een gebeurtenis met betekenis houdt niet in dat er een vooraf bepaald doel aan wordt toegekend. De betekenis is hier geen doel dat van buitenaf wordt opgelegd, maar een emergente eigenschap. Elk levend organisme selecteert, interpreteert en onderscheidt wat ertoe doet van wat er niet toe doet. Zelfs de bacterie leeft, in haar microscopische omgeving, in een betekenisvolle wereld, bestaande uit gradiënten, drempels en signalen. Jakob von Uexküll had dit al in de jaren twintig van de twintigste eeuw aangevoeld toen hij sprak over de Umwelt: elk levend wezen bewoont een wereld van betekenis, geen neutraal universum.

Als dit voor elk organisme geldt, dan introduceert het ontstaan van het leven een nieuwe kwaliteit in het universum: de mogelijkheid dat iets ertoe doet. Niet voor iemand in het bijzonder, niet voor een externe waarnemer, maar voor het levende systeem zelf. *'De biologie van de* velden' maakt deze overgang zichtbaar en laat zien hoe biologische samenhang altijd ook functionele samenhang is, gericht op voortbestaan, op relaties, op continuïteit.

Een anekdote die een huisarts vertelde tijdens de moeilijke jaren van de pandemie belicht dit punt vanuit een concreet perspectief. Bij patiënten met vergelijkbare klinische parameters reageerden sommigen wel, anderen niet. „*Op een gegeven* moment", zei hij, „*begreep ik dat ik niet alleen lichamen behandelde, maar verhalen die probeerden heel te blijven*". Het is geen wetenschappelijke uitspraak in strikte zin, maar het is een intuïtie die diep resoneert met het idee van het veld: het leven als een betekenisvolle eenheid die probeert zichzelf in stand te houden.

In dit licht verschijnt het universum niet langer als een onverschillige achtergrond waarop het leven bij toeval plaatsvindt. Het verschijnt veeleer als een context die, althans lokaal, in staat is om via het leven betekenis te genereren. De biologie van de velden beweert niet dat het universum het leven 'wil', maar toont aan dat het universum dankzij het leven betekenis kan krijgen. Het is een subtiel, maar cruciaal verschil.

Afsluiten met een bespreking van betekenis betekent niet dat we de wetenschap verlaten, maar dat we de vruchtbare grens ervan erkennen. De wetenschap beschrijft hoe het leven plaatsvindt; de betekenis komt voort uit het feit zelf dat het zo gebeurt, en niet anders. In deze ruimte, die niet leeg maar open is, ligt de menselijke verantwoordelijkheid: begrijpen dat we, door het leven te bestuderen, een van de manieren observeren waarop het universum interpreteerbaar, ja zelfs vertelbaar wordt.

Het leven is dus geen wonder dat de natuurwetten schendt, noch een toevalligheid zonder betekenis. Het is een van de gebeurtenissen waarin de natuur, volgens haar eigen wetten, haar eigen onverschilligheid overwint en een wereld inluidt waarin iets ertoe doet.

-Bibliografie.

Hieronder vind je een uitgebreide vakliteratuurlijst die aansluit bij het conceptuele kader van het boek, gericht op biologische vakgebieden, informatie, vorm, samenhang, complexiteit en het overstijgen van reductionisme, met klassiekers, wetenschappelijke teksten, theoretische werken en grensverleggende publicaties. De titels zijn in de oorspronkelijke taal, indien beschikbaar.

Abrams David	The Spell of the Sensuous – Pantheon Books
Bateson Gregory	Mind and Nature: A Necessary Unity – Dutton
Bateson Gregory	Steps to an Ecology of Mind – University of Chicago Press
Behe Michael J.	Darwin's Black Box – Free Press
Bohm David	Wholeness and the Implicate Order – Routledge
Bohm David	Causality and Chance in Modern Physics – Routledge
Capra Fritjof	The Web of Life – Anchor Books
Capra Fritjof, Luisi Pier Luigi	The Systems View of Life – Cambridge University Press
Davies Paul	The Cosmic Blueprint – Simon & Schuster
Davies Paul	The Fifth Miracle – Simon & Schuster
Deacon Terrence W.	Incomplete Nature: How Mind Emerged from Matter – W.W. Norton
Del Giudice Emilio	Role of Coherence in Biological Systems – World Scientific
Elsasser Walter	The Physical Foundation of Biology – Pergamon Press
Elsasser Walter	Atom and Organism – Princeton University Press
Goodwin Brian	How the Leopard Changed Its Spots – Princeton University Press
Goodwin Brian	Nature's Due – Floris Books
Gould Stephen Jay	The Structure of Evolutionary Theory – Harvard University Press

Hameroff Stuart, Penrose Roger	Consciousness and the Universe – Cosmology Science Publishers
Ho Mae-Wan	The Rainbow and the Worm – World Scientific
Hoffmeyer Jesper	Signs of Meaning in the Universe – Indiana University Press
Hoffmeyer Jesper	Biosemiotics – University of Scranton Press
Jantsch Erich	The Self-Organizing Universe – Pergamon Press
Kauffman Stuart	The Origins of Order – Oxford University Press
Kauffman Stuart	At Home in the Universe – Oxford University Press
Keppler Joachim	The Energetic Basis of Life – Springer
Lovelock James	Gaia: A New Look at Life on Earth – Oxford University Press
Margulis Lynn	Symbiotic Planet – Basic Books
Margulis Lynn, Sagan Dorion	What Is Life? – University of California Press
Maturana Humberto, Varela Francisco	Autopoiesis and Cognition – D. Reidel
Maturana Humberto, Varela Francisco	The Tree of Knowledge – Shambhala
Montagnier Luc	DNA Waves and Water – AIP Conference Proceedings
Morin Edgar	La Méthode – Seuil
Pattee Howard	Hierarchy Theory – George Braziller
Penrose Roger	The Emperor's New Mind – Oxford University Press
Prigogine Ilya	From Being to Becoming – W.H. Freeman
Prigogine Ilya, Stengers Isabelle	Order Out of Chaos – Bantam Books
Rosen Robert	Life Itself – Columbia University Press
Rosen Robert	Essays on Life Itself – Columbia University Press
Sheldrake Rupert	A New Science of Life – Blond & Briggs
Sheldrake Rupert	The Presence of the Past – Times Books
Stengers Isabelle	Thinking with Whitehead – Harvard University Press
Uexküll Jakob von	A Foray into the Worlds of Animals and Humans – University of Minnesota Press
Varela Francisco	Ethical Know-How – Stanford University Press
Waddington C.H.	The Strategy of the Genes – Allen & Unwin
Whitehead Alfred North	Process and Reality – Free Press
Wiener Norbert	Cybernetics – MIT Press
Wolfram Stephen	A New Kind of Science – Wolfram Media

Studies en onderzoek

Hieronder vind je een gespecialiseerde lijst van recente en erkende wetenschappelijke studies en projecten die aansluiten bij het thema van het boek.

Ik heb de voorkeur gegeven aan werken over biologische coherentie, velden, informatie, non-lokaliteit, complexe systemen, biofysica en belichaamde cognitie, en heb puur metaforische titels vermeden.

De titels zijn in de oorspronkelijke taal; de lijst is alfabetisch gerangschikt op achternaam van de verantwoordelijke.

Albert Rémi	Institut de Biologie de l'École Normale Supérieure	*Network Inference, Analysis, and Modeling in Systems Biology* – Nature Reviews Genetics
Bialek William	Princeton University	*Biophysics: Searching for Principles* – Princeton University Press
Cifra Michal	Czech Academy of Sciences	*Electromagnetic Fields Generated by Living Cells* – BioSystems
Del Giudice Emilio	INFN – Istituto Nazionale di Fisica Nucleare	*Coherent Quantum Electrodynamics in Living Matter* – Journal of Physics: Conference Series
De Loof Arnold	University of Leuven	*The Cell's Self-Generated Electromagnetic Field* – Communicative & Integrative Biology
Ellis George F.R.	University of Cape Town	*Top-Down Causation and the Emergence of Information in Complex Systems* – Interface Focus
Fields Chris	Independent Researcher	*How Do Living Systems Create Meaning from Information?* – Biosemiotics

Fröhlich Herbert	University of Liverpool	*Long-Range Coherence and Energy Storage in Biological Systems* – International Journal of Quantum Chemistry
Giudice Del Emilio, Preparata Giuliano	INFN	*Biological Ordering and Coherent Domains in Water* – Journal of Biological Physics
Haken Hermann	University of Stuttgart	*Synergetics: Introduction and Advanced Topics* – Springer
Ho Mae-Wan	Institute of Science in Society	*Quantum Coherence and the Living Organism* – BioSystems
Keppler Joachim	University of Tübingen	*The Energetic Basis of Information and Consciousness* – Entropy
Kauffman Stuart	Institute for Systems Biology	*Autocatalytic Sets and the Origin of Life* – Journal of Theoretical Biology
Levin Michael	Tufts University – Allen Discovery Center	*The Computational Boundary of a "Self"* – Frontiers in Psychology
Levin Michael	Tufts University – Allen Discovery Center	*Bioelectric Signaling: Reprogrammable Circuits Underlying Embryogenesis* – Cell
Longo Giuseppe	CNRS – École Normale Supérieure	*Extended Criticality and the Physics of Life* – Journal of Biological Systems
Montagnier Luc	Fondation Luc Montagnier	*DNA Waves and Water* – Interdisciplinary Sciences: Computational Life Sciences
Mossio Matteo	CNRS – Sorbonne Université	*Organizational Closure in Biological Organisms* – Journal of Theoretical Biology
Noble Denis	University of Oxford	*Biophysics and Systems Biology: Why Reductionism Fails* – Journal of Physiology
Popp Fritz-Albert	International Institute of Biophysics	*Biophoton Emission: New Evidence for Coherence in Living Systems* – Physics Letters A
Prigogine Ilya	Université Libre de Bruxelles	*Non-Equilibrium Systems and the Emergence of Order* – Physics Today
Rosen Robert	Dalhousie University	*Life Itself: A Comprehensive Inquiry into the Nature, Origin, and Fabrication of Life* – Columbia University Press

Simeonov Plamen	BAS – Bulgarian Academy of Sciences	*Integral Biomathics: A Post-Newtonian View into the Logos of Bios* – Springer
Torday John	UCLA	*Evolutionary Biology, Cell Communication and the Origin of Physiological Coherence* – Progress in Biophysics and Molecular Biology
Ulanowicz Robert	University of Maryland	*Information Theory in Ecology and Biology* – BioSystems
Varela Francisco	CNRS – CREA, École Polytechnique	*The Brainweb: Phase Synchronization and Large-Scale Integration* – Nature Reviews Neuroscience
Walker Sara Imari	Arizona State University	*The Information Theory of Life* – Reports on Progress in Physics
Werner Eric	University of Oxford	*The Origin, Evolution and Development of Biological Complexity* – BioSystems

Achterkant

Zijn we werkelijk slechts het resultaat van miljarden chemische reacties die door het DNA worden georkestreerd? Of verbergt het leven een dieper liggend organiserend principe, dat in staat is om vorm, samenhang en betekenis te geven aan levende materie? De biologie van de velden nodigt de lezer uit om een van de meest diepgewortelde zekerheden van de moderne wetenschap ter discussie te stellen: het idee dat het begrijpen van de delen gelijkstaat aan het begrijpen van het geheel.

In een toegankelijke maar nauwkeurige stijl neemt dit boek de lezer mee naar de crisis van het klassieke biologische paradigma, waar de biochemische verklaring haar grenzen laat zien en het darwinisme moeite heeft om het probleem van de vorm te verklaren. Hoe kan een organisme zijn identiteit behouden, zich op een samenhangende manier ontwikkelen en zich creatief aanpassen aan de omgeving, als er geen principe bestaat dat de onderdelen coördineert nog voordat ze in het spel komen?

Het voorgestelde antwoord is even gedurfd als fascinerend: het leven als een fenomeen van samenhang. Van de fysica van complexe en kwantumsystemen tot de biologie ontstaat het beeld van het organisme als een niet-lokaal systeem, waarin het geheel voorafgaat aan en vorm geeft aan de delen. Binnen dit kader krijgen de biologische velden vorm: geen vage metaforen, maar reële informatieve structuren, die in staat zijn de vorm te stabiliseren, de levensprocessen te sturen en levende materie tot meer te maken dan een toevallige samenstelling.

Informatie die gestalte krijgt, levensenergie die in wetenschappelijke termen opnieuw moet worden bekeken, gezondheid als een toestand van globale coherentie en ziekte als fragmentatie van het veld: elk hoofdstuk opent een nieuw perspectief op het leven en het kennen. Het leven verschijnt zo als een wijdverbreid cognitief proces, waarin elk organisme, van het eenvoudigste tot het meest complexe, de wereld interpreteert en er op een betekenisvolle manier op reageert.

De veldbiologie belooft geen definitieve formules, maar biedt een geïntegreerde en verantwoorde visie, die wetenschap, filosofie en traditie met elkaar in dialoog brengt zonder ze door elkaar te halen. Een boek voor wie voelt dat het niet langer volstaat om het leven tot een mechanisme te herleiden, en de behoefte voelt om het organisme te beschouwen als een betekenisvolle gebeurtenis in het universum.

Korte samenvatting ISBN

Het boek biedt een vernieuwende herinterpretatie van het levensfenomeen, gericht op wie de beperkingen voelt van een biologie die is gereduceerd tot louter chemie en genetica. In een toegankelijke maar rigoureuze stijl doorloopt het boek de crisis van het klassieke paradigma en laat het zien waarom het leven niet kan worden verklaard als een simpele som van reacties, noch als een blind resultaat van natuurlijke selectie. Centraal in het werk staat het concept van coherentie: het leven als een eenheid waarin het geheel voorafgaat aan en structuur geeft aan de delen. Het organisme wordt zo beschreven als een niet-lokaal systeem, ondersteund door biologische velden die niet als metaforen worden opgevat, maar als reële informatieve structuren, die in staat zijn de vorm te sturen, de identiteit te stabiliseren en materie, energie en informatie te integreren. Dit perspectief opent nieuwe invalshoeken voor gezondheid en ziekte, respectievelijk opgevat als toestanden van coherentie of fragmentatie van het vitale veld, en leidt tot een visie op het leven als een wijdverspreid cognitief proces. Een boek voor lezers die geïnteresseerd zijn in een biologie die in dialoog kan treden met de filosofie en het leven zijn betekenis in het universum teruggeeft.

De auteur

Bruno Del Medico, geboren in 1946 in Sabaudia (Italië), heeft zich tijdens zijn werkzame leven beziggehouden met informatica en softwareontwikkeling. Vervolgens heeft hij zich toegelegd op de studie en de verspreiding van de meest actuele wetenschappelijke theorieën, zoals de kwantumtheorie in haar metafysische betekenis. Momenteel is Bruno Del Medico auteur van talrijke werken die zijn uitgegeven bij Edizioni PensareDiverso. Het werk van Bruno Del Medico onderscheidt zich van de traditionele verhalen op het gebied van de technische wetenschappen door zijn kritische, onafhankelijke en onconventionele benadering. In plaats van zich te beperken tot standaardinterpretaties of de algemene consensus over puur wetenschappelijke thema's, verkent Bruno Del Medico alternatieve perspectieven die vaak tegen de stroom ingaan, waarbij hij algemeen aanvaarde aannames ter discussie stelt. Een opvallend kenmerk van zijn werken is het vermogen om wetenschap, ethiek en filosofie te verweven in een open dialoog, die de lezer aanmoedigt om zelfstandig na te denken en stil te staan bij de diepere implicaties van technologische en wetenschappelijke innovaties.

het leven als informatieproces – vitale velden,
organismen als coherente systemen – non-lokaliteit,
biologie en kwantumfysica – coherentie,
belichaamde informatie – biologische vorm,
gezondheid en ziekte – verlies van coherentie,
epistemologie van de biologie – nieuwe wetenschap,
leven en betekenis – metafysica van de natuur,

AM – veldbiologie – leven als informatie,
nieuwe biologie – voorbij het reductionisme,
biologische coherentie – fysica en leven,
biologische velden – niet-lokaal organisme,
gezondheid als coherentie – systemische ziekte,
darwinisme en vorm – kritiek op het evolutionisme,
kwantumbiologie – complexe systemen,

www.ingramcontent.com/pod-product-compliance
Lightning Source LLC
LaVergne TN
LVHW052023200926
848481LV00005B/1564